南堡凹陷东营组堆积期构造活动的"双强效应"及其油气地质意义

王 华 甘华军 陈 思 王观宏 等著

内 容 简 介

本书以渤海湾盆地中"小而肥"的富油气凹陷——南堡凹陷为对象,以古近纪晚期的东营组堆积期为研究时段,创造性地识别出了南堡凹陷存在的边缘断裂的强烈活动性和凹陷整体的强烈拗陷作用的"双强效应"。研究了"双强要素"联合作用控制下,凹陷的构造-地层格架以及沉积相的类型及其分布特征,系统地探讨了东营期"双强要素"联合作用的成因机制及其巨大的油气地质意义。

本书偏重于在含能源盆地及其油气资源勘查领域的应用实践和综合分析,是笔者长期在该领域开展科学研究、国际合作与学术交流的成果。本书适用于石油地质、沉积盆地分析等相关专业的师生阅读和学习,同时也适合于从事油气勘探领域的科研人员参考。

图书在版编目(CIP)数据

南堡凹陷东营组堆积期构造活动的"双强效应"及其油气地质意义/王华,甘华军,陈思,王观宏等著.—武汉:中国地质大学出版社,2016.12

ISBN 978-7-5625-3998-8

Ⅰ.①南…
Ⅱ.①王… ②甘… ③陈… ④王…
Ⅲ.①渤海湾盆地-石油地质学-研究
Ⅳ.①P618.130.2

中国版本图书馆 CIP 数据核字(2016)第 317710 号

南堡凹陷东营组堆积期构造活动的"双强效应"及其油气地质意义	王 华　甘华军　陈 思　王观宏 等著
责任编辑:王凤林　王 敏	责任校对:代 莹
出版发行:中国地质大学出版社(武汉市洪山区鲁磨路388号)	邮编:430074
电　话:(027)67883511　　传　真:(027)67883580	E-mail:cbb@cug.edu.cn
经　销:全国新华书店	Http://www.cugp.cug.edu.cn
开本:880毫米×1230毫米　1/16	字数:400千字　印张:12.75
版次:2016年12月第1版	印次:2016年12月第1次印刷
印刷:湖北睿智印务有限公司	印数:1—1000册
ISBN 978-7-5625-3998-8	定价:78.00元

如有印装质量问题请与印刷厂联系调换

《南堡凹陷东营组堆积期构造活动的"双强效应"及其油气地质意义》

主编：王　华　甘华军　陈　思　王观宏

编委：王家豪　肖　军　廖远涛　姜　华

　　　林正良　苗顺德

摘 要

构造-沉积分析是沉积盆地分析的核心问题之一,这一观点已得到越来越多学者的认可。国内外许多学者也从不同角度、不同尺度对构造与沉积之间的控制-响应关系进行了研究和探讨。构造作用控制着盆地(凹陷)的古地貌形态,进而控制着物源通道及砂分散体系和沉积体系空间展布。因此,构造作用与沉积作用结合分析的研究思路,必将作为盆地分析的研究热点和发展趋势。在陆相断陷盆地中,油气的生成、运移和聚集与构造活动有着密不可分的关系,构造与油气成藏各要素及油气聚集和破坏之间的控制响应关系的研究必将长期成为含油气盆地分析及油气勘探研究中的热点和趋势。

南堡凹陷是位于渤海湾盆地黄骅坳陷东北部的二级负向构造单元,面积约 $1932km^2$,是渤海湾盆地中"小而肥"的富油气凹陷。随着凹陷内东营组勘探力度和资源探明程度的不断增高,逐渐衍生出一系列亟待解决的问题:①南堡凹陷内 Ed_3 作为除沙河街组烃源岩外的又一套高效烃源岩,在渤海湾盆地大部分地区并不发育,其在南堡凹陷发育的主控因素是什么?②东营组沉积时期,渤海湾盆地整体进入断坳转换期,盆地内大部分坳陷(凹陷)主要发育冲积扇-河流沉积体系,或辫状河三角洲-浅湖沉积体系,而南堡凹陷却广泛发育半深湖-深湖相沉积环境,堆积了厚层泥岩和大量的前缘滑塌体,同时北部断控陡坡带裙带状展布大范围的扇三角洲沉积体系和近岸水下扇沉积体系,导致南堡凹陷沉积特征的差异性的原因又是什么?③随着南堡凹陷东营组油气勘探工作的加深,南堡凹陷在构造方面的研究,尤其在构造活动性与沉积相之间的耦合关系及其油气地质意义方面尚需加强系统性、全面性的认知。

基于以上的问题,本研究以南堡凹陷为对象,以古近纪晚期的东营组堆积期为研究时段,针对凹陷内具有强烈的构造活动性,尤其是东西向大断裂的强烈活动而有别于我国东部同时期发育的其他断陷盆地(多数该类盆地在古近纪晚期已进入构造活动的衰弱期,主干断裂的活动性均很弱)的特征,探讨南堡凹陷边缘断裂的强烈活动性,以及在凹陷整体的强烈坳陷作用的"双强要素"联合作用下,南堡凹陷的沉降中心、沉积中心的分布及发育沉积相的类型及其分布特征,并在此基础上,探讨东营期"双强要素"联合作用的驱动机制及其重要的油气地质意义。

该专著取得的重要成果和认识如下。

(1)构造-地层分析方面:在详细分析南堡凹陷东营组沉积期构造地层特征、边界断裂活动性、基底沉降特征、凹陷伸展特征,并与沙河街组沉积期进行纵向对比,与周邻地区东营组沉积期进行横向对比的基础上,总结了南堡凹陷东营组沉积期构造活动不同于渤海湾盆地其他坳陷(凹陷),甚至多数处于断坳转换期坳陷(凹陷)的特殊性:一方面边界断裂活动强烈,尤其以近 EW 向延伸的西南庄断裂中段和高柳断裂的强烈活动为特征。另一方面沉降中心并不沿边界断裂展布,而是位于凹陷中部的林雀次凹和曹妃甸次凹处,表明坳陷作用也很强烈。构造-地层格架剖面上,东营组构造层在紧邻边界断裂下降盘处和远离边界断裂的中央凹陷带均发育厚层地层,显示边界断裂活动和坳陷作用对沉积均有明显的控制。本次研究将南堡凹陷东营组沉积期边界断裂活动强烈、坳陷作用也很强烈的特征称为构造活动的"双强效应"。在构造活动的"双强效应"控制下,凹陷基底沉降强烈,Ed_3^s 沉积时期基底沉降速率甚至超过古近纪早期(强烈断陷期)。

(2)沉积体系研究方面:东营组沉积期,渤海湾盆地普遍进入断坳转换期。不同于渤海湾盆地其他坳陷(凹陷)发育河流相、滨浅湖相或辫状河三角洲为主的沉积体系,在构造活动的"双强效应"控制下,南堡凹陷呈现出不同的沉积面貌:①半深湖-深湖沉积环境广泛发育,且远离边界断裂向凹陷中部迁移,凹陷处于欠补偿—补偿状态。②强烈的基底沉降为碎屑物堆积提供了充足的可容纳空间,加之物源碎屑供给充足,较短的时间内堆积了巨厚的东营组地层;坳陷作用控制下,地层厚度中心展布在凹陷中部的林雀次凹和曹妃甸次凹处，同时边界断裂的强烈活动使得紧邻断裂下降盘处发育局部厚度高值带。③边界断裂下降盘处较陡的构造坡降，以及凹陷中部强烈的基底沉降，为扇三角洲沉积体系、近岸水下扇沉积体系和滑塌重力流沉积体系的发育提供了合适的坡降条件和可容纳空间。北部断控陡坡带扇三角洲沉积体系十分发育，数个朵体呈裙带状向凹陷中心进积，不仅展布范围非常广，而且扇体堆积厚度大，南部缓坡带则发育了辫状河三角洲沉积体系。

（3）构造活动的"双强效应"对沉积和储层的控制作用方面：南堡凹陷东营组沉积期表现出强烈的拗陷作用，同时边界断裂的活动性也很强烈。受构造活动"双强要素"的控制，南堡凹陷内发育的沉积相类型和特征明显有别于渤海湾盆地的其他凹陷。例如歧口凹陷和渤中凹陷以拗陷作用为主，发育沉积相类型单一，以辫状河三角洲沉积体系为主；而冀中坳陷、济阳坳陷、临清坳陷及歧口凹陷西部陆上区等基底沉降微弱，湖盆处于过补偿状态，广泛发育河流相、滨浅湖相沉积，或以辫状河三角洲为主的浅水沉积。南堡凹陷东营组以扇/辫状三角洲前缘河口坝砂体、扇/辫状三角洲平原水下分流河道砂体、滑塌浊积岩为主的中—高孔、中—高渗的砂岩层是较好—好储层，使得东营组优质储层非常发育，范围广且类型齐全。在构造活动的"双强效应"控制下，优质烃源岩、类型丰富的优质储层以及区域盖层的发育，使得南堡凹陷东营组具有极大的勘探潜力。

（4）构造活动"双强效应"的油气意义：南堡凹陷在东营组发育期边缘断裂的活动性强且整体上的拗陷作用十分强烈，导致研究区与我国东部其他第三纪含油气盆地相比而言，多了一套大面积的深湖相厚层烃源岩。由于东营组的巨厚堆积、沉降深度大和其后的新近系巨大厚度的叠加效应，导致了 Ed_3 的优质烃源岩进入生烃门限而生烃和排烃，而 Ed_2 厚层泥岩则成为良好的区域性盖层。同时在东营组堆积期由于深湖相的长期存在，使其内部发育了多种类型的储集体，且形成了良好的"自生自储"的组合关系，从而造就了东营组巨大的油气勘探潜力。凹陷在东营组堆积期及其后的新构造运动，导致了大量的具有垂向沟通能力的同沉积断层的活动性增强和晚期的再活动，这些断层有效地沟通了东营组储层（储集体）与下伏的沙河街组主力"烃源岩灶"，使得下部的油气垂向运移至东营组乃至更浅层的储集体内成藏。近年来在南堡凹陷的油气勘探突破的实践成果也已证明了东营期近 EW 向边界断层的强烈活动与基底沉降强烈增速的"双强要素"的联合控制作用的油气意义重大。

（5）构造活动的"双强效应"成因机制的探讨：东营组沉积期，渤海湾盆地普遍进入断拗转换期，由热沉降引起的拗陷作用以渤中坳陷为中心向周围大致呈递减的趋势，紧邻渤中坳陷的南堡凹陷拗陷作用强烈。此外，Es_1 沉积晚期南堡凹陷大规模岩浆喷发后，由于热量的迅速衰减，岩浆房附近浅表层地壳的均衡沉降，也可能是东营组（尤其是东营组早期）拗陷作用强烈的原因。Es_1—Ed 沉积时期，太平洋板块对欧亚大陆的向西俯冲突然加速，导致渤海湾盆地东部边界-郯庐断裂右旋走滑，以及穿过黄骅坳陷的兰聊断裂北段活化并走滑，郯庐断裂和兰聊断裂的走滑活动在黄骅坳陷东北部派生出近 SN 向伸展叠加区，导致 NNE 向延伸的黄骅坳陷边界断裂——沧东断裂的正向伸展作用大幅度减弱，走滑分量急剧增强，沉降中心和断裂活动中心逐渐偏离边界断裂向坳陷内部迁移，Ed 沉积时期迁移到南堡凹陷，导致以近 EW 走向为代表的边界断裂活动的显著增强。因此，构造活动的"双强效应"是深部动力过程与浅部构造应力场综合作用的产物。

毋须讳言，关于构造活动"双强效应"的成因机制研究深度和精度尚因资料不齐和研究者学术水平所限，尚待进一步开展工作。

本书是中国地质大学（武汉）一批中青年学者长期密切合作、集体智慧的结晶。编写分工是：摘要和第一章由王华、甘华军、陈思、王观宏执笔；第二章由甘华军、王观宏、陈思执笔；第三章由王家豪、王华、甘华军、林正良、苗顺德执笔；第四章由陈思、肖军、王华、林正良、姜华执笔；第五章由王华、陈思、王观宏、廖远涛执笔；第六章由王华、甘华军、王观宏、陈思执笔；参考文献由王华、甘华军、王观宏等全体人员综合整理；全书最后由王华、甘华军、陈思和王观宏进行统稿。

本书在资料准备、编写与出版过程中始终得到了中国石油天然气股份有限公司冀东油田分公司董月霞总地质师为代表的多位领导和同事们的帮助及关心！

本书的出版得益于国家自然科学基金项目(No. 41272122)、国家科技"十三五"重大油气专项课题的子课题(2016ZX05006006-002)的支持,得到了中国地质大学李思田教授所给予的长期热心支持和学术指导,感谢中国石油勘探开发研究院周海民常务副院长的多年支持和重要合作。同时,感谢中国地质大学(北京)姜在兴教授,中国石油大学(北京)朱筱敏教授,中国矿业大学(北京)邵龙义教授,中国石油勘探开发研究院冯友良研究员和中国地质大学(武汉)陆永潮教授、卢宗盛教授、任建业教授、王方正教授、杨士恭教授等的多次学术交流和协助与指导!中国地质大学(武汉)矿产普查与勘探专业的多位博士生(任培罡、方欣欣、赵淑娥、刘小龙、金思丁、刘恩涛、李媛、任金峰)、硕士研究生(吕学菊、刘俊青、余江浩、王苗、刘杰、任桂媛、李彦丽)在文图编排及出版过程中的图文编辑等方面均付出了辛勤的劳动和汗水。在此,本书的编者向他们一并表示衷心的谢意!

由于著者们的研究水平和工作经验有限,对南堡凹陷构造和沉积方面的一些地质问题的认识、分析和总结定会存在不足和欠妥之处,热忱欢迎读者们予以指正。

Double intense effect of tectonic activity and its control on deposition and reservoirs in Dongying Formation, Nanpu Sag, China

Hua Wang, Huajun Gan, Si Chen, Guanhong Wang

Abstract

The tectonic and sedimentation analysis are key questions in the sedimentary basin analysis, which has been noticed by most researchers in this field. Quite a lot previous works have been done from different aspects and scales, which discussed the control and corresponding relationship between the tectonic and deposition. The structure movements control the paleo-morphology of basins and sags, and also control the sediments transport path and distributions of depositional systems and sandstones. Therefore, the method of combine analysis of tectonic and sedimentation is one of the most important highlight and develop trending in basin analysis. In most lacustrine rift basins, the generation, transport and aggregation of hydrocarbon have intense relationship with tectonic activity. Thus, the control and corresponding relationship between tectonic and hydrocarbon generation factors, oil and gas aggregation, and destroy will be the highlight and develop trending in the analysis and explorations of petroliferous basins.

The Nanpu Sag is a suborder depression located in the northeast part of the Huanghua Depression, Bohai Bay Basin. With area of 1932m², Nanpu Sag is an oil rich sag although it has relative small area. With the development of exploration and degree of proving up in Dongying Formation, there are several questions that need to be answered: ① as another high efficient source rock beside Shahejie Formation, the Ed_3 didn't develop widely in other sags in Bohai Bay Basin, but dose develop in Nanpu Sag. What's the main factor controlling the distribution of Ed_3 Formation in Nanpu Sag? ② in the syndepositional time of Dongying Formation, the Bohai bay basin switched from fault-controlled stage to depression dominated stage. Most sags in the Bohai Bay Basin were filled by alluvial fans and river depositional systems, or braided river delta-shallow lake depositional systems. However, the Nanpu Sag were mainly composed by fairly deep lake-deep lake environments, which deposited very thick mudstone and abundant delta front slump. At the same time, scalloped shape fan deltas and nearshore subaqueous fan system widely developed in the north steep slope, which controlled by faults. What's the reason and control factors of the differences in depositional system features? ③ with the development of explorations in the Nanpu Sag Dongying Formation, the coupling relationship between tectonic, structure activity and sedimentary system, as well as hydrocarbon significance need to be recognized with systematisms and comprehensiveness.

With the questions that have been discussed above, this study will focus on the analysis of the intense tectonic movements in Nanpu Sag during late Paleogene Dongying Formation. The intense activity of the east-west trending fault shows significant difference than other rifts that developed during corresponding period in East China, most of which has switched into weak structure activity period during the late Paleogene with very low activity rate of main faults. Therefore, the Nanpu Sag shows double intense factors during late Paleogene, which are: the intense action of boundary faults, and intense depression of the whole sag. The sediment type and distribution features of subsidence centers and depositional centers under the control of double intense factors has been studied. Based on this, the hydrocarbon features and driving mechanism of double intense factors has been discussed.

The mainly conclusions of this study are as follow:
1. tectonic-sedimentation analysis: based on the syndepositional structure and stratigraphy features, boundary faults activities, basement subsidence, sag extension, and longitudinal comparison with Shahejie Formation in vertical series and Dongying Formation in adjacent areas laterally, the tectonic movements of Dongying Formation in Nanpu Sag show significant differences with other sags in Bohai Bay Basin, which represent specificity of sags during transfer period from fault-control to depression: on the one hand, the boundary fault activities is very strong, especially east-west trended middle segment of Xinanzhuang Fault and Gaoliu Fault; on the other hand, instead of distributing along the boundary faults as normal fault-controlled condition, the subsidence centers are developed in the middle part of Linque Sub-sag and Caofeidian Sub-sag, which indicate intense depression. From the tectonic-stratigraphy profile, the strata of Dongying Formation show relative thick features near the downthrown side of boundary fault and also in the sag center where distant away from the boundary fault. This is the result of controlling by both boundary fault activity and depressions. In this study, the intense boundary fault activity as well as the intense depression are called "double intense effect". Under the control of double intense effect, the basement shows very high subsidence rate. The basement subsidence rate of Ed_3^s Formation is even higher than the early Paleogene (intense rift stage).

2. Aspect of sedimentary system: during the syndepositional time of Dongying Formation, the Bohai Bay Basin switched into diversionary stage from fault-control to depression generally. Different from other sags in Bohai Bay Basin, which were filled by river system, shore-shallow lake or braided river delta, the Nanpu Sag represents different sedimentary system under the control of double intense effect: ① fairly deep-deep lake widely developed and migrated away from boundary fault towards the center of sag. The whole sag was in un-compensated to compensation condition. ② the intense subsidence provides abundant accommodations for the siliciclastic deposits. With the sufficient sediment supply, the Dongying Formation reached huge thickness during a relative short period; with the depression of the sag, the strata thickness centers distributed in the middle part of the Linque Sub-sag and Caofeidian Sub-sag. At the same time, the intense activity of boundary fault makes the downthrown side develop thick sedimentation. ③ the steep downthrown side of boundary fault and intense basement subsidence provide appropriate slope gradient and accommodation space for the development of fan delta, nearshore subaqueous fan, and collapsed gravity flow deposits. Fan deltas distributed widely in the north fault-controlled steep slope area, which prograding towards the sag cen-

ter with thick lobes. Contrast with northern part, braided river deltas developed in the south gentle slope area.

3. At the aspect of controlling of tectonic double intense effect on the sedimentation and reservoirs: the Dongying Formation of Nanpu Sag represents intense depression and also strong boundary activities. Under the control of the double intense effect, the sedimentary facies shows significant differences from other sags in Bohai Bay Basin. For example, the Qikou Sag and Bozhong Sag, which are depression-dominated sags, show single sedimentary type of braided river delta system; the Jizhong Depression, Jiyang Depression, Linqing Depression, and west landward area of Qikou Sag are in overcompensation condition with weak subsidence, which were mainly filled by rivers, shore-shallow lakes, or shallow water deposits of braided river deltas. The middle to high porosity and permeability sandstones, which are high quality reservoirs, are widely developed in Dongying Formation of Nanpu Sag with various types in the sedimentary facies of fan delta, mouth bar of braided river delta front, subaqueous distributaries on delta plain, and slump turbidites. Under the control of double intense effect, the high quality hydrocarbons, abundant types of reservoirs, and regional developed cap rocks, constitute the necessary elements of enormous exploration potential of Dongying Formation in Nanpu Sag.

4. Petroleum significance of tectonic double intense effect: the high fault activity and high depression effect of the Dongying Formation stage, result in a layer of very thick deep-lake hydrocarbon rocks developed in a large area compared to other Paleogene petroliferous basins in east China. According to the superimposed effect of huge thickness of Dongying Formation, huge subsidence depth, and the following thick Neogene strata, the high quality hydrocarbon of Ed_3 Formation reached threshold of hydrocarbon generation and expelling. The thick mudstones of Ed_2 Formation become regional effective seal strata and cap rock. According to the long term exists of deep lake deposits during the syndepositional time of Dongying Formation, varies type of reservoirs formed in the Dongying Formation, which form the combination of self-generation and self-gathering reservoirs and bring up huge exploration potential of Dongying Formation. The structure movements during the syndepositional period of Dongying Formation and the following new tectonic movement stage, lead to great increasing of fault activities and their vertical communication, as well as re-active of fault during the late stage, which link up the reservoirs of Dongying Formation and the underneath hydrocarbon source rock in Shahejie Formation. This make the oil and gas migrate vertically along the deep faults towards reservoirs in Dongying Formation or in even younger strata. The break though of the practice result of exploration of Nanpu Sag in recent years has proven the great petroleum significance of combined controlling of the double intense effect of west-east boundary fault and basement subsidence.

5. The mechanism of tectonic double intense effect: during the Dongying Formation period, the Bohai Bay Basin has switched from fault control into depression stage. The depression effect by geothermal subsidence shows decreasing tendency from the center of Bozhong Depression to surrounding regions. As one of the adjacent sag of Bozhong Depression, Nanpu Sag shows intense depression during this time. Additionally, after the largescale magmatic eruption of late depositional period of Es_1 Formation, the heat has decayed sharply, which cause the isostatic subsidence of the shallow part of upper crust near the magma chamber. And this can also be the reason of intense depression of early Dongy-

ing Formation stage. During the Es_1—Ed Formation stage, the sudden accelerate of westward subduction from pacific plate towards Eurasia continental triggered the active of dextral strike – slip of Tanlu Fault (eastern boundary fault of Bohai Bay Basin) and the reactive of north part of Lanliao strike – slip Fault across through the Huanghua Depression. The strike – slip activities of these two faults derived SN trending stretching superposition area in the northeast part of Huanghua Depression, which cause the substantially decreasing of forward stretch and significant enhancement of strike – slip component of Cangdong Fault (NNE trending boundary fault of Huanghua Depression). The subsidence center and fault activity center migrate from boundary fault towards the depression center, which reached the Nanpu Sag during Dongying Formation period. This also led to the enhancement of activities of EW trending boundary faults in Nanpu Sag. Therefore, the tectonic double intense effect is the combined action result of both deep dynamic process and shallow structure stress field. Due to the absenting of data and limitation of experiences of the researchers, a lot of work about the mechanism of tectonic double intense effect in the aspect of investigation depth and research precision need to be done in future.

This book is crystallization of long term collaboration and team wisdom of a group of young scientists from China University of Geosciences (Wuhan). The introduction and Chapter 1 were written by Hua Wang, Huajun Gan, Si Chen, and Guanhong Wang; Chapter 2 were written by Huajun Gan, Guanhong Wang, and Si Chen; Chapter 3 were written by Jiahao Wang, Hua Wang, Huajun Gan, Zhengliang Lin, and Shunde Miao; Chapter 4 were written by Si Chen, Jun Xiao, Hua Wang, Zhengliang Lin, and Hua Jiang; Chapter 5 were written by Hua Wang, Si Chen, Guanhong Wang, Yuantao Liao; Chapter 6 were written by Hua Wang, Huajun Gan, Guanhong Wang, and Si Chen; references were edited by Hua Wang, Huajun Gan, Guanhong Wang, and all team members; the final reversion were edited by Hua Wang, Huajun Gan, Guanhong Wang, and Si Chen.

We thanks chief geologist Yuexia Dong, and colleagues from PetroChina Jidong Oilfield Company for their great help and supporting during the data preparing, edit and press process of this book.

This book is benefited from financial support of China National Natural Science Foundation (Grant No. 41272122) and National Science and Technology oil and gas project "thirteen five – year plan" (2016ZX05006006 – 002). We are also extremely grateful to Prof. Sitian Li (China University of Geosciences) for his academic advising, Dr. Haimin Zhou (Executive Vice – President of PetroChina exploration and development research institution) for his supporting and long term collaboration, Prof. Zaixing Jiang (China University of Geosciences in Beijing), Prof. Xiaomin Zhu (China University of Petroleum, Beijing), Prof. Yilong Shao (China University of Mining and Technology, Beijing), Dr. Youliang Feng (scientist of PetroChina exploration and development research institution), Prof. Yongchao Lu, Prof. Zongsheng Lu, Prof. Jianye Ren, Prof. Fangzheng Wang, and Prof. Shigong Yang (China University of Geosciences in Wuhan) for their communications and suggestions in sequences stratigraphy. We would like to thank doctoral students (Peigang Ren, Xinxin Fang, Shue Zhao, Xiaolong Liu, Siding Jin, Entao Liu, Yuan Li, Jinfeng Ren) and graduated students (Xueju Lv, Junqing Liu, Jianghao Yu, Miao Wang, Jie Liu, Guiyuan Ren, Yanli Li) from mineral resource prospecting and exploration major of China University of Geosciences (Wuhan) for their hard work and contributions in figures edit and press processes.

Due to the limitation of the knowledge and work experiences of the authors, we must have some defects in the study of tectonic and sedimentary analysis in Nanpu Sag. Comments and suggestions from our readers, which will help improve this study, are more than welcome.

Key words: Nanpu Sag, tectonic movements, sequence stratigraphy, sedimentation, double intense effect, geological significance of oil and gas

目 录

第1章 研究思路与方法 ……………………………………………………………… (1)
  1.1 国内外研究现状 …………………………………………………………………… (1)
    1.1.1 构造活动与沉积作用的研究现状 …………………………………………… (1)
    1.1.2 构造活动与油气成藏的研究现状 …………………………………………… (2)
    1.1.3 南堡凹陷勘探研究现状及存在的问题 ……………………………………… (2)
  1.2 研究内容及技术路线 ……………………………………………………………… (3)
    1.2.1 研究内容 ……………………………………………………………………… (3)
    1.2.2 研究方法与技术路线 ………………………………………………………… (4)

第2章 南堡凹陷区域地质概况 ……………………………………………………… (6)
  2.1 南堡凹陷地理位置 ………………………………………………………………… (6)
  2.2 南堡凹陷区域构造特征 …………………………………………………………… (7)
    2.2.1 渤海湾盆地形成演化的运动学及动力学特征 ……………………………… (7)
    2.2.2 南堡凹陷断裂系统及构造单元划分 ………………………………………… (9)
  2.3 南堡凹陷沉积充填特征 …………………………………………………………… (11)
  2.4 南堡凹陷石油地质特征 …………………………………………………………… (13)

第3章 南堡凹陷层序地层分析 ……………………………………………………… (15)
  3.1 层序界面的识别 …………………………………………………………………… (15)
  3.2 层位精细标定 ……………………………………………………………………… (21)
  3.3 骨干地震剖面层序地层解释 ……………………………………………………… (29)
  3.4 层序地层划分 ……………………………………………………………………… (39)
  3.5 层序构成样式 ……………………………………………………………………… (43)

第4章 南堡凹陷构造活动分析 ……………………………………………………… (46)
  4.1 南堡凹陷构造特征及演化分析 …………………………………………………… (46)
    4.1.1 次级构造单元划分 …………………………………………………………… (46)
    4.1.2 南堡凹陷主控断裂特征 ……………………………………………………… (50)
    4.1.3 南堡凹陷构造地层特征 ……………………………………………………… (59)
    4.1.4 南堡凹陷构造演化特征 ……………………………………………………… (65)
  4.2 南堡凹陷边界断裂的活动特征 …………………………………………………… (66)
    4.2.1 南堡凹陷边界断裂活动性的垂向演化特征 ………………………………… (67)
    4.2.2 南堡凹陷边界断裂活动性的空间特征 ……………………………………… (74)
  4.3 南堡凹陷基底沉降特征 …………………………………………………………… (80)
    4.3.1 南堡凹陷沉降速率的垂向演化特征 ………………………………………… (81)
    4.3.2 南堡凹陷沉降速率的空间展布特征 ………………………………………… (83)
  4.4 南堡凹陷伸展特征 ………………………………………………………………… (93)

  4.4.1 南堡凹陷伸展量的计算方法及测线位置的选择……………………………………(94)
  4.4.2 南堡凹陷伸展特征分析……………………………………………………………(95)
 4.5 南堡凹陷与周邻地区东营组堆积期构造活动对比分析……………………………………(98)
  4.5.1 南堡凹陷与歧口凹陷东营组堆积期构造活动对比分析…………………………(98)
  4.5.2 南堡凹陷与周邻坳陷东营组堆积期构造活动对比分析…………………………(102)
 4.6 南堡凹陷东营组堆积期构造活动的"双强效应"……………………………………………(103)

第5章 构造活动的"双强效应"对沉积的控制……………………………………………………(107)
 5.1 构造活动的"双强效应"对沉积环境的控制………………………………………………(107)
 5.2 构造活动的"双强效应"对地层厚度及其空间展布的控制………………………………(112)
  5.2.1 南堡凹陷古近纪各时期地层厚度及其空间展布特征……………………………(112)
  5.2.2 构造活动的"双强效应"对地层厚度的控制………………………………………(118)
  5.2.3 构造活动的"双强效应"对厚度中心空间展布的控制……………………………(119)
 5.3 构造活动的"双强效应"对凹陷补偿性的控制……………………………………………(122)
 5.4 构造活动的"双强效应"对沉积体系类型及其空间展布的控制…………………………(129)
  5.4.1 岩芯沉积相分析……………………………………………………………………(129)
  5.4.2 单井高精度层序地层学和沉积相研究……………………………………………(137)
  5.4.3 南堡凹陷东营组沉积体系空间展布特征…………………………………………(144)
  5.4.4 构造活动的"双强效应"对沉积体系类型及其空间展布的控制………………(165)

第6章 构造活动的"双强效应"成因机制及油气地质意义探讨………………………………(169)
 6.1 构造活动的"双强效应"成因机制探讨……………………………………………………(169)
  6.1.1 南堡及黄骅坳陷古近纪沉降中心迁移及应力场分析……………………………(169)
  6.1.2 南堡凹陷岩浆活动及区域构造演化背景分析……………………………………(172)
  6.1.3 南堡凹陷高柳断裂的形成演化分析………………………………………………(173)
  6.1.4 构造活动的"双强效应"成因机制探讨……………………………………………(176)
 6.2 构造活动的"双强效应"油气地质意义探讨………………………………………………(177)
  6.2.1 构造活动的"双强效应"对烃源岩的控制…………………………………………(177)
  6.2.2 构造活动的"双强效应"对储层的控制……………………………………………(183)
  6.2.3 构造活动的"双强效应"对盖层的控制……………………………………………(184)

参考文献……………………………………………………………………………………………………(186)

第1章 研究思路与方法

1.1 国内外研究现状

1.1.1 构造活动与沉积作用的研究现状

陆相断陷湖盆中,沉积作用受构造作用的控制极为明显,构造活动控制着断陷湖盆的沉积演化,相变快和幕式沉积是断陷湖盆内沉积作用的主要特征(Gawthorpe and Colella,1990;李思田,1992;陈守建等,2007)。构造与沉积相结合的分析一直是沉积盆地分析中的重要方面。James Hall 在 1985 年通过分析阿巴拉契亚山北部大地构造和沉积作用间的控制-响应关系,首次对地槽概念做出定义。地质学家们在沉积作用分析中引入了板块构造理论,引起了地质科学领域的一场深刻的革命,最终在沉积学和板块构造学理论的基础上发展形成了构造沉积学。

随着对构造沉积学研究的深入,构造沉积学逐渐分为宏观的大地构造沉积学和盆地内构造-沉积的控制-响应分析两个方向。其中宏观的大地构造沉积学继承了构造沉积学最初的概念体系,而构造-沉积的控制-响应关系分析的发展趋势是与层序地层学和沉积学相结合。对于第二个研究方向,张翠梅等(2012)对构造-沉积分析的概念和内涵做出了总结,认为构造-沉积分析是在高分辨率 3D 地震资料的基础上动态分析构造活动背景和沉积作用,并探讨二者之间的控制-响应关系。高分辨率 3D 地震资料及其配套的地震处理与解释技术能使广大石油地质工作者更清晰地解释地层结构形态、沉积物输送路径、沉积体系空间展布及动态演化特征,因此高分辨率 3D 地震也被称为地质学的"哈勃望远镜"。构造-沉积分析主要包括 3 个方面:①构造活动的精细解剖;②构造对沉积过程的控制,如构造活动引起沉积物入口变化、沉积物的输送路径或入盆水系的迁移、构造的活动性引起沉积物堆积样式的变化等;③构造与沉积充填的响应关系,如构造演化与沉积相和沉积中心的分布关系,以及构造-沉积模式的建立等。

构造-沉积分析是沉积盆地分析的核心问题之一,这一观点已得到越来越多学者的认可。国内外许多学者也从不同角度、不同尺度对构造与沉积之间的控制-响应关系进行了研究和探讨。王崇孝等(2005)通过对酒泉盆地构造演化与沉积体系的研究认为,酒泉盆地经历了早白垩世伸展断陷期和第三纪(古近纪+新近纪)挤压拗陷期两期构造旋回,这两期构造旋回期不同构造活动特征控制了不同沉积体系类型的发育及其展布特征。董东东等(2008)在解释与搭建珠江口盆地深水区构造地层格架的基础上,将珠江口盆地新生代划分为古近纪裂陷期和新近纪拗陷期两个构造演化阶段,裂陷期强烈的断陷作用和基底沉降下,珠江口盆地发育水下三角洲沉积体系,拗陷期较弱的断陷作用在基底沉降下,发育深水扇和深海沉积序列。王家豪等(2009)通过对伊通地堑永一段大型湖底扇沉积特征的研究,认为该大型湖底扇的发育是对同时期构造反转挤压的响应。Athmer et al.(2011)对 Fenris 地堑内古新世同裂陷期海相沉积分布的控制因素进行分析,认为地形坡度和盆底古地貌控制了海相碎屑沉积的位置、形态及堆积模式。Chen et al.(2012)分析了歧口凹陷古近系层序厚度对幕式构造演化的响应,认为地层厚度中心随构造幕式演化的迁移规律与沉降中心、古地貌负向单元的迁移规律往往具有一致性,并对不同构造演化阶段断裂-沉降-沉积模式进行了探讨。Liu et al.(2014)通过对福山凹陷富砾湖底扇、富砂湖底扇沉积特征和构造背景的分析,认为缓坡断阶背景、挠曲背景控制形成了不同的地形坡度,进而控制着具有不同沉积特征的湖底扇发育。

总之,陆相断陷湖盆内,构造作用控制着盆地(凹陷)古地貌形态,进而控制着物源通道及砂分散体系和沉积体系空间展布。因此,构造作用与沉积作用结合分析的研究思路,必将长期作为盆地分析的研究热点和发展趋势。

1.1.2 构造活动与油气成藏的研究现状

在陆相断陷盆地中,油气的生成、运移和聚集与构造活动有着密不可分的关系(Li et al.,2007,2010;Zhu et al.,2013a,2013b;Xu et al.,2014)。近年来,诸多学者从构造-烃源岩、构造-储层、构造-油气运移、构造-油气聚集和破坏等方面对构造与成藏之间的关系进行了探讨。罗群(2002)提出断裂控烃理论,认为深大断裂及其派生断层对油气具有明显的控制作用。冯有良(2006)研究了渤海湾盆地同沉积构造坡折带对岩性油气富集带的控制作用,认为构造坡折带的样式控制了层序低位域砂岩、砾岩体的展布方向,并控制了优质烃源岩的发育和油气的运聚特征,从而控制了岩性油气藏富集带的分布。Li et al.(2010)对渤海湾盆地东营凹陷南部斜坡带岩性油气藏进行了油源分析,认为东营凹陷深大断裂沟通了深部烃源岩与浅部储层,浅部岩性圈闭不仅接受周围源岩的供烃,而且接受深部烃源岩的供烃。李占东等(2010)研究了海拉尔盆地贝尔凹陷构造演化对油气的控制,认为构造活动控制沉降单元从而控制烃源岩的分布和热演化程度。Zhu et al.(2013a,2013b)研究了塔里木盆地次生油藏的形成机制,认为后期构造反转和鼻状构造的形成是发育次生油藏的关键。Li et al.(2007)认为断裂的发育和活动是塔里木盆地志留纪油藏运移及聚集的主控地质因素。鉴于国际社会对油气的迫切需求,构造与油气成藏各要素及油气聚集与破坏之间的控制响应关系的研究必将长期成为含油气盆地分析和油气勘探研究中的热点和趋势。

1.1.3 南堡凹陷勘探研究现状及存在的问题

南堡凹陷是位于渤海湾盆地黄骅坳陷东北部的二级负向构造单元,面积约1932 km²。50余年的油气勘探实践证实南堡凹陷是一个"小而肥"的富油气凹陷,主力含油气层涉及奥陶系、古近系沙河街组和东营组、新近系馆陶组和明化镇组。截至2015年10月底,已完钻钻井600余口,年产油气能力达160×10⁴ t。南堡凹陷东营组是重要的油气产出层位,油气储量占全区总储量的35%;沙三段的厚层暗色泥岩是一套重要的高效烃源岩,提供了南堡凹陷约10%的油气资源量。随着对东营组勘探的重视及勘探力度的增大,衍生出大量的科研成果和认识,主要可以归纳为以下几点。

(1)构造方面。南堡凹陷构造方面的研究目前主要集中在3个方面:成盆机制(周海民等,2000;董月霞等,2008;史冠中等,2011)、断裂系统发育特征及成因机制(许亚军等,2004;周天伟等,2009)、岩浆活动及温压场(韩晋阳等,2003;肖军等,2003);构造演化(姜华等,2010;孙风涛等,2012)。但以东营组为研究对象,专门针对构造方面的文献比较少,目前尚未有东营组构造方面的系统性、全面性的研究成果刊出。

(2)沉积方面。袁选俊等(1994)研究了南堡凹陷北部的沉积特征,得出南堡凹陷北部的地层展布和沉积主要受西南庄断裂、柏各庄断裂、高柳断裂等的控制,东营组主要发育近岸水下扇、扇三角洲、半深湖-深湖沉积体系。吕学菊(2009)在此基础上将东营组沉积体系的研究扩展到全凹陷范围,得出南部缓坡带主要发育辫状河三角洲沉积体系,并将沉积体系进一步划分为9种亚相。姜华(2009)将层序地层学理论成功运用于南堡凹陷盆地分析中,在此之后的代表性成果包括:姜华等(2009)、王华等(2011)从不同的侧重面,应用构造-层序地层分析的思维,通过构造格架与地层格架的关联分析,对南堡凹陷东营组沉积充填样式与过程、控制要素进行了综合研究;万锦峰等(2013)在等时地层格架下,通过对滩海地区不同级次断层活动史的分析解释东营组沉积砂体在盆地内部的充填特征。

(3)油气成藏方面。郑红菊等(2007)、刚文哲等(2012)对南堡凹陷烃源岩的地化特征进行了研究,认为 Ed_3 暗色泥岩为南堡凹陷内的一套有效烃源岩,对该套烃源岩的生烃潜力进行了评价;梅玲等(2008)根据原油生物标志化合物特征对原油特征进行了描述和分类,在此基础上进行了油源对比研究;孙波等(2015)通过对烃源岩进行生烃史模拟,认为 Ed_3 烃源岩大量生烃时间为距今 2Ma;马乾等(2011)、吕延防等(2014)、胡新蕾等(2014)陆续从断裂控藏的角度探讨了扭动构造、中浅层盖-断组合以及油源断裂对南堡凹陷东营组油气成藏的控制。

随着南堡凹陷东营组勘探力度和资源探明程度的不断增高,还存在一系列亟待解决的问题:①Ed_3 烃源岩为南堡凹陷除沙河街组烃源岩外的又一套高效烃源岩,提供约 10% 的油气资源量,然而这套烃源岩在渤海湾盆地大部分地区并不发育。是什么原因导致南堡凹陷发育 Ed_3 优质烃源岩?②东营组沉积时期,渤海湾盆地整体进入断拗转换期,盆地内大部分坳陷(凹陷)发育冲积扇-河流沉积体系,或辫状河三角洲-浅湖沉积体系,而南堡凹陷东营组却广泛发育半深湖-深湖相沉积环境,堆积了厚度泥岩和大量的前缘滑塌体,同时北部断控陡坡带裙带状展布大范围的扇三角洲沉积体系和近岸水下扇沉积体系。导致南堡凹陷沉积特征区别于渤海湾盆地大部分坳陷(凹陷)的原因是什么?③随着南堡凹陷东营组油气勘探工作的加深,需要更深入的构造方面的知识作为指导,然而南堡凹陷构造方面的研究却严重滞后,尤其是在构造活动方面,缺少系统性、全面性的认知,这严重制约了南堡凹陷油气勘探的进展。

本次研究便是以南堡凹陷为研究对象,以东营组沉积期为研究时段,从凹陷构造地层特征、边界断裂活动性、基底沉降特征以及凹陷伸展特征等方面进行系统性和全面性的分析,并与沙河街组进行纵向对比,与周邻地区进行横向对比,总结南堡凹陷东营组沉积期构造活动不同于渤海湾盆地其他坳陷(凹陷)的特殊性,进而从沉积环境、地层厚度及其空间展布、凹陷补偿性、沉积体系类型及其空间配置等方面分析这种构造活动的特殊性对沉积的控制,随后对其成因机制进行探讨,最后从烃源岩、储层、盖层及油气成藏规律 4 个方面探讨了这种构造活动的特殊性及油气地质意义。

1.2 研究内容及技术路线

1.2.1 研究内容

1. 南堡凹陷东营组堆积期构造活动的"双强效应"成因机制探讨

通过钻井岩芯观察,以获取直观而且准确的层序界面识别的资料;井-震结合识别、标定层序、最大海(湖)泛面等关键界面,并利用高精度地震资料全区闭合,建立南堡凹陷高精度层序地层格架;选择研究区典型的剖面,归纳总结,建立不同部位层序发育模式。

2. 南堡凹陷东营组堆积期构造活动的"双强效应"

(1)构造地层分析:利用 3D 地震数据体,在解释和构建南堡凹陷构造-地层格架的基础上,进行构造层划分;重点分析各构造层的边界断裂特征及地层剖面形态特征。

(2)边界断裂活动性研究:均匀选取切过边界断裂的若干条地震剖面,根据层序地层格架标定的等时地层层位开展边界断裂活动速率的计算工作;分析各边界断裂活动性垂向上的演化特征;根据断裂的走向和活动速率分析边界断裂的分段性,对不同沉积时期边界断裂之间及边界断裂各段之间的活动性进行对比分析。在以上分析的基础上,总结边界断裂东营组沉积期的活动规律。

(3)凹陷基底沉降分析:利用 BASIN 模拟系统(BS 回剥系统软件),在对各种参数(去压实、古水深和湖平面变化等参数)进行校正的基础上,动态模拟南堡凹陷的沉降史;通过典型观测点的沉降速率直方图研究东营组沉积期构造沉降量、总沉降量及其沉降速率的垂向演化特征;分析沉降速率平面展布特征,并通过沉降中心与边界断裂间的位置关系,定性判断东营组各沉积时期断陷作用和拗陷作用的强度。

(4)凹陷伸展特征研究:对贯穿南堡凹陷的主要断裂和主要构造带,以及垂直于主伸展断裂—西南庄断裂的2条剖面进行平衡复原,在此基础上计算新生代各沉积时期凹陷的伸展量、伸展系数、伸展率和伸展速率,重点分析东营组沉积期的凹陷伸展特征。

(5)对比分析:将南堡凹陷东营组沉积期的构造活动与沙河街组及馆陶组进行纵向对比;将南堡凹陷东营组沉积期的构造活动与周邻地区同时期的构造活动进行横向对比。通过对比分析,总结南堡凹陷东营组沉积期构造活动的特殊性。

3. 南堡凹陷东营组堆积期构造活动的"双强效应"对沉积的控制

(1)通过对南堡凹陷古近系中保存的遗迹化石、微体古生物化石和微体古植物化石的系统鉴定与统计分析,综合划分出生物相类型,并编制生物相平面图以指示古近纪各沉积时期古湖泊沉积环境及水深特点。通过对比东营组与沙河街组古湖泊沉积环境及水深特点,分析构造活动的"双强效应"对沉积环境的控制。

(2)在恢复地层剥蚀量并进行去压实校正的基础上,绘制南堡凹陷古近纪各沉积时期的地层厚度等值线图;分析古近纪各沉积时期的地层厚度及其空间展布特征、厚度中心迁移规律,在此基础上分析构造活动的"双强效应"对地层厚度及其空间展布的控制。

(3)绘制南堡凹陷东营组各沉积时期的沉积速率和沉降速率的平面叠置图,判断该时期凹陷的补偿性,并通过与周邻地区凹陷补偿性的对比,分析构造活动的"双强效应"对凹陷补偿性的控制。

(4)通过岩芯观察、测井相分析、地震相刻画等手段,识别南堡凹陷东营组发育的主要沉积体系及沉积相类型,并在岩矿分析确定物源方向的基础上,通过单井分析、地震属性分析和砂分散体系分析等手段绘制东营组各时期的沉积体系平面展布图。恢复东营组各沉积时期的古地貌,编制古地貌与沉积体系叠合图,并与周邻地区同时期沉积面貌进行对比,在此基础上分析构造活动的"双强效应"对沉积体系及其空间配置的控制。

4. 南堡凹陷东营组堆积期构造活动的"双强效应"成因机制探讨

在南堡凹陷及黄骅坳陷古近纪沉降中心迁移及应力场分析、南堡凹陷岩浆活动及区域构造演化背景分析、高柳断裂形成演化机制分析的基础上,探讨了构造活动的"双强效应"成因机制。

5. 南堡凹陷东营组堆积期构造活动的"双强效应"油气地质意义探讨

首先对南堡凹陷东营组烃源岩、储层、盖层特征进行分析和评价,在此基础上探讨构造活动的"双强效应"对生、储、盖等成藏要素的控制;其次通过分析典型地区的油气成藏规律,探讨构造活动的"双强效应"对油气成藏的控制。

1.2.2 研究方法与技术路线

本书采取的研究方法如下。

(1)"点、线、面、时"相结合的方法:在南堡凹陷选择典型取芯井进行岩芯观察、岩相分析,并结合粒度、岩矿、古生物、测井和录井等资料,进行沉积体系及沉积相的识别,单点沉降史及单点断裂活动性分析("点");利用研究区大量的勘探井资料、单点沉降史及单点断层活动性,进行断裂活动速率剖面图的编制("线"),以及沉降速率等值线图、地层厚度等值线图、沉积体系平面展布图的编制("面");分析南堡凹陷在沉降、沉积、断裂活动性等方面的动态演化过程("时"——演化分析)。

(2)地质与地球物理相结合的方法:运用地震工作站解释断层与构造不整合面,搭建构造-地层格架。针对研究区的边界断裂,采用断层活动速率分析法研究断层的活动性;运用EBM软件采用回剥法计算基底沉降量和沉降速率,恢复凹陷沉降史。

（3）"对比分析"的研究思路：在南堡凹陷东营组沉积期构造活动特征、沉积特征研究方面，注重与南堡凹陷沙河街组的纵向对比，与周邻地区的横向对比，从而总结出南堡凹陷东营组沉积期构造-沉积特征的独特性。

具体研究技术路线如图1-1所示。

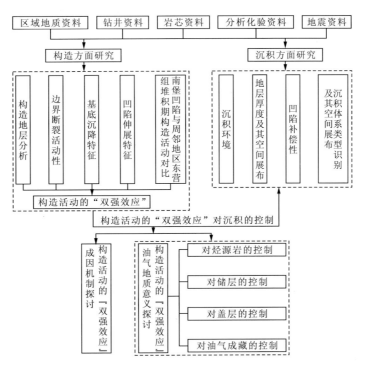

图1-1 研究流程与技术路线图

第 2 章　南堡凹陷区域地质概况

2.1　南堡凹陷地理位置

渤海湾盆地位于我国东部,地跨渤海及沿岸地区,是在华北地台内部发育起来的中新生代断陷-坳陷盆地,具有隆坳相间、多凸多凹相间排列的构造格局,面积约 $20\times10^4\text{km}^2$。黄骅坳陷位于渤海湾盆地中部,是渤海湾盆地的一个重要含油气区,是我国东部大型富油气叠合盆地之一。东界隔沧县隆起与冀中坳陷相邻,西侧隔埕宁隆起与济阳凹陷相邻,北端和燕山褶皱带相连接,东北界伸向渤海海域,以海中隆起为界与渤中坳陷分割,总面积 $18\,716\text{km}^2$。南堡凹陷位于渤海湾盆地黄骅坳陷东北隅,是在华北地台基底上,经中、新生代的地块运动发育起来的一个北断南超的箕状断陷,总面积约 1932km^2(图 2-1)。

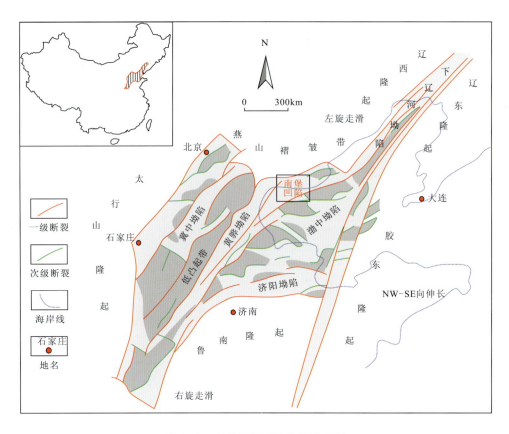

图 2-1　南堡凹陷区域位置示意图

2.2 南堡凹陷区域构造特征

2.2.1 渤海湾盆地形成演化的运动学及动力学特征

南堡凹陷是渤海湾盆地北部的一个次级负向构造单元，其地质构造演化特征与渤海湾盆地的性质、动力学特征以及区域性的重要构造运动有着密不可分的联系。渤海湾盆地总体延展方向为NNE，是中国最大的裂谷型含油气盆地。盆地内充填了巨厚的古近纪湖相地层、新近纪和第四纪河流相地层。盆地结构特征呈现典型的牛头状构造，即下部断陷与上部坳陷的叠加，断陷和坳陷之间为区域性不整合（图2-2）。但考虑到断陷和坳陷之间盆地沉降特征的过渡性，往往将渤海湾盆地划分为断陷期（孔店组—沙二段）、断坳期（沙一段—东营组）、坳陷期（新近纪）3个阶段（龚再升等，2007；汤良杰等，2008；Gong et al.，2010；黄雷等，2012a，2012b）。

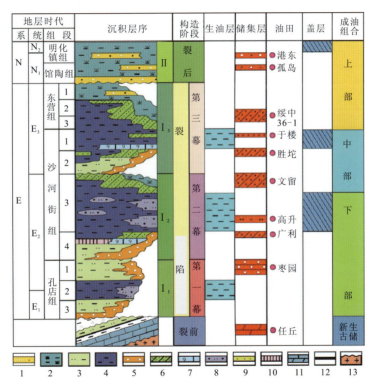

图2-2 渤海湾盆地沉积充填序列与储盖组合（据姜华，2009）

1.河道砂；2.泛滥平原；3.冲积平原；4.湖相泥岩；5.冲积扇；6.(扇)三角洲；7.粒屑灰岩；
8.浊积扇；9.滩坝砂；10.膏盐岩；11.灰岩、白云岩；12.煤层；13.基底

作为中国最大的裂谷型含油气盆地，渤海湾盆地的沉积、构造形成和演化机制一直是学术界关注的热点。众多国内外学者围绕着这一话题进行了激烈的讨论，归结起来大致有两种不同的观点：一类以Tapponnier et al.（1986）为代表，认为渤海湾盆地以及亚洲东部其他伸展盆地都是印度板块和欧亚大陆碰撞挤出效应的构造响应；另一类学者则持相反的观点，认为印欧板块的碰撞对这些伸展盆地的形成基本不起作用或者影响很弱，而真正起控制作用的是太平洋板块与欧亚大陆之间的相互作用以及深部物质活动（Northtup et al.，1995；Allen et al.，1997，1998；Ren et al.，2002）。因为现有的沉积学和年代学等资料证实印欧大陆碰撞的峰值时间为中始新世（侯增谦等，2004，2006；夏斌等，2009），即便是开始

碰撞也是在古新世(王成善等,2003;侯增谦等,2006),而渤海湾盆地及邻区的伸展活动和火山爆发在晚白垩世就开始了(Liu et al.,2001;Ren et al.,2002)。印欧大陆碰撞在时间上与中国东部及邻区伸展事件的不匹配,大大降低了其说服力;另一方面,印欧大陆碰撞的远程效应到底有多强,能不能影响到远东地区,一直饱受争议,而中国大陆东部对太平洋板块俯冲的近距离构造响应是显而易见的。与此同时,Schellart and Lister(2005)通过物理模拟证实主动大陆边缘的俯冲后撤完全可以形成规模巨大、涉及范围很广的伸展构造。因此,太平洋板块与欧亚板块之间相互作用以及深部物质活动(图2-3)作为渤海湾盆地构造形成和演化机制似乎更为合理。太平洋板块向欧亚板块俯冲速率和俯冲方向的变化(图2-4),导致渤海湾盆地内多种构造作用的叠加,正是岩石圈伸展、走滑拉分和块体旋转的综合效应,形成了渤海湾盆地。

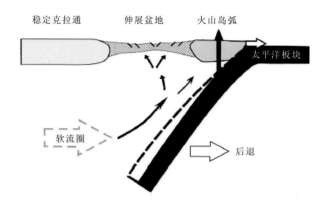

图 2-3 中国东部新生代伸展盆地的形成机制

(据 Watson et al.,1987;任建业,李思田,2000)

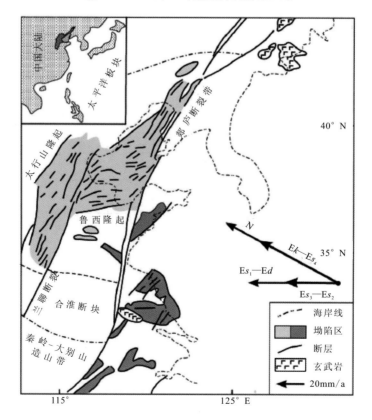

图 2-4 新生代太平洋板块对欧亚板块俯冲的变迁过程

(据 Northrup et al.,1995;Allen et al.,1997,1998;祁鹏,2010)

2.2.2 南堡凹陷断裂系统及构造单元划分

南堡凹陷位于渤海湾盆地黄骅坳陷东北隅，它是在华北地台基底上，经中、新生代的块断运动而发育起来的一个北断南超的箕状凹陷。凹陷北部以西南庄断层为界，与老王庄凸起相连，东部以柏各庄断裂为界与柏各庄凸起、马头营凸起相连，南与沙垒田凸起呈断超式接触，西以涧东断层与北塘凹陷相邻（图2-5）（王华等，2002；张翠梅，2010）。南堡凹陷总体结构为"北断南超、东断西超"的箕状断陷，东部为双断型凹陷形态（图2-6），西部为单断型凹陷形态（图2-7）（吕学菊，2008）。南堡凹陷内断裂十分发育，除边界断裂外，以NE和NEE向为主，以张性正断裂占优势，有部分张扭性断裂。在平面和剖面上，不同级别、性质和形式的断层有规律地分布。根据南堡凹陷构造特征及主控断裂，将其内部划分为5个洼陷和8个次级构造带，包括陆上探区的高尚堡潜山披覆背斜构造带、柳赞同沉积背斜构造带、老爷庙滚动背斜构造带和高堡滩海的1号、2号、3号、4号、5号背斜构造带，及拾场、柳南、林雀、曹妃甸、新四场5个次凹（图2-5，表2-1）。

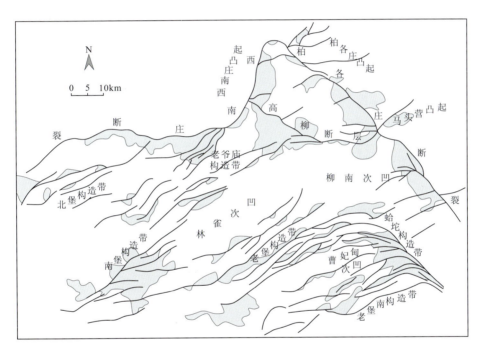

图2-5 南堡凹陷构造纲要图（据张翠梅，2010）

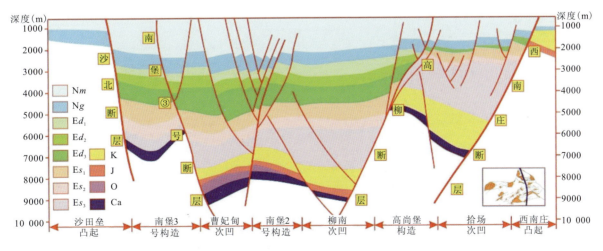

图2-6 南堡凹陷东部构造样式图（据吕学菊，2008）

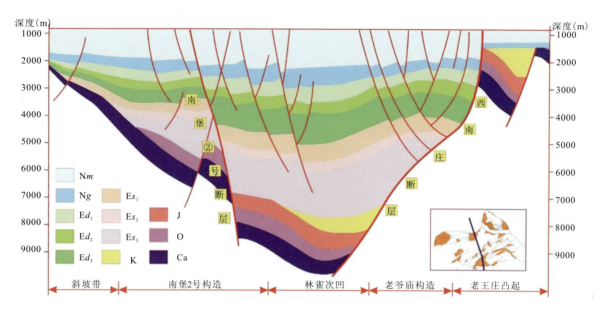

图 2-7 南堡凹陷西部构造样式图(据吕学菊,2008)

表 2-1 南堡凹陷构造单元划分表

构造单元	面积(km²)	发育部位
高尚堡构造带	60	位于高柳断层上升盘的翘倾部位,该构造从沙三段开始发育,Es_3^1—Es_3^2 形成 NW 向伸展的短轴背斜
柳赞构造带	40	主体是夹于柏各庄断层、高柳断层东段和西南庄断层之间的块体,其形成和演化受上述 3 条断层活动的控制。沙河街期的构造是在中生代潜山隆起上发育起来的披覆背斜构造
老爷庙构造带	150	位于南堡凹陷北部边界西南庄断层下降盘一侧,是发育在西南庄断层下降盘的滚动背斜,由庙北背斜、庙南断鼻及两者之间的鞍部组成
南堡 5 号构造带	360	位于南堡凹陷西端紧邻西南庄断裂,再向东倾伏、向西抬升的鼻状构造背景上发育起来的背斜构造带。可划分为北堡构造带、北堡北构造带、北堡西构造带 3 部分
南堡 1 号构造带	300	位于林雀次凹西南部,是发育在南堡断层潜山披覆构造带
南堡 2 号构造带	280	位于林雀次凹南部、曹妃甸次凹的西南部,是发育在老堡南断层潜山披覆构造带
南堡 3 号构造带	240	位于老堡东断层和老堡西断层之间,是位于两个次凹中间的隆起区
南堡 4 号构造带	120	受控于蛤坨断层,主要位于蛤坨断层的东侧
拾场次凹	50	位于柏各庄断层下降盘,为沙河街期的重要生油次凹
林雀次凹	100	位于高柳断层下降盘,是沙一段和东营组的重要生油区
柳南次凹	80	位于高柳断层下降盘,柳赞油田南部,是沙一段和东营组重要生油区
曹妃甸次凹	400	位于老堡-蛤坨构造带和沙北段裂之间
新四场次凹	50	位于西南庄断裂下降盘,老爷庙构造带和北堡构造带之间

2.3 南堡凹陷沉积充填特征

南堡凹陷发育的地层,由下到上包括古近系沙河街组、东营组,新近系馆陶组、明化镇组及第四系平原组。其中沙河街组又分为沙三段、沙二段和沙一段,东营组分为东一段、东二段、东三段(图2-8)。南堡凹陷古近系缺失孔店组及沙河街组四段,无论时间上还是空间上,地层厚度变化剧烈,岩性、岩相往往具有突变关系。新近系分布是区域性的,厚度变化平缓,岩性岩相往往平缓过渡[①]。

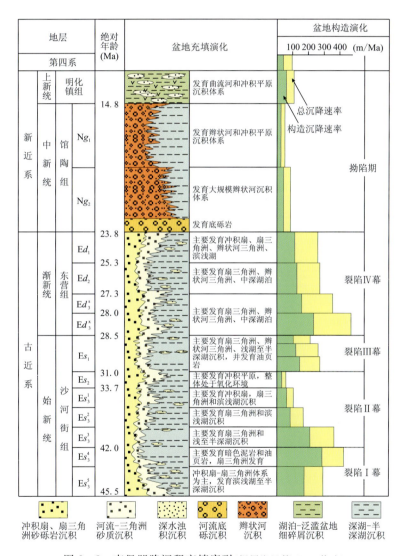

图 2-8 南堡凹陷沉积充填序列(据周海民等,2001修改)

1. 沙河街组(Es)

(1)沙三段(Es_3):Es_3地层沉积于始新世晚期—渐新世早期,为滨浅湖-深湖、扇三角洲和冲积扇沉

---

① 谢占安,李建林. 南堡凹陷三维连片叠前时间偏移处理资料构造解释及综合研究. 中国石油冀东油田公司、中国石油集团东方地球物理公司(内部资料),2007.

积,表现为下粗、中细、上粗的完整二级旋回,总厚600~2000m。Es_3 地层含中国华北介、脊刺华北介、隐瘤华北介、远伸玻璃介、长大玻璃介、后陡玻璃介、热河台华北介、沼泽拟星介等中国华北介、脊刺华北介和隐瘤华北介组合成分,未见单一的惠东华北介亚组合,可能顶部遭受剥蚀,藻类多见渤海藻和副渤海藻。Es_3 地层是南堡凹陷主要的生油、含油层段,根据岩性特征又可以划分为5个亚段。

沙三5亚段(Es_3^5):岩性为砂岩、含砾砂岩和砾岩,以发育灰色、灰白色砂岩为主,间夹有灰褐色、绿色、灰绿色、灰色泥岩,为 Es_3 沉积旋回底部的冲积扇-扇三角洲体系的产物。电性特征呈现一组高泥岩基值与长刺刀状高峰电阻率曲线,自然电位曲线幅度差异较明显。Es_3 是柳赞地区的主要产油层之一。

沙三4亚段(Es_3^4):岩性以灰色、深灰色、灰黑色泥岩,油页岩为主,夹有薄层砂岩,属扇三角洲及湖相沉积。在柳赞地区总体上为正旋回沉积特征,具明显的三分性,可分为3个岩性段。下部为一套含砾的中粗砂岩;中部为油页岩、钙质泥岩、粉砂岩互层;上部为灰色泥岩。电性特征十分明显,顶部为齿化低阻段,中部为高基值电阻率曲线,下部为尖峰状、刺刀状高阻,形成明显的3个台阶状对比标志层,容易识别,是区域对比的一级标志层。

沙三3亚段(Es_3^3):岩性为一套粗碎屑岩、含砾砂岩与深灰色泥岩段,砂泥比大于50%,属扇三角洲和湖泊沉积的产物,根据沉积旋回可进一步分为4个储盖组合。

沙三2亚段(Es_3^2):岩性细,以深灰色泥岩为主,夹砂岩,属扇三角洲-滨浅湖沉积,厚度180~310m,向柳东地层减薄。总体由上、下两个岩性段组成:下部为砂岩集中段,为冲积扇-扇三角洲沉积,是高柳地区含油目的层段之一,上部为暗色泥岩发育段。

沙三1亚段(Es_3^1):为砂岩与暗色泥岩互层,砂岩较发育,地层厚度变化大,主要为冲积扇体系沉积。

(2)沙二段(Es_2):沙二段地层为氧化环境下发育的粗碎屑冲积体系,正旋回沉积,与下伏地层呈平行不整合接触。

(3)沙一段(Es_1):沙一段整体形成于湖水较浅、构造较平静的沉积环境。上部为灰白色、浅灰色砂砾岩,细砂岩,粉砂岩与浅灰色、深灰色泥岩不等厚互层,在高尚堡地区发育一定程度的生物灰岩;下部为浅灰色细砂岩、粉砂岩与浅灰色泥岩的薄互层。

2. 东营组（Ed）

东营组（Ed）是本次研究工作的主要目的层段,该沉积时期沉积中心向凹陷内部迁移,滩海区的沉积厚度可达2000m以上。东营组地层自上而下可分为3段,即东一段（Ed_1）、东二段（Ed_2）和东三段（Ed_3）,其中东三段又可划分为东三上（Ed_3^s）和东三下（Ed_3^x）两个亚段,它们共同构成了一个完整的层序。

(1)东三段:该段为灰色、深灰色泥岩与砂岩互层,夹有厚度不等的基性火山岩。东三段地层在陡坡带和缓坡带明显不同。在陡坡带,东三段地层可以分为东三下亚段和东三上亚段,其中东三下亚段为下粗上细的正旋回,下部为砂岩夹灰色泥岩,上部为深灰色泥岩夹砂岩;东三上亚段多为砂岩与灰色、深灰色泥岩互层为主,它与东二段分界线在"细脖子"泥岩底部。而在缓坡带东三段地层多为灰色、深灰色泥岩夹砂岩,且东三下亚段与东三上亚段较难分开。东三段地层在曹妃甸次凹最为发育,最大厚度在1000m以上。

(2)东二段:该段以灰色泥岩夹灰色粉砂岩、泥质粉砂岩和细砂岩为主,其中东二段下部为厚度不等的深灰色泥岩,中部以灰色粉砂岩、泥质粉砂岩和细砂岩为主,上部为较厚的灰色泥岩。东二段地层分布较稳定,由西北向东南方向地层逐渐增厚。

(3)东一段:该段为南堡滩海地区的主要油气勘探目的层之一,岩性主要为灰色、灰白色粉砂岩,浅灰色细砂岩,砂砾岩与灰绿色泥岩、灰色泥岩和褐色泥岩呈不等厚互层。东一段可以分为3个砂组,下部砂组以灰白色粉砂岩、浅灰色细砂岩与灰色泥岩互层为特征,中部砂组以浅灰色细砂岩、中粗砂岩夹灰色、灰绿色泥岩为特征,上部砂组以灰白色砂岩、砂砾岩夹灰绿色泥岩或灰绿色泥岩夹薄层砂岩为特征。东一段地层厚度一般为300~600m。

整个东营组是一个完整的沉积旋回。东三段底部为该层序的低水位体系域,沉积组合以粗碎屑的冲积体系为特征;其上为由扇三角洲、前扇三角洲相组成的沉积序列;东二段代表本区东营期的最大水侵期,沉积了厚达200m的加积型泥岩段;东一段代表本区东营期的湖泊萎缩期,形成了一套以粗碎屑为主的进积型冲积沉积体系。

3. 新近系(Ng+m)

本区新近系的沉积特征与渤海湾盆地其他地区基本类似,以河流相碎屑岩为主,馆陶组和明化镇组在整个研究区内普遍发育。

(1)馆陶组(Ng):平均厚度300~500m,可分为两个岩性段。

馆下段(Ng^x):由砾岩、砂砾岩、基性火成岩夹薄层灰绿色、灰色泥岩组成,是一套辫状河沉积。

馆上段(Ng^s):岩性为紫红色、暗紫色、灰绿色泥岩,砂质泥岩与粉砂岩互层,夹粉、细砂岩;下部砂岩较发育,上部泥岩较发育,亦为一套辫状河沉积,底部的底砾岩是全区的对比标志层。

(2)明化镇组(Nm):平均厚度约1500m,由块状砂岩与灰绿色、灰黄色、棕红色泥岩互层组成,是一套曲流河沉积。

4. 第四系(Qp)

第四系统称平原组(Qp),浅棕黄色、灰黄色黏土、粉砂质黏土与灰黄色粉砂、细砂互层。

2.4 南堡凹陷石油地质特征

南堡凹陷石油地质特征包括:凹陷面积小,仅有1932km²;油气富集,储量丰度高;含油井段长,油层埋藏深;断层发育,构造破碎;储层变化大,非均质性强;形成两大含油气系统,一个是以Es_3为烃源岩的含油气系统;另一个是以Es_1和Ed_3为烃源岩的含油气系统[①]。

1. 烃源岩特征

南堡凹陷发育6套烃源岩层系,分布在Ed_2、Ed_3、Es_1、Es_2、Es_3^1—Es_3^3和Es_3^4—Es_3^5层段。高柳—拾场次凹地区以Es_3^4—Es_3^5烃源岩为主,高南地区Es_3、Es_2—Es_1、Ed多套烃源岩共存,纵向上叠套在一起。不同区域烃源岩成烃情况不同,其中林雀次凹及柳南次凹中心部位的Es_3烃源岩已进入高—过成熟阶段,林雀次凹、柳南次凹、曹妃甸次凹的主体部位Ed_3烃源岩已进入中高成熟阶段,南堡凹陷的Es_3^4—Es_3^5烃源岩(包括拾场次凹)均已进入成熟门限。可以说,整个南堡凹陷发育多套成熟—高成熟生烃岩,是一个富生烃凹陷,为油气藏的形成提供了充足的油气源。

2. 储层特征

南堡凹陷断裂活动的多幕性和多旋回性控制了凹陷内沉积旋回的形成与发展,形成多种类型的储集砂体。古近系主要发育近岸水下扇、扇三角洲和辫状河三角洲沉积砂体,其中扇三角洲砂体是主要的油气储集体。新近系为拗陷期冲积扇-河流沉积体系,馆陶组以辫状河道砂体为主要储层,明化镇组下段以曲流河道砂体为主要储层,分布于南堡凹陷全区,是南堡凹陷浅层重要的勘探目的层。

3. 盖层特征

南堡凹陷幕式的构造演化导致了多次扩张和萎缩的旋回,并在迅速扩张期形成了Es_3^5中部、Es_3^4、

---

① 熊保贤.南堡凹陷含油气系统研究.中国石油冀东油田公司地质研究院(内部资料),2000.

Es_3^2、Es_1^s、Ed_2 共 5 套厚层泥岩沉积,与凹陷内有利的构造相匹配,形成了优质的盖层。高柳地区发育 Es_3^5 中部、Es_3^4 和 Es_3^2 盖层,北堡和老爷庙地区发育 Es_1^s 和 Ed_2 盖层。

4. 圈闭特征

南堡凹陷新生代经历了两次构造反转,与圈闭的两个主要形成期相对应。始新世末—渐新世早期,反转作用以局部地区缺失沙河街组一段中、上部,沙河街组与东营组呈不整合接触为特征,主要形成各种背斜和潜山圈闭。晚期反转是早中新世末—中中新世初,以馆陶组发育大面积火成岩为特征,是南堡凹陷内圈闭的又一重要形成时期,主要形成了各种断块、断背斜圈闭。目前勘探成果表明,南堡凹陷主要发育各种背斜(滚动背斜、披覆背斜、逆牵引背斜、断背斜)、断鼻、断块和潜山圈闭,各种类型圈闭在空间上的分布明显受断裂及构造带的控制。与潜山有关的圈闭主要分布在周边凸起构造带之上;而各种背斜圈闭,主要发育于凹陷近边或裙边构造带,其次则是中央构造带。

5. 油气运聚特征

油源断层是一些形成时间早、切割深、断距大的断层。由于断层的存在,生油层和储集层得以沟通,源岩中的油气能够及时运移到合适的圈闭中。南堡凹陷内发育 3 种级别的控凹、控带和带内控油断裂在断陷期均为油源断裂。带内控油断裂主要起沟通邻近生油岩与隆起带的作用,对构造带下伏的源岩也有沟通作用。控带断裂是凹陷中心的原油向近边或裙边构造运移的良好通道。控凹断裂则是凹陷内的油气向周边凸起或潜山运移必不可少的通道。

6. 油气分布特征

平面上,南堡凹陷各正向二级构造带均见到油气显示,目前已发现老爷庙、高尚堡、柳赞、北堡油田。其中高尚堡构造带探明石油地质储量 $4811×10^4$ t、柳赞 $1794×10^4$ t、老爷庙 $1194×10^4$ t、北堡 $505×10^4$ t,分别占总探明石油地质储量的 57.1%、21.3%、14.2%、6.0%。高柳构造带油气分布在高尚堡披覆背斜的主体部位及柳赞同沉积背斜主体部位,老爷庙、北堡构造带油气主要分布在滚动背斜的主体部位。

纵向上,Nm、Ng、Ed、Es 均有油层分布。沙河街组"自生自储"型成藏组合最为富集,中浅层油藏分布在油源断裂两侧有利的圈闭中,深层油藏主要受构造规模控制,圈闭面积大、油藏规模大。

总体上控制油气分布的主要因素是:①构造控制,构造类型不同,油气富集程度不同,其中披覆背斜与滚动背斜最有利于油气聚集;②沉积相带对油气富集有明显控制作用,扇三角洲、辫状河三角洲、三角洲前缘砂体及河道砂体是最有利的储集体;③构造和储集体的配置关系是决定性控制因素,其中有利相带与构造主体部位叠合在一起时对油气聚集最为有利。

第3章 南堡凹陷层序地层分析

层序地层学(Sequence stratigaphy)是研究"由不整合面或与其对应的整合面所限定的一套相对整一的、成因上具有成生联系的等时地层单元"。层序地层学的发展使地层学的研究进入了一个新的阶段,有人称它是沉积地质学的第三次革命。虽然层序地层学的许多概念是从古老的地层学中沿袭下来的,但是其现代研究方法是源于高分辨率地震这一新技术的出现,因而,层序地层学首先是在西方一些大的石油公司中广泛流行,然后才在学术科研机构中成为研究主题。现在,层序地层学已逐渐演变为油气勘探与开发、储层预测与评价等中必不可少的工具。从20世纪90年代早期至今,层序地层学得到了极为广泛的应用。

层序地层学建立了一整套概念体系及技术职称体系,将岩芯、钻井、测井和地震资料进行综合运用,进行层序叠置样式研究。它的出现改变了传统地层对比观念和原则,使地质工作者可直接从地震剖面上进行等时地层划分与对比,避免了之前地层对比的穿时问题。它运用露头、岩芯、钻井、地震等资料,同时参考岩石学、生物地层学、遗迹学以及地球化学等资料,从不同角度各自论证,确立出层序界面,进而建立盆地等时地层格架。

对南堡凹陷进行了全面系统的层序地层研究,确定了南堡凹陷主要层序界面的地震和钻井识别标志,在新生界共识别并解释出2个一级层序界面,3个二级层序界面,9个三级层序界面及12个最大洪泛面,同时完成了研究区重点钻井层序界面的精细标定和区域的岩性地层综合柱状图,建立了南堡凹陷的层序地层格架。

3.1 层序界面的识别

正确识别、划分和对比不同级别的层序界面是建立层序地层格架的基础。根据Vail等建立起来的Exxon经典层序地层学模式,层序界面是相对海平面下降阶段形成的、侧向上连续的不整合面或与之相对应的整合面,高级别的层序界面具有全球可比性。经典层序地层学将层序分为Ⅰ型层序和Ⅱ型层序,Ⅰ型层序界面为全球海面下降速度超过沉积滨线坡折带处盆地沉降速度,在该处海平面相对下降时形成的。Ⅱ型层序边界以河流复壮、岩相向盆地方向迁移、沉积滨线坡折带及以上地区暴露剥蚀为特征。

南堡凹陷古近系层序界面类似于经典层序的Ⅰ型层序界面。南堡凹陷的层序级别按盆地构造演化特征大致可以划分为超层序组(Super-sequence set)、超层序(Super-sequence)、层序或三级层序(Third-order sequence)、四级层序(Fourth-order sequence)4个级别。虽然其层序级别不同但其界面为不同级别不整合面,具有极为相似的识别标志。本次采用地震判别和钻井标定相结合的方法识别和追踪研究区的层序界面。

1. 地震反射界面的识别标志

地震地层学应用反射波终止现象划分地震层序。地质事件的响应地震波关系可划分为协调(整一)关系和不协调(不整一)关系两种类型。协调关系相当于地质上的整合接触关系,不协调关系相当于地质上的不整合接触关系。根据反射终止方式将不整合接触关系进一步分为削截(削蚀)、顶超、上超和下超4种类型(图3-1),以区分不同沉积作用下界面特征的不同(图3-2),这些不整合接触关系正是地震剖面上识别层序地层界面最为可靠和客观的基础。

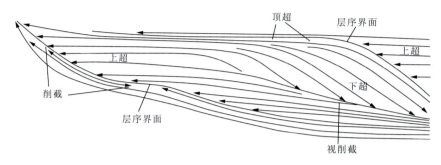

图3-1 层序界面及内部地震反射类型

接触关系 项目	平行接触	相交接触			
		削截	上超	下超	顶超
发育部位	顶部、底部	顶部	底部	底部	顶部
沉积作用	沉积作用(加积)	侵蚀作用	沉积作用(退积)	沉积作用(进积)	过路冲刷作用
沉积模式图	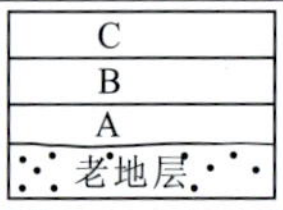 C B A 老地层	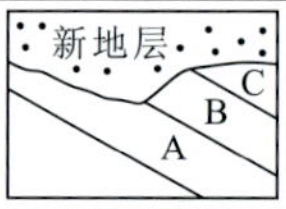 新地层 C B A 老地层	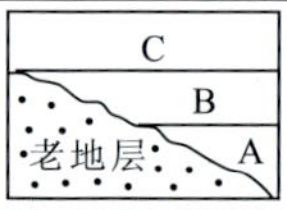 C B A 老地层	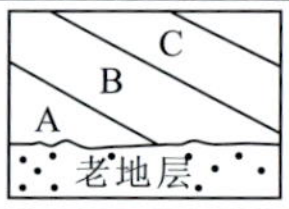 C B A 老地层	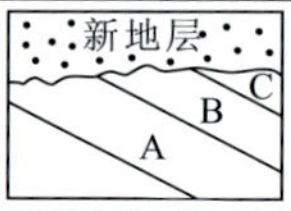 新地层 C B A

图3-2 层序界面地震反射特征与沉积作用的对应关系

南堡凹陷在其漫长的地质演化过程中,发育了多个区域性的沉积间断面,它们共同构成了盆地内不同级别的层序界面。这些层序界面在地震剖面上往往存在着不协调的反射终止类型,其识别标志主要包括发育于界面之上的上超、下超和深切谷反射以及发育于界面之下的削截和顶超反射等。其中削截反射是不整合接触关系最重要的表现形式之一,意味着地层在沉积以后因强烈的构造隆升或湖平面下降再次出露地表遭受剥蚀(图3-3)。

不整合面类型	不整合面形态		不整合面特征	分布情况
底超/削蚀	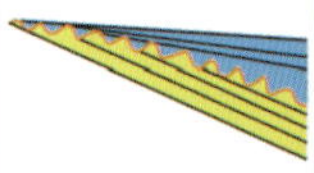	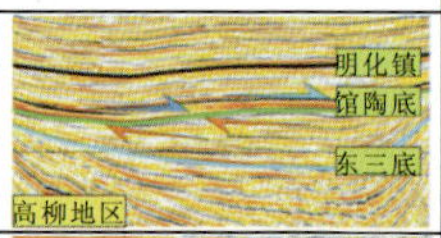 明化镇 馆陶底 东三底 高柳地区	下伏地层顶界面削蚀,上覆地层底界面上超或下超为特征	盆地边缘带 盆地隆起带
整一/削蚀	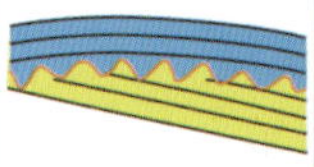	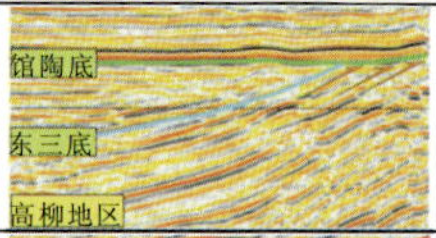 馆陶底 东三底 高柳地区	下伏地层顶界面削蚀,上覆地层底界面平行底界面为特征	盆地斜坡带 盆地隆起带
底超/整一	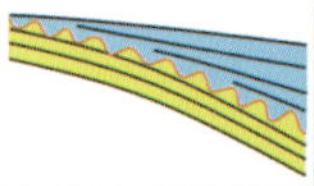	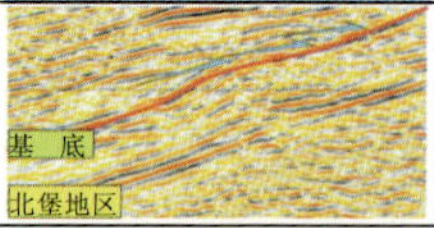 基底 北堡地区	下伏地层顶界面微弱削蚀倾斜,上覆地层超覆为特征	盆地斜坡带 盆地隆起带
整一/整一	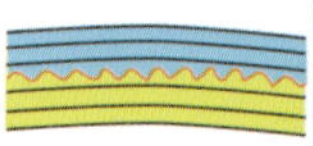	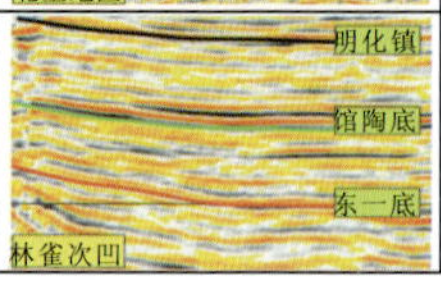 明化镇 馆陶底 东二底 林雀次凹	界面上下地层平行,其间为剥蚀面,地震剖面上较难识别	盆地斜坡带 盆地凹陷带

图3-3 南堡凹陷地震反射终止类型及层序界面处反射特征

(1)削截(削蚀)接触:指倾斜反射同相轴与平行或低角度平直反射同相辅相交接触。它反映地层遭受了剥蚀作用。在不整合面形成过程中,下伏地层受到了褶皱构造运动作用,并遭受了一定时期的风化剥削作用,造成了部分地层被剥蚀。之后,地层再度沉降,接受沉积,削截接触与地层褶皱构造运动有关,所以它的分布具有成带性。在以断陷沉积为主的沉积盆地中,其边部往往发育许多沉积扇体,扇体与扇体之间的反射界面或其内部反射本身就具有倾斜性。当地层整体抬升遭受剥蚀,而后再整体下沉接受沉积时,也会产生反射同相轴斜交现象。但后者与前者相比,就其成因来讲是有本质差异的。因剥蚀作用引起的地层侧向终止,出现在层序顶界面,它是构造运动存在的直接证据,是划分层序的最可靠标志。例如,在南堡凹陷高柳地区,由于地层掀斜严重,Ng组底界面表现为明显的高角度削截(图3-4);而Line1332线上表现Es_2底界面在西南庄附近对下部地层的强烈削截(图3-5);又如Line2423线上,表现的由于双向牵引,造成的中间翘倾所产生的局部剥蚀(图3-6)。

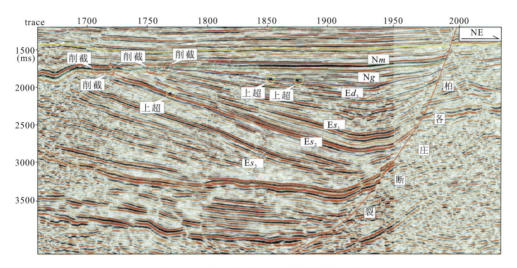

图3-4 高柳界面Ng底界面削截特征

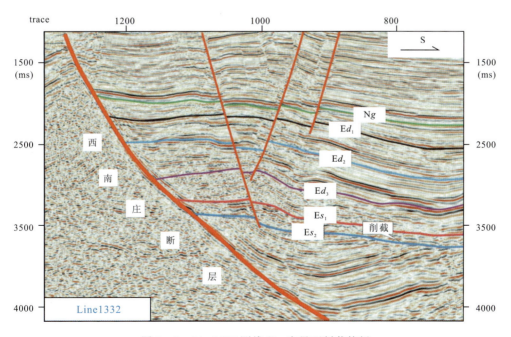

图3-5 Line1332测线Es_2底界面削截特征

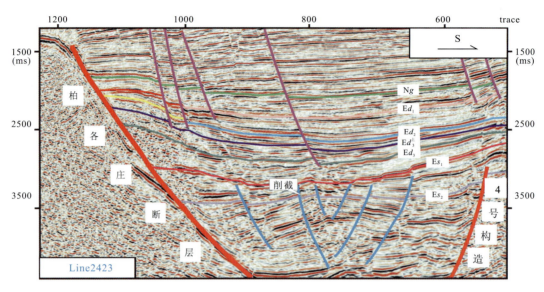

图 3-6 Line2423 测线 Es_2 底界面削截特征

（2）上超接触：指反射同相轴由下至上朝着一个倾斜反射界面的上倾方向层层超覆的现象。该现象反映的是，地层遭受了一段时间的暴露剥蚀或沉积间断之后，又开始下沉接受沉积，且水体范围不断扩大，使得沉积地层逐层向陆推进，产生地层上超。上超现象明显与否，主要与下列因素有关：①下伏地层的倾斜角度。倾斜角度大，上超现象明显，反之，不明显。②水体表面扩大的速度。水体表面扩大的速度大，纵向上沉积相带变化快，地震剖面上反射同相轴也就越多，上超点也越多，上超现象明显。③地层沉积速度。单位时间内沉积地层越厚，地层上超现象越明显。例如，在高柳地区 Ed_3 和 $Ed_3^上$ 底界面上表现出明显的上超现象（图 3-7）。

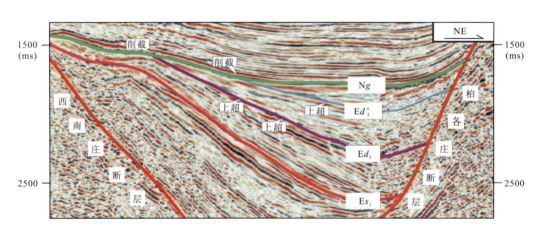

图 3-7 高柳地区 Ed_3 和 $Ed_3^上$ 底界面上超特征

（3）下超：指原始倾斜地层对原始水平界面（或原始斜角较小的倾斜界面）在下倾方向的底部超覆，亦即层序内地层对底部界面向盆内的超覆。下超反映几种地质现象：①沉降速率大于沉积速率，即欠补偿沉积环境。由于沉积物供给不充足，致使远离沉积物供给区存在沉积缺失，但是随着时间的推移，沉积物逐渐向盆内推进沉积，就产生了上覆地层向界面下倾方向超覆现象。②在过补偿沉积环境下，由于水体范围逐渐缩小，也会产生上覆地层向界面下倾方向超覆。③在断陷沉积盆地中，盆缘地区发育的沉积扇体与下伏地层接触关系普遍具有下超现象。例如，在高柳地区 Ed_3 和 Ed_2 底界面上表现出明显的上超现象（图 3-8）。

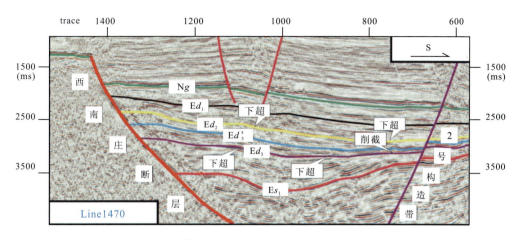

图 3-8 高柳地区 Ed_3 和 Ed_3^s 上底界面上超特征

(4)顶超接触：指倾斜反射同相轴向前推移的超覆现象。顶超接触与削截接触有时很难区分，但其形成具有很大的差异。削截是构造运动使地层褶皱并产生剥蚀的结果，而顶超是地层在沉积过程中，由于沉降运动使边部沉积地层发生倾斜，并伴随有新地层。向前超覆老地层沉积，且地层的上部遭受了流水冲刷改造，从而形成了视削截现象。它是倾斜地层的无沉积顶面被新沉积层所超覆的沉积间断标志，一般出现在层序顶部。例如，Line2232 测线高柳断层下降盘 Ed_1 界面底部具有明显的顶超特征(图 3-9)。

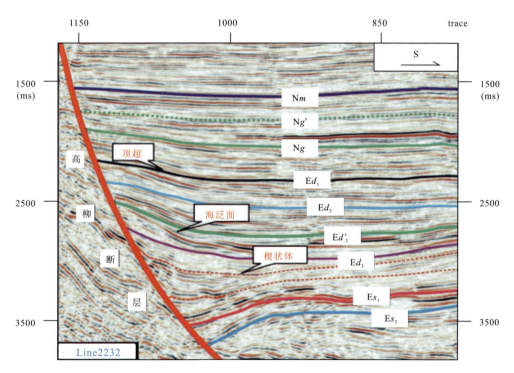

图 3-9 高柳断裂下降盘 Ed_1 界面底部的顶超特征

(5)地震相特征：地震相的突变主要表现为地震反射同相轴振幅和连续性的变化，能够反映沉积环境突变和层序之间沉积环境的转变。当上下地层存在截然差异时，振幅或连续性会发生突变。如图 3-10 所示，南堡凹陷过高柳地区的地震测线上，沙一段地层与上覆东三段地层、下伏沙二段地层存在明显的地震相反射差异：沙一段地层地震相表现为弱振幅、中等连续反射特征，而东三段和沙二段地层地震相表现为强振幅、中—强连续反射特征。

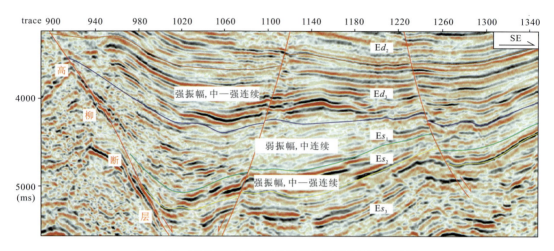

图 3-10　南堡凹陷过高柳地区测线层序界面地震识别

（6）最大湖泛面的识别：最大湖泛面形成于湖平面快速上升、岸线不断向盆缘迁移至最大限度时湖平面所处的位置。最大湖泛面在地震剖面上表现为层序内部一条强连续的反射同相轴，大多具有低频特点，界面上下常见高位、低位两套前积反射，其反射终止类型标识是：界面之上普遍呈下超；之下视削截或连续反射（图 3-11）。此外，界面附近主要为细粒薄层沉积的"密集段"，在地震剖面上普遍表现为强振幅，高连续反射同向轴。

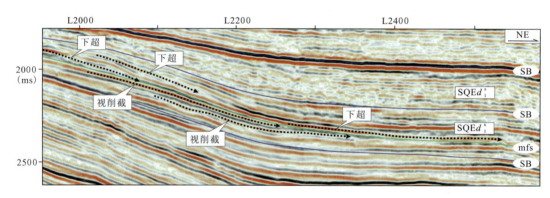

图 3-11　南堡凹陷过高柳地区测线层序界面地震识别

2. 钻井层序界面特征识别

一般来说，层序界面在岩性和测井曲线上反映明显，且较地震反射更精确。层序界面在钻井上反映的类型和样式较多。因为层序地层的变化，常伴生不整合面的产生、沉积环境的突变等，则层序界面上下岩相会存在较大的差异，进而造成测井相的突变等。钻井资料上，层序界面的识别标志主要表现在以下 3 个方面。

（1）层序界面是由构造运动事件引起的不整合界面，在界面上常见由于沉积基准面下降引起河流回春和河流形态的改变形成的底砾沉积，或由于火山活动发育的火山岩层或火山灰层。同时，伴随着测井曲线基值发生明显。例如，北 10 井 Ng 组底界面上为砂砾岩和玄武岩的互层沉积，造成的区域上都表现为双强轨的反射特征，在钻井上也有明显的显示（图 3-12A）。

(2)层序界面通常情况下为下部层序的高水位体系域和上部层序的低水位体系域或湖扩体系域的分界面,通常底部为高水位体系域发育的粗粒特征,曲线形态表现为高幅漏斗状,顶部为低水位体系域的中、低幅度漏斗形或湖扩体系域钟形的组合形态。例如,庙36井Ed_3组底界面(图3-12B)在钻井上所表现的特征。

(3)强烈的不整合界面,对下部地层产生强烈的削截,由于上下沉积环境的不同和长时间的沉积间断,造成界面上下的"跳"相,即界面上下的地层沉积相不符合沃尔索相律。例如,老堡南1井在Es_1^1直接钻遇前第三纪的碳酸盐岩地层(图3-12C)。同时,由于层序界面上下地层岩相和压实作用存在着较大的差异,因此其测井曲线的基值也会发生明显的改变。

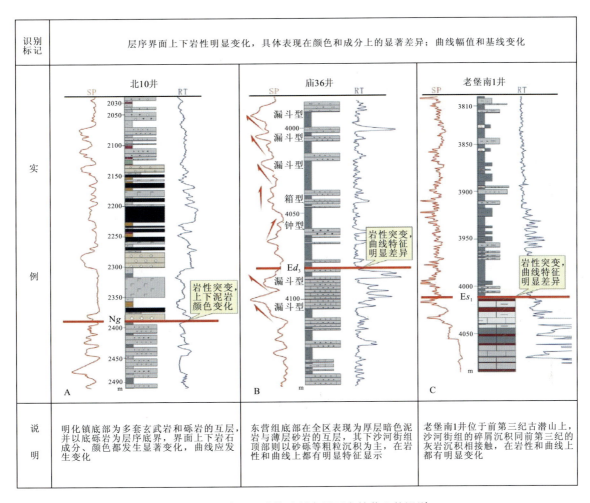

图3-12 南堡凹陷构造层序界面在钻井上的识别

3.2 层位精细标定

1. 合成地震记录标定

地震地质层位精细标定是构造落实和油气分布预测的关键,是连接地震、地质的桥梁。在层位精细标定的基础上,结合骨架解释剖面,才能实现地震、地质层位统一,从而落实目的层构造形态、断裂特征,在此基础上开展进一步的地质分析工作。

本次研究统层思路是在不同区块优选钻探层位较深、测井资料完整且品质较好的钻井，首先开展沉积旋回分析，结合区域地层沉积特征，岩芯观察等对以往地质分层进行综合分析，必要时做适当调整，以达到不同区块地质层位统一；利用测井资料制作合成记录，结合区内的VSP测井资料进行联合标定。通过上述工作进行反复的对比和调整，从而统一地震、地质层位。分析不同反射目的层横向变化特征，确定层序解释方案，进而建立起标准格架解释剖面，最终完成全研究区内界面闭合工作。

层位标定时井位的选取对平面上构造解释的吻合程度具有非常重要的意义。由于工区内的地质条件复杂，加之火成岩发育，此次选择用于标定的井以钻探较深的探井为主，且在全区各构造带上都有分布，从而在空间上控制了层位解释的精度，为井震间的对比解释提供了条件。本次研究是在岩性对比的基础上，使用HRS反演软件包中的Elog模块制作合成地震记录用来精细标定研究区内的各地质界面。截至到目前在全区制作了190余口井合成地震记录，用于层位的精细标定，选取井位如图3-13所示。

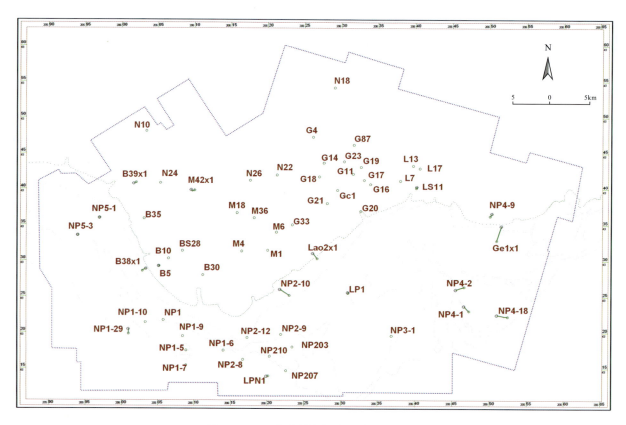

图3-13 已完成精细标定的单井分布图

在标定过程中，首先采用南堡凹陷4个构造带（北堡、高尚堡、老爷庙和南堡）的平均速度做为控制点进行初步的约束，之后通过合成地震记录进行层位的精细标定，如图3-14～图3-19所示。

传统的制作合成地震记录的做法是通过声波转换成波阻抗，得到反射系数，再与理论子波（一般为雷克子波）褶积得到合成记录。子波具有时变和空变的特点，采用理论子波可能人为造成误差。本次合成记录采用三步法进行联合标定。首先沿井旁地震道提取统计子波，得到一个与地震数据体具有相同振幅谱的零相位子波，这样通过褶积可以使合成的地震道与井旁地震道较好地匹配；其次找到对应特征明显的同相轴进行适当的拉伸、压缩或整体漂移，进一步提高两者的相似系数；最后再通过子波相位自动扫描技术，得到最大相似系数时的子波相位，用这个相位去修正前面提取的零相位子波，褶积后便可以得到一个与实际地震记录波组关系对应良好的高质量的合成地震记录。这种方法在本次层位标定工作中取得了很好的效果。

2. 地震旋回体分析

频率是一个重要的物理量。对于周期性的信号来说,频率为信号周期的倒数,是恒定不变的,而地震信号是一种非稳态信号,其频率特性是时变的。地震资料提供了丰富的频率信息,利用好频率信息具有十分重要的意义。地震旋回特征分析是一项十分有效和直观的地震资料特殊解释技术。利用此项技术可以将层序地层学上的沉积旋回体与地震资料的时频特征很好地联系起来,在地震剖面上形象地划分地震旋回特性、指出层理结构、恢复古地貌,并以此来分析沉积环境、推测物源方向,为开展精细的油藏描述提供可靠的手段。

盆地的充填是一个动态过程,在此过程中由于海(湖)平面的周期性升降,沉积物随之出现规律性,从而出现地层内部结构的旋回性。旋回性是地层的基本特性之一,旋回性分析对于地震相及沉积相分析、层序地层研究乃至储层预测等都具有重要的意义。地层旋回性主要通过沉积物的粗细以及层系的厚薄等特征表示出来,伴随海(湖)平面周期性升降,沉积盆地的沉积充填物在纵向上出现由粗到细、由厚到薄或者形成与之相反的沉积韵律,这两种不同的沉积韵律在空间上以一定的组合形式出现。而不同的旋回性特征及其组合形式由于其中颗粒大小、孔隙状况颗粒组分以及层的厚薄等的差异,必然引起地震反射波频率的不同,因而对地震记录进行时频特征分析,可以有效地揭示地层的旋回性。地层旋回性是随海(湖)平面升降变化而形成的地层响应。由于构造运动具有周期性,海(湖)平面有规律的升降使地层在沉积特征上也具有相应的韵律性和旋回性。这种旋回性恰好与时频特征的方向性相一致。因此,根据时频特征可以进行地层旋回性的分析和解释。

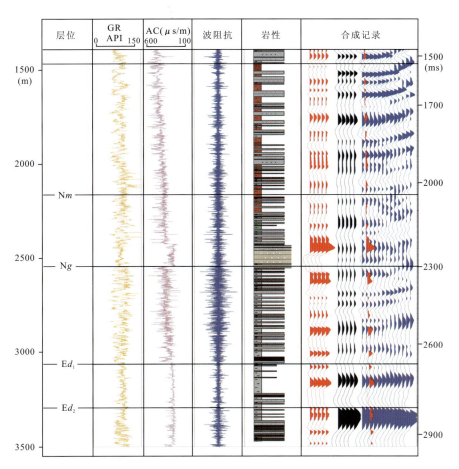

图 3-14 老堡南 1 井合成地震记录

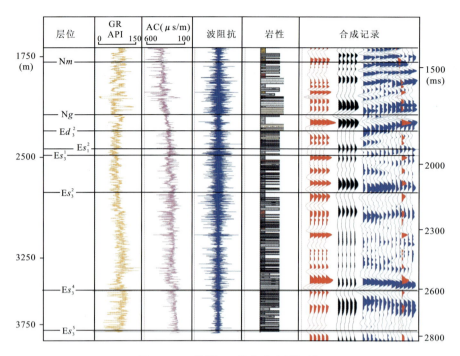

图 3-15 柳深 11 井合成地震记录

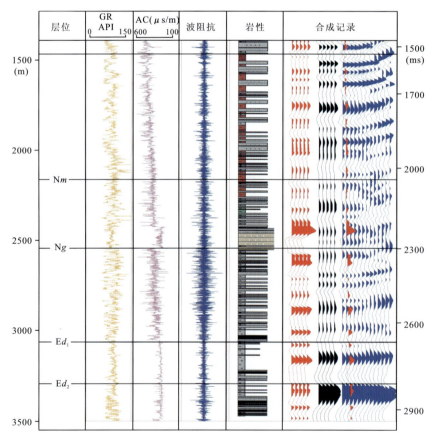

图 3-16 老堡 1 井合成地震记录

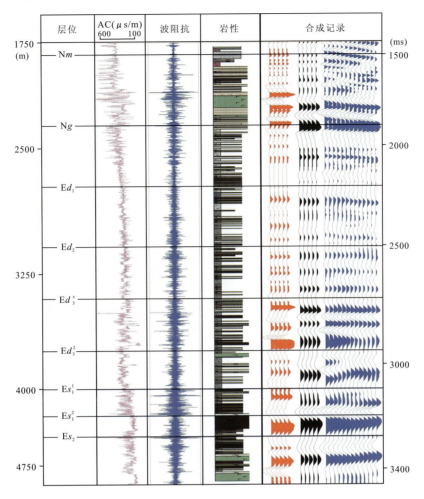

图 3-17 北深 28 井合成地震记录

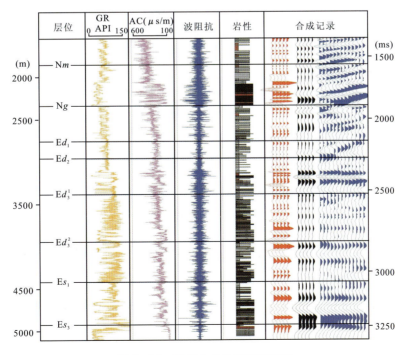

图 3-18 南堡 1 井合成地震记录

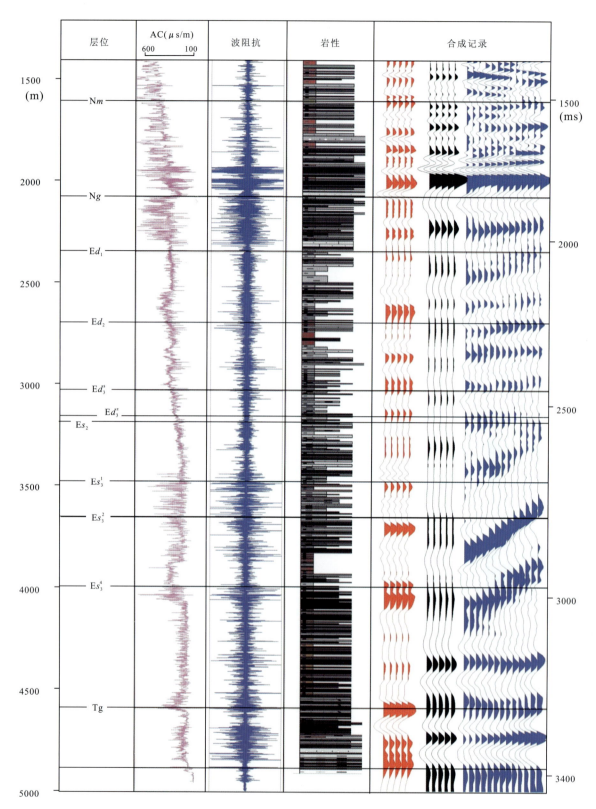

图 3-19 高参 1 井合成地震记录

沉积旋回的产生是地质历史时期内沉积盆地相对可容空间变化的反映,而可容空间的变化是受层序发育所控制的,因此时频剖面上沉积旋回的纵向分布特征可以用层序界面的识别与追踪,实际上正反沉积旋回的界面通常与不同级别的沉积间断以及层序界面相对应。通过时频分析所得出的各个沉积旋回间的组合关系，还可以辅助进行与较大时窗内相对应的中期乃至长期的沉积旋回。

经典层序地层学的发展是源于被动大陆边缘的研究，其层序界面的识别是以不整合面为核心，但是不整合界面在向盆地里面的深部位的追溯过程中会往往很难把握，尤其是在盆地深部的无井区及构造比较复杂的地区，而通过时频分析的地震旋回划分方法来识别和标定层序界面正好可以弥补这方面的不足。

频谱分解方法主要包括4种算法：①离散傅立叶变换（DFT）；②连续小波变换（CWT）；③连续时频小波变换（TFCWT）；④S变换（ST）。离散傅立叶变换是一种广泛使用的频谱分解算法，这种算法使用的是固定的时窗长度。其结果受所选择的时窗长度影响很大，纵向分辨率较小。连续小波变换算法使用的是移动的可调节的时窗。这种算法可以使时窗大小随着频率自动调整其大小，计算结果相对离散傅立叶变换分辨率要高。连续时频小波变换使用的也是移动的可调节的时窗，但没有平均相邻采样点的频率值，可以计算并显示出每一个同相轴的精确频率值，与连续小波变换算法相比分辨率又进一步地提高，但是这种算法的计算量很大，使用时比较耗费时间。S变换算法与连续时频小波变换近似，时窗的大小更严格地由频率来决定，其计算的结果与连续时频小波变换相差不多，但是计算时间却可以大大地减少。通过分析比较和参数实验，本次研究采用了S变换算法进行频谱分析，进而生成地震的旋回柱指导层序地层界面的划分与识别（图3-20）。

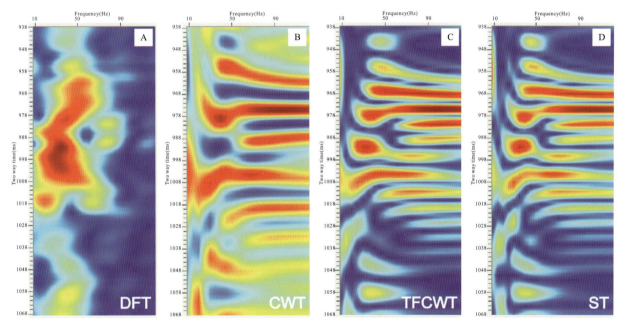

图3-20 时频分析不同算法比较图

在时频剖面中，岩层特征（厚度、夹层频度、粒度）由时频能量团表征，各谱团的时频大小与地层厚度成反比，谱团的强度与沉积岩层的速度或阻抗差成反比。本次研究中通过对15条格架地震剖面的时频分析，并选取了多个地层发育完整的点，对重点层段进行了地震旋回划分，进而指导了层序界面的识别和追踪。通过与井中岩性和沉积旋回的对比研究，发现在时频剖面中的各种特征和地层特征除局部受到火山岩层的影响外，都能形成良好的对应关系。以南堡4-20井的井旁地震道地震旋回体为例，除在馆陶组受到火山岩的影响外，其他的界面都与从测井和岩性资料上所划分的层序界面具有很好的吻合性（图3-21）。

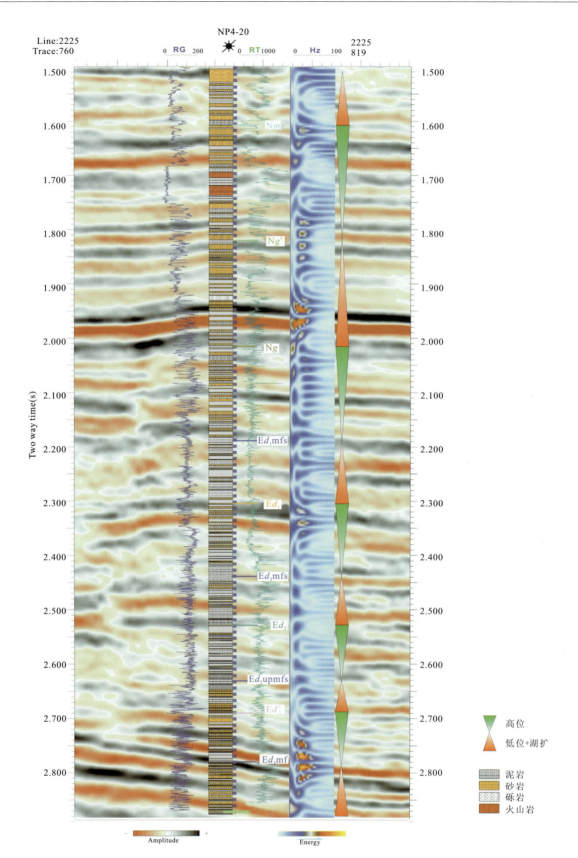

图 3-21 南堡 4-20 井地震旋回体综合分析图

3.3 骨干地震剖面层序地层解释

本次研究选择 15 条覆盖全区的区域大剖面进行层序地层解释,构建全区等时层序地层格架。从中优选 8 条大剖面进行了精细层序地层解释,包括层序界面、最大湖泛面的识别和划分,典型上超、下超以及削截等地震反射终端的识别,典型低位地质体、高位地质体的地震特征识别等。

1. 1 号骨干大地震剖面层序地层精细解释(图 3-22)

测线近 NNE 向,自北向南穿越北堡构造带、1 号构造带等构造单元,整体呈北断南超的箕状构造。其中北部为断阶构造,由于北堡断层下盘的翘倾,扇体主要在西南庄下降盘近源堆积,沉积以扇三角洲相为主,只有部分时期翘倾角度较小时,才有物源越过北堡断层。基于此,北堡构造带的物源可能来自北堡断层侧翼,沿断裂活动带分散堆积。南部缓坡也有不同规模的物源注入,在 1 号构造带附近受到①号断层的反向调节作用形成砂体富集带。北堡断层作为西南庄断层的同生断层,控制着盆地的沉降中心,在其下降盘发育低位扇体。

在该剖面揭示地区,古近系和新近系层序发育较完整,包括 $SQEs_3^3$、$SQEs_3^2$、$SQEs_3^1$、$SQEs_2$、$SQEs_1^x$、$SQEs_1^z$、$SQEs_1^s$、$SQEd_3^x$、$SQEd_3^s$、$SQEd_2$、$SQEd_1$、$SQNg^x$、$SQNg^s$,而缺失 $SQEs_3^{4+5}$ 地层,其原因是由于凹陷西部地形较缓,在沉积填充初期地层向西尖灭消失。

2. 2 号骨干大地震剖面层序地层精细解释(图 3-23)

测线近 NNE 向,自北向南穿越北堡构造带与老爷庙构造带之间的低洼地带、1 号构造带等构造单元,整体呈北断南超的箕状构造。其中北部以西南庄铲式正断层控制陡坡带,控制着局部的沉降中心,并有近岸扇体沉积。南部缓坡在该部位有向盆地方向的调节断层存在,形成缓坡构造坡折,控制部位砂体富集。盆地的沉降中心受西南庄断层直接的影响和控制。

在该剖面揭示地区,古近系和新近系层序发育完整,包括 $SQEs_3^3$、$SQEs_3^2$、$SQEs_3^1$、$SQEs_2$、$SQEs_1^x$、$SQEs_1^z$、$SQEs_1^s$、$SQEd_3^x$、$SQEd_3^s$、$SQEd_2$、$SQEd_1$、$SQNg^x$、$SQNg^s$、$SQEs_3^{4+5}$ 地层。

3. 3 号骨干大地震剖面层序地层精细解释(图 3-24)

测线近 NNE 向,自北向南穿越老爷庙构造带、2 号构造带等构造单元,整体呈北断南超的箕状构造,其中 2 号构造带为凹陷中的微地垒构造,相当于中心隆起带。其中北部以西南庄铲式正断层控制老爷庙背斜构造带,砂体丰富,以扇三角洲沉积为主,其前缘为凹陷的沉降中心部位。2 号构造带为凹陷中的隆起,砂体富集,其物源主要由缓坡带提供。南部缓坡在该部位有向盆地方向的调节断层存在,形成缓坡构造坡折,控制部位砂体富集,以辫状河三角洲及其前缘滑塌体为主要沉积相类型。

在该剖面揭示地区,古近系和新近系层序发育完整,包括 $SQEs_3^3$、$SQEs_3^2$、$SQEs_3^1$、$SQEs_2$、$SQEs_1^x$、$SQEs_1^z$、$SQEs_1^s$、$SQEd_3^x$、$SQEd_3^s$、$SQEd_2$、$SQEd_1$、$SQNg^x$、$SQNg^s$、$SQEs_3^{4+5}$ 地层。

4. 4 号骨干大地震剖面层序地层精细解释(图 3-25)

测线近 NNE 向,自北向南穿越老爷庙构造带、2 号构造带等构造单元,整体呈北断南超的箕状构造,其中 2 号构造带为凹陷中的微地垒构造,相当于中心隆起带。其中北部以西南庄铲式正断层控制老爷庙背斜构造带,砂体丰富,以扇三角洲沉积为主,其前缘为凹陷的沉降中心部位。2 号构造带为凹陷中的隆起,砂体富集,其物源主要由缓坡带提供,以辫状河三角洲前缘或前缘滑塌体为主要沉积相。南部缓坡在该部位有向盆地方向的调节断层存在,形成缓坡构造坡折,控制部位砂体富集,以辫状河三角洲及其前缘滑塌体为主要沉积相类型。

在该剖面揭示地区,古近系和新近系层序发育完整,包括 $SQEs_3^3$、$SQEs_3^2$、$SQEs_3^1$、$SQEs_2$、$SQEs_1^x$、$SQEs_1^z$、$SQEs_1^s$、$SQEd_3^x$、$SQEd_3^s$、$SQEd_2$、$SQEd_1$、$SQNg^x$、$SQNg^s$、$SQEs_3^{4+5}$ 地层。

5. 5 号骨干大地震剖面层序地层精细解释(图 3-26)

测线近 NNE 向,自北向南穿越高柳构造带、4 号构造带等构造单元,整体呈复杂化的北断南超的箕状构造。其中北部为较大的断阶构造,由于高柳断层下盘的翘倾,在地震剖面上可以看到清晰的反向削截。在沙河街组沉积期,高柳断层活动性较弱,对砂体的控制作用很小,西南庄断层下降盘为该区域的主要沉积卸载区,沉积以扇三角洲相为主,沙河街时期在下降盘附近楔状展布,在东营期以后由于西南庄控制作用减弱,高柳断层活动性增强,形成控制沉积的断阶型坡折带,高柳地区大部分被扇三角洲覆盖,并向前一直发育到高柳下降盘形成扇三角洲前缘砂体加厚带。南部缓坡主要是由沙垒田凸起供给物源,在 4 号构造带钻井显示了相对富集的砂体,4 号构造带为走滑构造控制,活动机理复杂,但总体表现为富砂特征。中部负向构造单位为柳南次洼,在东营组沉积期为该区域的沉降中心和沉积中心,湖相沉积为主。

在该剖面揭示地区,古近系和新近系层序发育完整,包括 $SQEs_3^3$、$SQEs_3^2$、$SQEs_3^1$、$SQEs_2$、$SQEs_1^x$、$SQEs_1^z$、$SQEs_1^s$、$SQEd_3^x$、$SQEd_3^s$、$SQEd_2$、$SQEd_1$、$SQNg^x$、$SQNg^s$、$SQEs_3^{4+5}$ 地层。

6. 6 号骨干大地震剖面层序地层精细解释(图 3-27)

测线近 NNE 向,自北向南穿越高柳构造带、柏各庄断层下降盘等构造单元,整体呈复杂化的北断南超的箕状构造。其中北部高柳地区为一个广泛的断阶构造,由于高柳断层下盘的翘倾,在地震剖面上可以看到清晰的反向削截。该剖面反映的物源主要来自于柏各庄的侧向物源。在沙河街沉积期,高柳地区有一个局部的沉降中心,柏各庄方向物源在北部和东南部柳赞古潜山部位向该中心汇聚,部分时期发育盆底扇,该时期由于高柳断层活动较弱,断层控制作用不显著,在高柳下降盘主要以湖相沉积为主,发育局限体。而在东营组沉积期构造活动强烈,对砂体分布控制作用强,在高柳下降盘发育大规模的扇三角洲前积结构。在缓坡带也可以看到向凹陷中心发育的前积结构,是柏各庄断层沿古地貌向盆地中心汇聚的体现。

在该剖面揭示地区,古近系和新近系层序发育完整,包括 $SQEs_3^3$、$SQEs_3^2$、$SQEs_3^1$、$SQEs_2$、$SQEs_1^x$、$SQEs_1^z$、$SQEs_1^s$、$SQEd_3^x$、$SQEd_3^s$、$SQEd_2$、$SQEd_1$、$SQNg^x$、$SQNg^s$、$SQEs_3^{4+5}$ 地层。在高柳地区,由于馆陶组底界面强烈的剥蚀作用,东营组遭到强烈剥蚀,$SQEd_2$、$SQEd_1$ 地层广泛缺失,而 $SQEd_3$ 顶部也不同程度地遭到剥蚀。

7. 7 号、8 号骨干大地震剖面层序地层精细解释(图 3-28、图 3-29)

7 号、8 号骨干为两条联络大剖面,方向为近东西方向,两个剖面揭示了南堡凹陷东陡西缓的地貌特征。整体上,在沙河街沉积期,地层在西部以超覆沉积为主,向西上超尖灭,东部以柏各庄断层为边界,其下降盘发育扇三角洲或近岸水下扇体,高柳地区的高柳断层使凹陷结构复杂化。在东营组沉积期,东西部古地貌趋于平衡,沉降中心向中心部位转移,在高柳下降盘的砂体展布更加广泛,反映出可容纳空间的变化。

第3章 南堡凹陷层序地层分析

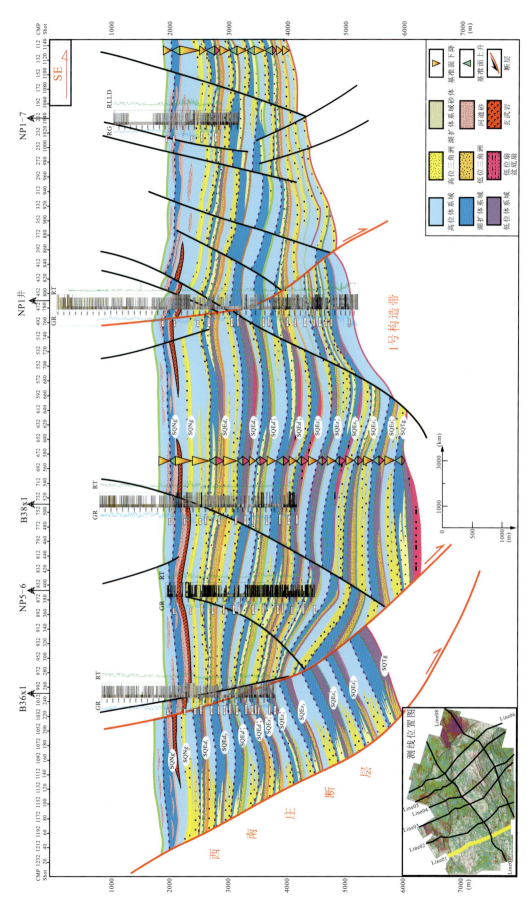

图 3-22 南堡凹陷骨干剖面（SE01）层序划分与同沉积断面图

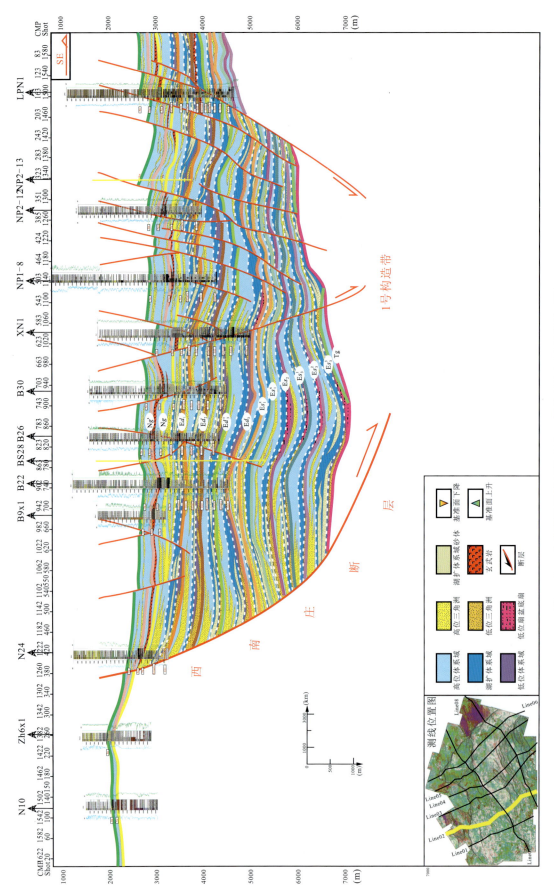

图3-23 南堡凹陷骨干剖面（SE02）层序划分与同沉积断面图

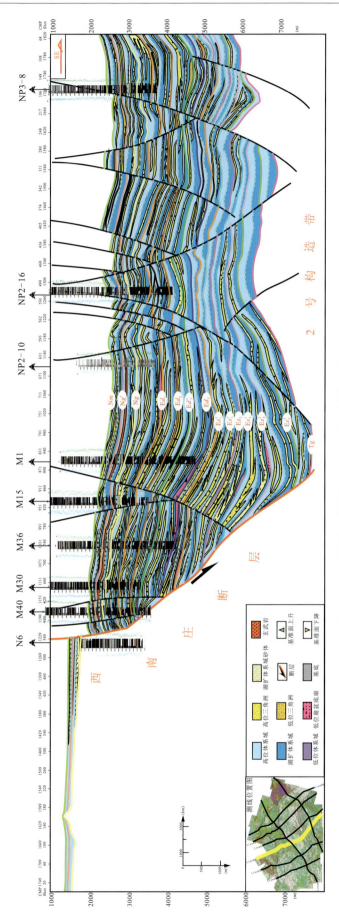

图 3-24 南堡凹陷骨干剖面（SE03）层序划分与同沉积断面图

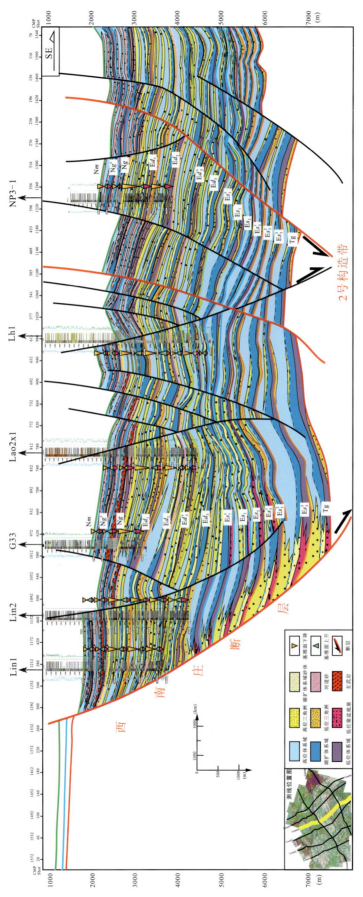

图 3-25 南堡凹陷骨干剖面（SE04）层序划分与同沉积断面图

第 3 章　南堡凹陷层序地层分析

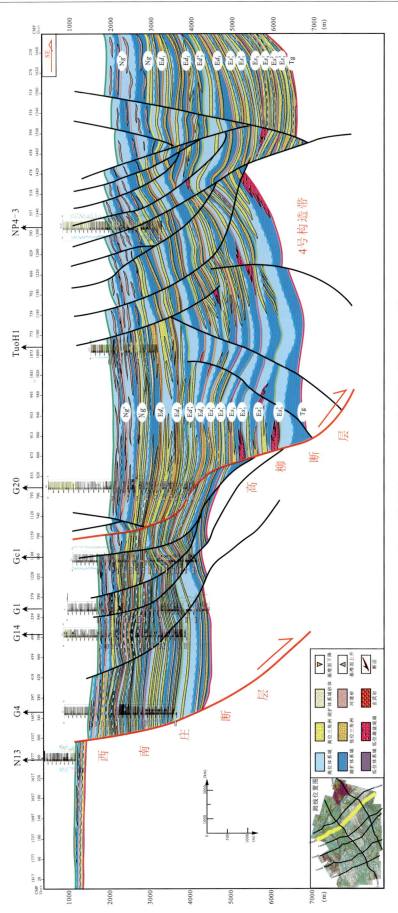

图 3-26　南堡凹陷骨干剖面（SE05）层序划分与同沉积断面图

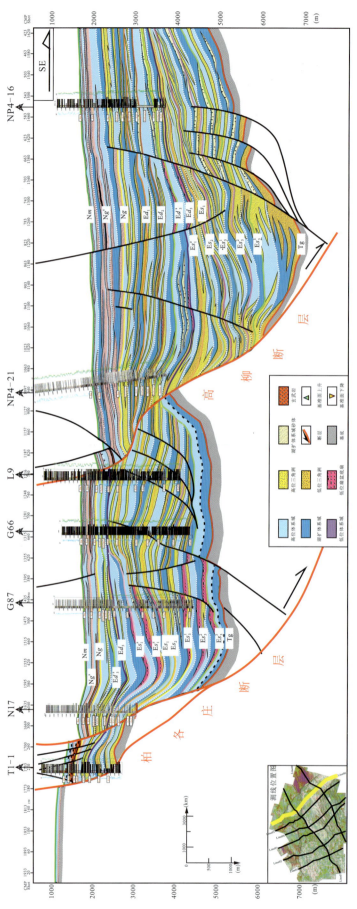

图 3-27 南堡凹陷骨干剖面(SE06)层序划分与同沉积断面图

第3章 南堡凹陷层序地层分析

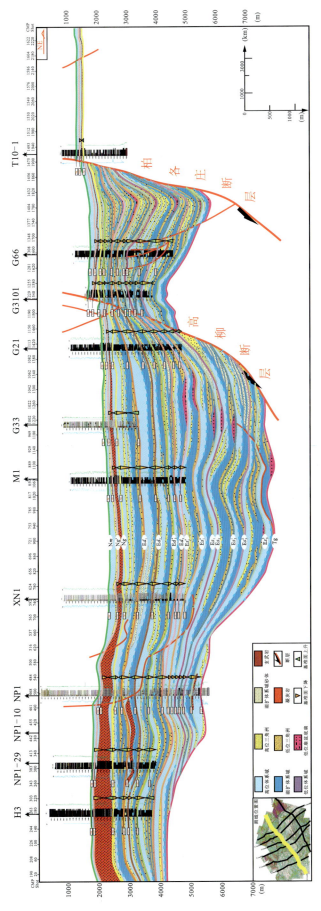

图3-28 南堡凹陷骨干剖面（SE07）层序划分与同沉积断面图

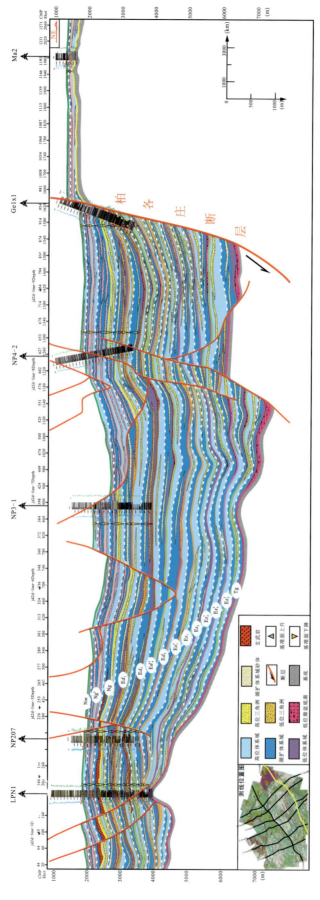

图 3-29 南堡凹陷骨干剖面（SE08）层序划分与同沉积断面图

3.4 层序地层划分

依据精细的井震标定和全区 3D 地震的追踪,最终确定了南堡凹陷层序地层划分方案,并完成综合柱状图的编制工作。

1. 层序界面特征

一般来说,三级以上层序界面可以从地震剖面上识别,四级或更高级次的层序界面需借助于测井曲线及观察岩芯来分析。本次研究中在第三系共识别出 2 个一级层序界面,3 个二级层序界面,10 个三级层序界面及 12 个最大洪泛面。

本区的一级层序(构造层序)界面有 2 个(图 3-30):第一条是古近系底界(Tg),为一区域性角度不整合面,全凹陷范围发育。下伏地层包括中生界、古生界或更老地层,多数褶皱变形或高角度倾斜。第三纪地层与不整合面的接触关系在各凹陷中部为大体平行的样式,在斜坡上往往为超覆样式,在凸起上为披覆样式。全区易于追踪对比,连续性中等到较好,振幅中等偏强。第二条是新近系底界(Ng),形成于南堡凹陷古近纪沉积末期,受东营运动的影响,南堡凹陷发生整体抬升,湖平面下降,沉积物露出水面,遭受长时期的风化、剥蚀,形成区域大范围的不整合,横向上延伸距离远,纵向上持续剥蚀时间久,不整合在地震、测井、岩性剖面上都有明显的反映,不整合面上普遍发育的巨厚火山岩和底砾岩的组合使该界面成为全区的标志层面。

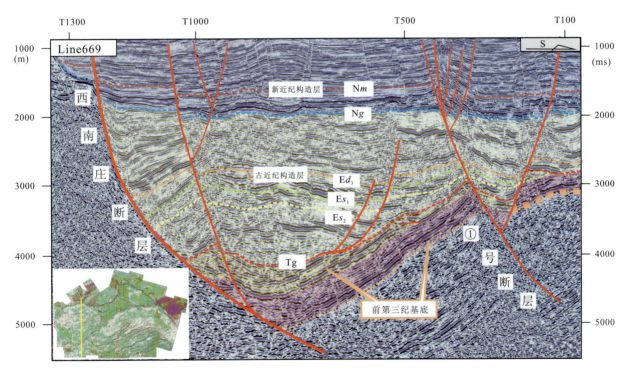

图 3-30 南堡凹陷古近纪构造层划分

二级层序界面是构造幕之间的分界面,共 3 个(图 3-30)。最下部的二级层序界面为 $SBEs_3^5$—$SBEs_3^4$ 与 $SBEs_3^1$—$SQEs_3^1$ 之间的分界面(Es_3^3),不整合面主要在盆地东部发育,在盆地西部缓坡带,该不整合与基底不整合重合;而在大部分发育地区与之平行或以微角度相交;$SBEs_3^1$—$SQEs_3^1$ 与 $SBEs_2$ 之间的分界面(Es_2)在地震剖面上可见明显削截现象。$SQEs_2$ 与 $SQEs_1$ 之间的分界面(Es_2)在凹陷中地层大致平行,斜坡超覆,凸起上为披覆。SQEs_1 与 SQEd 之间界面(Ed_3)在地震剖面上表现为强烈的削截特征,在湖盆的边缘地区,特别是在远离边界断层的斜坡地带可见到明显的上超、削蚀等反射终止现象(图 3-31～图 3-36)。

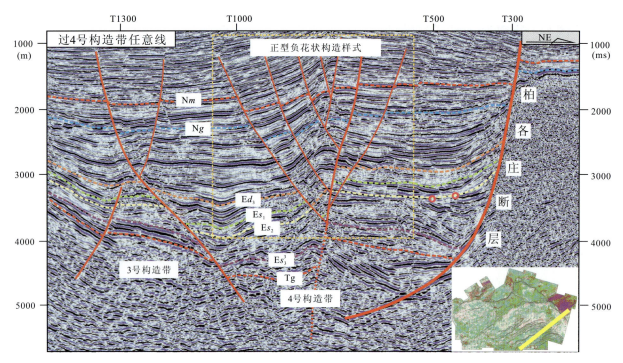

图 3-31　南堡凹陷过 4 号构造带构造地层特征

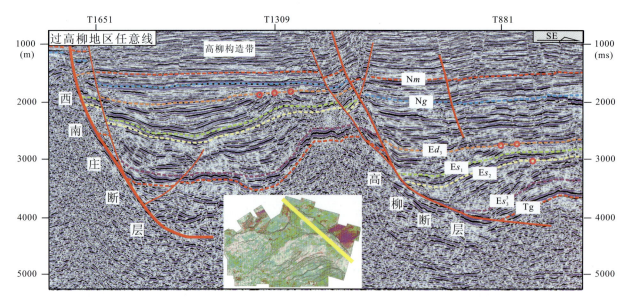

图 3-32　南堡凹陷过高柳地区构造地层特征

第3章 南堡凹陷层序地层分析

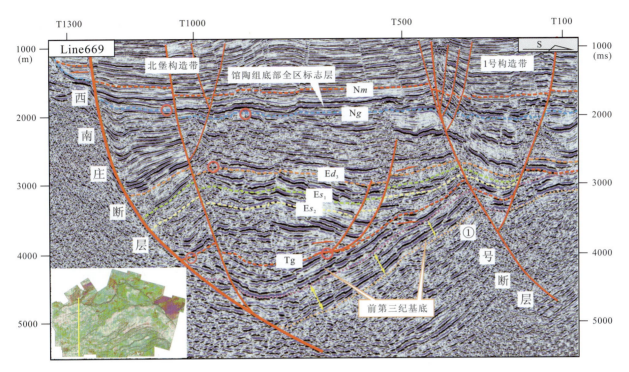

图 3-33 南堡凹陷过北堡地区构造地层特征

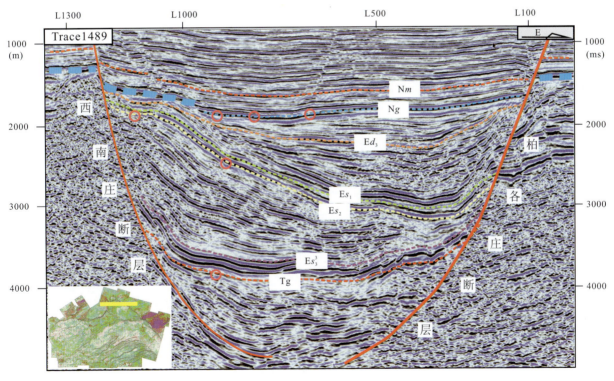

图 3-34 南堡凹陷高柳地区构造地层特征

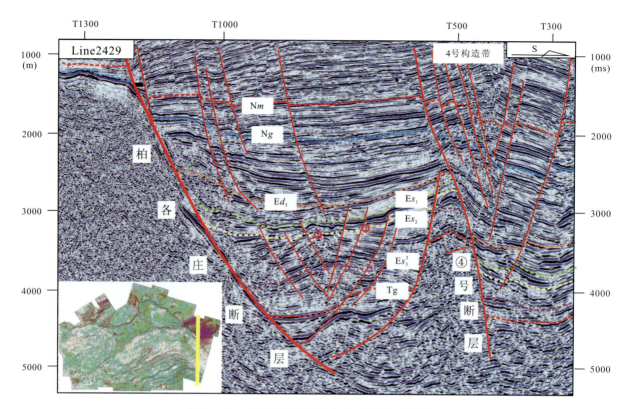

图 3-35 南堡凹陷过老爷庙地区构造地层特征

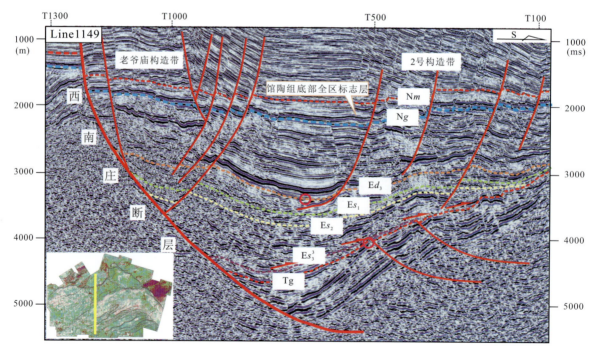

图 3-36 南堡凹陷东部地区构造地层特征

三级层序界面包括：$SBEs_3^2$、$SBEs_3^1$、$SBEs_1^s$、$SBEs_1^z$、$SBEs_1^x$、$SBEd_3^s$、$SBEd_2$、$SBEd_1$、$SBNg^s$、$SBNm$ 的底界面。界面上下各层序地层单元的内部反射结构各有特点，依据其变化特征可以很容易地识别出三

级层序界面。$SBEs_2$ 内部反射结构为平行-亚平行反射；$SQEd$ 的内部反射结构为斜交前积反射、平行反射。$SQEd$ 的各分界面全区普遍存在，在盆地边缘或局部构造带表现为不整合，而大部分地区表现为整合，由于高柳断层的活动和 Ng 界面形成时的强烈剥蚀作用，在高柳地区 $SQEd_2$、$SQEd_1$ 不发育；$SQEs_3$ 内部的分界面在东部普遍发育，向西部超覆在前第三纪基底上自下而上逐渐扩大；$SQEs_1$ 内各三级层序界面除在高柳地区 $SQEs_1$ 上地层不发育外，在全区都普遍存在。三级层序由体系域组成，体系域是同期沉积体系的组合。层序一般三分，包括低位体系域、湖侵体系域和高位体系域。首次湖泛面与最大湖泛面是将各体系域分开的界面，本次研究中，根据单井和地震反射特征识别出了各三级层序的最大湖泛面。

基于上述对各级层序的识别，建立了南堡凹陷的层序划分综合柱状图(图 3-37)。

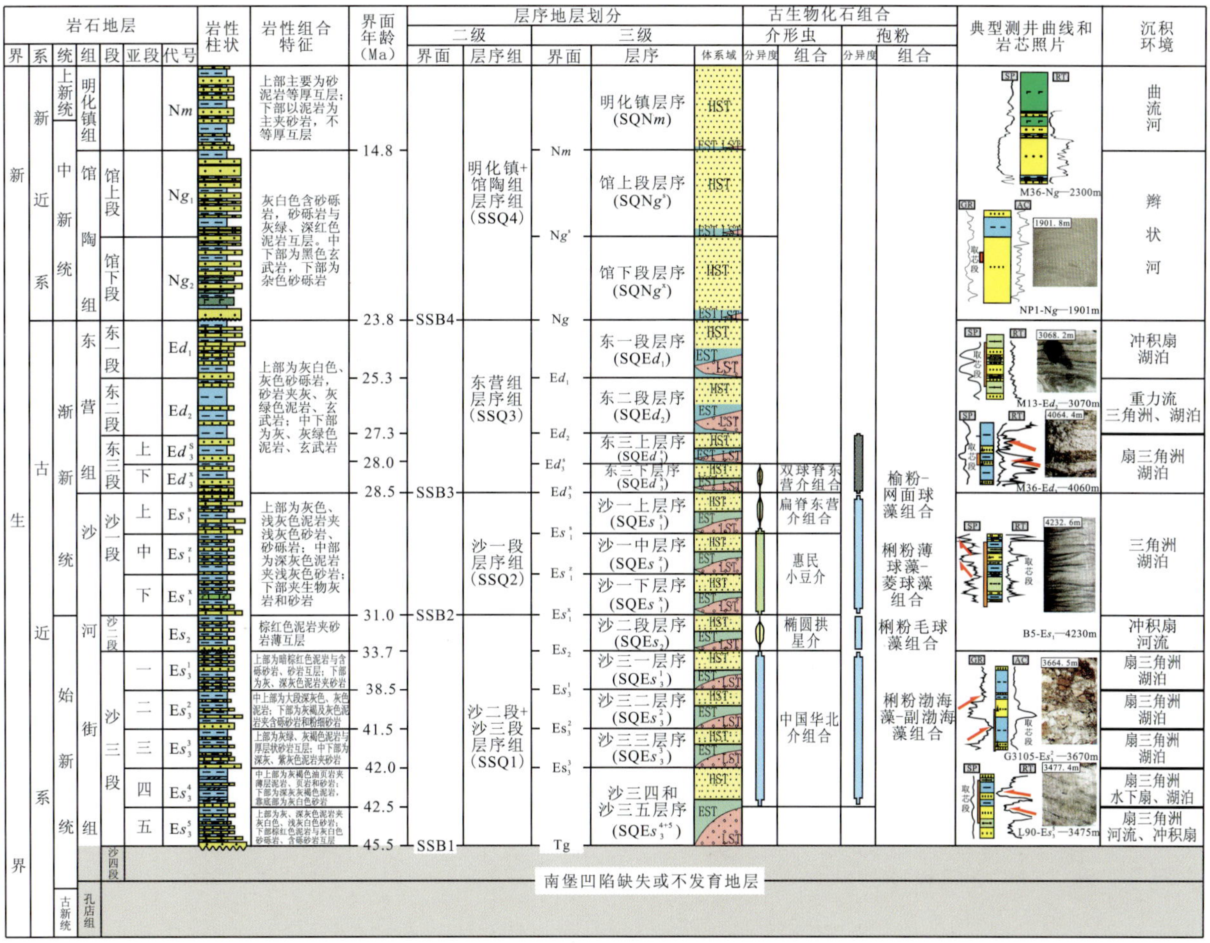

图 3-37 南堡凹陷古近系层序地层综合柱状图

3.5 层序构成样式

规模较大的、长期活动的同沉积断裂形成的沉积地貌突变带成为断裂坡折带，同沉积断裂的活动使断裂坡折带对盆地充填的可容纳空间和沉积作用产生重要的影响，坡折带构成盆内构造古地貌单元和沉积相域的边界。南堡凹陷主要发育 3 种构造坡折带，分别是断坡带、枢纽带和断弯带。这 3 种坡折类型控制着层序发育的总体展布，而在南堡凹陷中，断裂系统十分发育，主干断层和调节断层以多种多样的方式组合,控制着地层厚度与沉积相的突变,大型坡折带通常是低位域盆底扇和高位域三角洲前缘或前缘滑塌浊积岩堆积的重要场所,对来自缓坡方向的物源体系以及砂体分布有重要控制作用,而小型的断裂组合形成的可容纳空间的局部变化,对沉积的影响是最直接的。

南堡凹陷东营期裂陷幕构造活动强烈,同沉积断裂十分发育。根据边界断层、内部结构、平面展布、构造位置、发育演化阶段等特点,可将南堡凹陷的坡折带继续划分为断崖型、断坡型、同向断阶型、反向断阶型4类断裂剖面组合样式(图3-38)。这些断裂剖面组合样式形成特定的古地貌,控制着可容纳空间的变化,影响着局部碎屑体系的推进方向和砂体的展布样式。

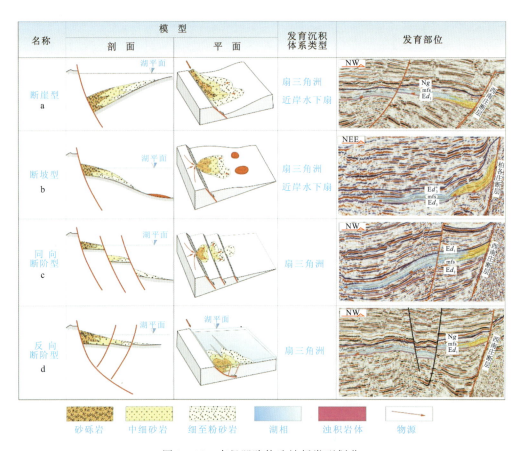

图3-38 南堡凹陷构造坡折类型划分

1. 断崖型

断崖型断裂构成样式往往由盆地边缘控制断层形成,地形强烈变化,断层产状高陡,往往在断层下为沉降最强烈部位,湖水水体较深。物源体系进入盆地后,就近迅速堆积形成近岸水下扇,在水体较浅情况下,沉积扇体向扇三角洲沉积过渡。水系分散、沉积体规模小,沉积相带窄是最显著的特点。

南堡凹陷西南庄断层西段在东营组沉积期活动强烈,断层下降盘发生强烈翘倾,从凹陷西部边缘进入的物源体系沿断裂形成的沟槽沿断裂边缘迅速堆积扩展,直至断裂附近可容纳空间基本充填的情况下,向盆地深部扩展(图3-38a)。

2. 断坡型

断坡型断裂构成样式可以形成盆地的陡坡带,也可以形成盆地的缓坡带,其特点是断裂活动作用不强,其下降盘部位并非沉降最大的位置,地貌向盆地方向继续变深,从而形成断裂下的斜坡。由于断裂附近可容纳空间较小,沉积体系会沿着斜坡继续向前扩展,与断崖型控制的沉积体系相比,该沉积体系展布范围较广,以扇三角洲沉积体系发育为主,水体较深情况下可能发育近岸水下扇,并在斜坡下方形成盆底扇或滑塌浊积扇等重力流沉积体系。

南堡凹陷柏各庄断层下降盘往往形成这样的断裂构造样式,西南庄断层部分位置也表现为这种断裂构造样式(图3-38b)。

3. 同向断阶型

同向断阶与断坡型构造样式有相似之处,都是向盆地方向地貌变陡,不同之处在于断坡型控制下沉积体系沿斜坡连续发育,而同向断阶型则在每一个断层下降盘形成可容纳空间的突变,从而在不同断阶部位控制着主体沉积相发生突变的位置。

南堡凹陷南部的缓坡带或者北部陡坡带局部部位发育这种构造构成样式类型,控制着扇三角洲和辫状河三角洲的发育(图3-38c)。

4. 反向断阶型

反向断阶与断崖型具有相似之处,由边界断层相反的次级调节断层形成。物源进入盆地后,沿着主干断裂下的断槽进行分散和充填,然后在可容纳空间充填与反向调节断层上升盘相近时沉积体系向盆地方向展布。这种构造构成类型控制的沉积厚度带更集中于主干断层下降盘。

在南堡凹陷北部老爷庙构造带和南部缓坡带都发育这种构造构成类型。值得注意的是,虽然沉积相变位置仍然向盆地方向变化,粒度由盆缘粗碎屑沉积向盆地中心细粒碎屑沉积变化,但是由于其前缘部位水体较浅,沉积物经过反复淘洗作用,经常表现为较粗和分选较好的砂质沉积(图3-38d)。

第4章 南堡凹陷构造活动分析

4.1 南堡凹陷构造特征及演化分析

4.1.1 次级构造单元划分

盆地的构造格架是指盆地沉积演化过程中起控制作用的主要构造所构成的系统(李思田等,2004)。随着沉积盆地的演化,盆地的基底和盆内各种构造的性质及其配置样式不断发生变化,并体现区域构造、盆地构造应力场以及先存基底构造等对盆地的地层格架和充填样式的控制作用。在盆地分析研究中,识别盆地的构造格架是认识盆地构造特征的首要工作。在裂谷和断陷类盆地中最重要的构造是对盆地形成演化起重要作用的主干断裂系统,这些断裂具有同生性并将盆地划分出一系列断隆带和断陷带构成盆地的构造格架,在此基础上还可以划分出更小的构造单元。阐明盆地的构造格架和同沉积构造活动,是深入分析构造对沉积控制的基础。本章在结合前人的成果、应用地震资料以及地质资料的基础上,详细分析盆地的次级构造单元,并总结了不同构造单元的构造样式及其成因。

建立盆地构造格架是划分次级构造单元的基础。根据凹陷内次级构造单元的特征划分方案,将凹陷划为陡坡带、洼陷带、缓坡带及洼间凸起等几个次级构造单元(表4-1)。显而易见,盆地的古构造格架实际上是由断裂或断裂带及以其为边界所限定的不同次级构造单元所构成的。这些控制次级构造单元的边界断裂(带)是盆地演化过程中的同沉积的古构造枢纽带,称之为构造坡折带或断裂坡折带。断裂坡折带的时空配置决定了构造活动盆地的古构造格架样式的基本特征。

表4-1 凹陷次级构造单元划分

凹 陷						
陡坡带		洼陷带			缓坡带		
边缘断裂及伴生构造带	陡坡断阶带	洼陷带(次凹带)	洼陷断裂带	中央隆起披覆构造带	缓坡单斜带	缓坡断阶带	缓坡低隆(凸)起披覆构造带

古近纪时期渤海湾盆地发育众多的伸展半地堑,按照结构可分为旋转半地堑、滚动半地堑和复式半地堑3种(图4-1)。在演化过程中,三者通常组成一个演化序列,即旋转半地堑→滚动半地堑→复式半地堑序列。旋转半地堑受板式正断层控制,是伸展构造的初期样式;滚动半地堑受铲式正断层控制,是伸展构造中期的样式;复式半地堑受坡坪式正断层控制,发育两个或多个洼陷,洼陷之间常隔以断坪隆起或中央构造带,是伸展构造晚期的样式。在复杂构造背景下,盆地结构表现为更复杂的结构。南堡凹陷总体呈"北断南超"的复式半地堑结构,但剖面结构在不同区域和不同演化阶段存在着较大的差异,表现为:①在分布区域上,"北断南超"的特征在凹陷的西部(高柳断层以西的地区)表现得比较显著,向东逐渐过渡到"双断型"的复式地堑结构,但分布范围相对较小;②在构造演化阶段上,"北断南超"的特征主要表现在古近系Es—Ed_3演化阶段,特别是Es_{2+3}沉积时期,从Ed_2开始,"北断南超"的特征就不

复存在,新近纪以来地层从北到南甚至还有加厚的趋势。

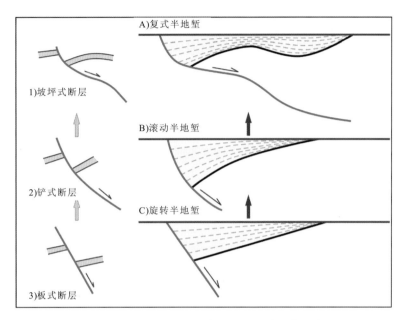

图 4-1 伸展半地堑演化序列及主控伸展断层类型

南堡凹陷总体上表现为箕状断陷盆地的基本特征,在不同构造单元具有不同的构造、沉积充填演化特征(图 4-2)。

1. 陡坡带

陡坡带是指将分割凸起和凹陷的基底断层及其控制的上盘断超带。一般由主干断层及其控制的构造圈闭和一系列次级断层所控制的次级构造与砂砾岩体所形成的岩性或构造-岩性圈闭组成。这些断层倾角陡、落差大,且上陡下缓,具同沉积特征,易产生滚动背斜构造、断鼻构造,是油气富集的构造带之一。在南堡凹陷,由西南庄断层和柏各庄断层共同控制了凹陷北部的陡坡带。

不同地区陡坡带构造样式及活动规律不同,导致形成的砂体类型、规模、圈闭类型及油气富集程度有明显的差异。陡坡带尤其是控盆断裂的几何形态对沉积构造起控制作用,南堡凹陷主要发育铲式、板式和坡坪式 3 种陡坡带类型。

铲式陡坡带主要发育于北堡—北堡西一带,由铲式断层控制陡坡带形态,断面呈上陡下缓的铲状。此断层在活动过程中断层面与上覆块体同时发生旋转,其形成主要受构造应力和重力双重作用控制。由于沙三段普遍发育厚层暗色泥岩塑性层,在断层向下延伸时,使其断面变缓。该类陡坡易形成各种类型的扇体,期次较明显,分选较好,易形成有效的储盖组合,成藏条件较好。

板式陡坡带主断面陡且平直,呈平板状,为单条控带断层。南堡凹陷主要发育在老爷庙地区,柏各庄断层也为明显的板状。一般易形成"Y"字形断裂带,多发育鼻状隆起或滚动背斜。板式断层控制的陡坡带沉积物颗粒粗、沉积类型较单一,多发育近岸水下扇等粗粒相带沉积。

坡坪式陡坡带断面形态由较陡倾斜的"断坡"和较缓倾斜的"断坪"连接形成台阶状断面形态。

2. 缓坡带

以斜坡形式与凸起相连的超、剥单斜带称缓坡带,受边界断层旋转翘倾,其边缘部位遭到强烈剥蚀,形成宽窄不一的剥蚀带或超覆带。一般缓坡带的构造走向线、断层走向线及超覆尖灭线近于平行,南堡凹陷也是此规律。此带沉积环境主要为滨浅湖沉积,发育河流三角洲、湖岸滩坝砂体。

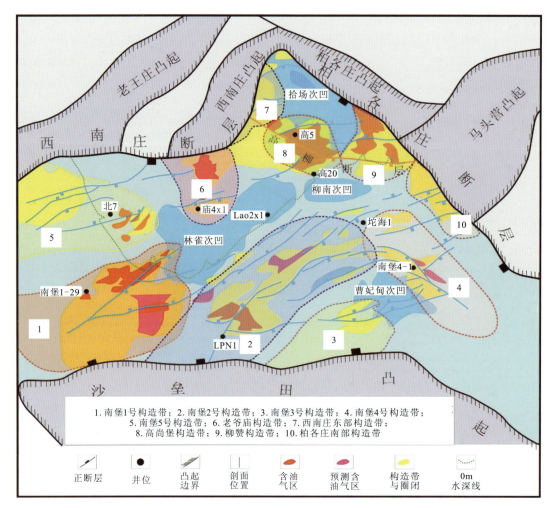

图4-2 渤海湾盆地南堡凹陷构造单元划分

箕状断陷盆地斜坡带一般划分为宽缓斜坡带、窄陡斜坡带和双元斜坡带3种类型。宽缓斜坡带是指箕状断陷中宽度较大、坡度较缓的地段,断陷期断层较少,古地貌形态控制着断陷期的沉积发育和圈闭形成。窄陡型斜坡带以发育一系列节节下掉的盆倾断层为特征。双元型斜坡带以发育盆地基底反向断层、断陷期顺向断层为特征。南堡凹陷主要发育窄陡型斜坡带和双元型斜坡带。

(1)窄陡型缓坡带:主要发育于南堡凹陷斜坡带南堡1号构造带以西的地区,剖面上主要表现为一系列北东向断层向盆地方向节节下掉,这些下掉断层是在凹陷形成过程中沉降速度大于沉积速度,引起地层向下倾方向移动而形成。有些地方也表现为同向断层和反向断层共同组成的堑-垒组合样式。

(2)双元型缓坡带:其主要特征为发育基底反向断层、断陷期顺向断层。基底反向断层主要在盆地断陷期强烈伸展拉张力作用下翘倾错断形成,大多只在凹陷沉积早期活动,控制基底反向断块的形成,顺向断层与窄陡型缓坡带断层成因机制相似。如南堡1号、2号构造带均属此类型,发育一系列基底断块构造,顺向断层为构造各层提供油气,这种构造十分有利于油气聚集。

3. 洼陷带

洼陷带夹持于陡坡带和缓坡带之间,是断陷湖盆长期性的沉降带,也是烃源岩的主要发育区。洼陷带构造不发育,沉积以深湖-半深湖相为主,主要发育近岸扇体前缘滑塌浊积岩、深水浊积扇及扇三角洲前缘的储集体。

洼陷带一般会因沉降中心的迁移而变化。南堡凹陷下分林雀次凹、曹妃甸次凹、拾场次凹及柳南次凹,林雀次凹为西部洼陷带,自沙河街组至东营组沉积一直变化不大;而拾场次凹为南堡凹陷东部高柳一带沙河街期的沉降中心,也就是说,它是沙河街期的洼陷带,而到东营组沉积时期,高柳断层和南堡③号断层及南堡④号断层活动加剧,沉降中心转移到了曹妃甸地区,形成了东营期洼陷带。断陷盆地的结构不同,构造带也随之变化。

4. 中央背斜带

中央背斜带断裂构造发育,是主要的油气富集区之一。南堡凹陷中央背斜带大多是由于早期基底活动产生早期断块(垒块),在此基础上后期断层不断活动,块体继续隆升,而其上发育了花状或半花状断裂组合,形成以基岩隆起为背景的中央背斜构造带。

5. 凸起

周边凸起是在断陷发育过程中持续隆起的部分,主要发育前第三纪一系列的断块潜山,是凸起上重要的含油气构造。

根据上述划分的次级构造单元的特征及分布特点,可将南堡凹陷分为 3 个主要的构造带,即凹陷周边凸起构造带、凹陷近边及裙边构造带、凹陷中央构造带(图 4-3)。每一个构造带包含多个三级构造或构造群,具体如下:

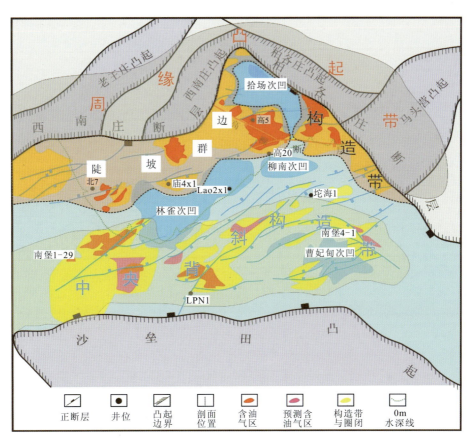

图 4-3 渤海湾盆地南堡凹陷构造带划分

(1)凸起区。该构造带由凹陷边界断层上升盘的一些凸起区和潜山组成。凹陷东侧为柏各庄、马头营凸起,西侧是涧南潜山,北部主要由老王庄凸起、西南庄凸起等组成。

(2)凹陷近边及裙边构造带。该带发育于凹陷边界断层下降盘附近,主要包括柏各庄断裂的裙边构造带(蛤坨裙边构造带)、柳赞构造带、西南庄东部构造带、柏各庄南部构造带、老爷庙构造带、南堡5号构造带及高南柳南裙边构造带。

(3)中央构造带。中央构造带是指位于凹陷中央的一些构造,主要包括高尚堡构造带、南堡1号构造带、南堡2号构造带、南堡4号构造带等。

4.1.2 南堡凹陷主控断裂特征

在构造活动盆地中发育有不同尺度、不同产状和不同性质的各种断层,它们是盆地的基本构成要素,断层及由它们分割的断块构成的复杂断块系统是盆地区内变形的主要表现形式。而盆地内主控断层的几何形态和活动性质对盆地的形成及演化、沉积物充填和油气成藏有重要的控制作用。断裂发育是南堡凹陷最重要的地质特征和最活跃的地质因素,也是控制南堡凹陷构造演化、层序、沉积发育及油气成藏的重要因素。根据断层规模,几何学特征和运动学特征,对区域构造格架、二级构造带和沉积的控制作用的影响等因素,可将南堡凹陷断裂分为以下几个级别(图4-4)。

一级断裂:即控凹断裂,控制凹陷的形成和演化构成凹陷的边界,具有延伸长、断距大、活动时间长等特点。这类断层为本区规模最大的断裂。这类断层错断了基底,又切割了盖层,是长期发育的同沉积断裂,断距较大,平面上延伸达数十至上百千米,且垂直断距达数千米。南堡凹陷控凹断裂有西南庄断裂、柏各庄断裂、沙北断裂、涧东断裂等。

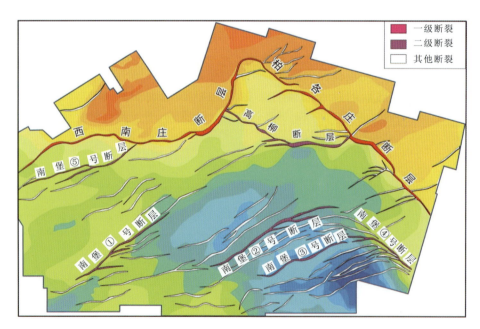

图4-4 渤海湾盆地南堡凹陷断裂分级

二级断裂:为控带断裂,控制主要构造带的形成、演化及展布、规模。断距一般较一级断裂小,是盆地发育过程中形成的调节断裂。同时,这类断裂也往往是油气由洼陷向构造带运移的主要通道,一般延伸较长,具有形成时间早、延伸长、断距大、继承性强等特点,一般形成于凹陷强烈裂陷阶段,明显控制凹陷内各次级构造单元和沉积中心。研究区内二级断层包括高柳断裂、南堡①号断裂、南堡②号断裂、南堡③号断裂、南堡④号断裂等。

其他断裂:研究区内规模较小的断裂,一般是一、二级断裂的伴生断裂,在纵向或横向上起调节作用,延伸长度和断距依构造位置不同而有较大差异,主要形成于强烈裂陷阶段,是在高级别断裂的形成中由于局部的应力调整形成的小断裂,该类断裂控制局部构造及油气分布。

1. 控凹断层(一级断裂)

1)西南庄断裂

西南庄断裂为凹陷北侧边界,是南堡凹陷与老王庄凸起、落潮湾潜山及西南庄凸起构造带的分隔性断裂,也是凹陷的主控边界断裂,控制凹陷的形成和演化;同时也是北堡-老爷庙构造带的主控断裂,并对南堡1号、2号和3号构造带起辅助的控制作用。西南庄断裂按断裂走向可划分为近EW向和NNE向两段,有不同的演化史。NNE向段活动于印支期,当时为逆冲断层,断层西侧残存厚度不等的古生界地层而东侧则剥蚀殆尽,侏罗纪—白垩纪发生负反转,反转为正断层,控制了白垩纪沉积,沙河街组沉积时期活动强烈,为此时南堡凹陷的边界性断裂,与柏各庄断层一样,后期活动微弱,至新近纪才又强烈活动(图4-5)[①]。而EW向段产生于古近纪沙河街沉积时期,即断陷发育期,是南堡凹陷的主要控凹断裂,且活动强烈,一直持续到新近纪。

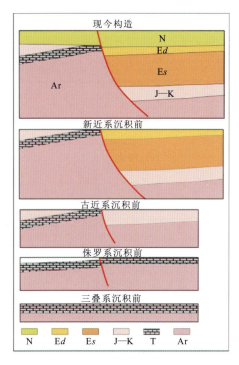

图4-5 NNE向西南庄断层发育剖面
(据吴清龙等,2007)

西南庄断层是一大型的长期活动的生长正断层,剖面形态表现为铲式或板式,该断裂垂直落差1000~4000m,工区内延伸48km,剖面上断开古生界至第四系,垂向上具有下部断距大、上部断距小,平面上东部断距大、西部断距小的特点。分为东、西、中3段(图4-6、图4-7),它的东段呈NNE向延伸,断裂剖面形态呈板状,因高柳断层的调节作用垂向落差较小,约3500m,水平断距1800~2400m,陡倾角,与柏各庄断层相交;中段为近EW走向,断裂剖面形态呈上陡下缓的铲状样式,在南33井附近落差最大,垂直断距近5000m,水平断距接近10km。西段由近EW向转折为NE向,断裂剖面形态呈比较平缓的铲状样式,与中段和东段相比,倾角减小,呈上陡下缓的铲式,垂直落差1500m,水平断距2800m。

2)柏各庄断裂

柏各庄断裂为南堡凹陷与东部的柏各庄凸起、马头营凸起及石臼坨凸起的分隔性断裂,全长约60km,走向呈NW-SE向,倾向SW,倾角60°~80°,断开基底花岗岩到第四纪的所有地层,具有长期活动同生断层的特点,是凹陷东北侧的边界断层,剖面形态主要表现为平板式(图4-6、图4-7)。该断裂形成于中生代,对白垩系、古近系沙河街组沉积起控制作用,后期活动微弱。柏各庄断裂是在先存深大断裂(周海民等,2000)的基础上发育起来的,是不协调伸展中协调基底沉降的、具有显著左旋走滑分量的大型生长正断层。该断裂的断距沿走向变化十分显著,活动强度也有中间大(新生代断层最大滑距达到近4000m)、两侧小的特点,向西与高柳断裂相接后活动强度又迅速减小,在拾场次凹因受高柳断层调谐断距较小,垂向断距2000~3000m,水平断距800~2200m;高柳断层下降盘最大断距达3800m;工区内断层东南端垂直断距。

2. 二级断裂

(1)高柳断层。高柳断层是南堡凹陷内连接西南庄断层和柏各庄断层的一条大型生长正断层,是高柳构造带的主控断层,剖面形态为坡坪式或铲式(图4-8、图4-9)。

---

① 吴清龙等. 南堡凹陷三维连片叠前时间偏移处理资料构造解释及综合研究. 中国石油集团东方地球物理公司,2007.

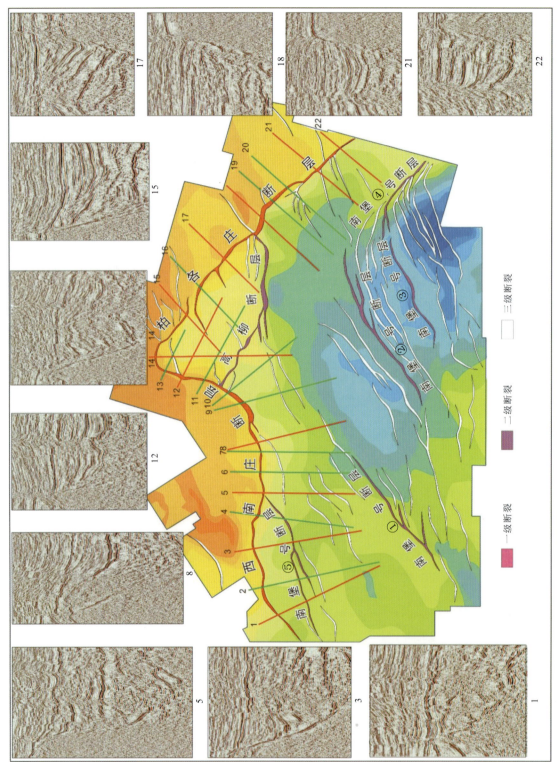

图 4-6 渤海湾盆地南堡凹陷控凹断裂典型剖面

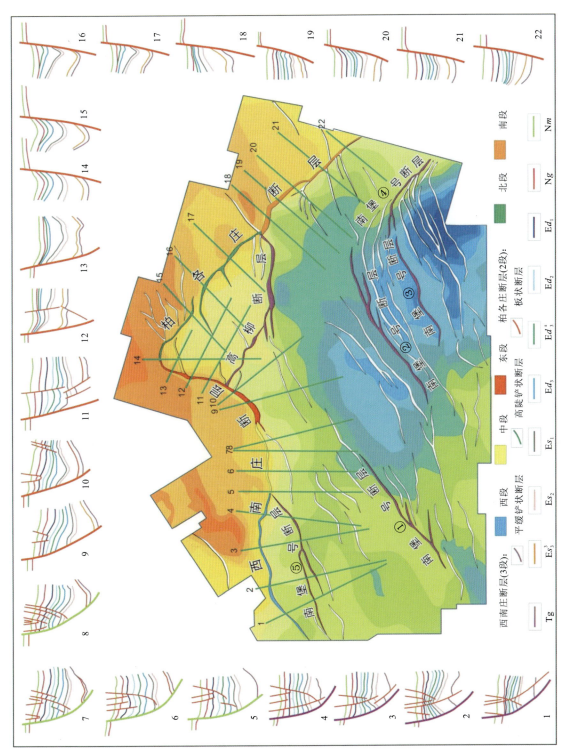

图 4-7 渤海湾盆地南堡凹陷控凹断裂典型剖面解释

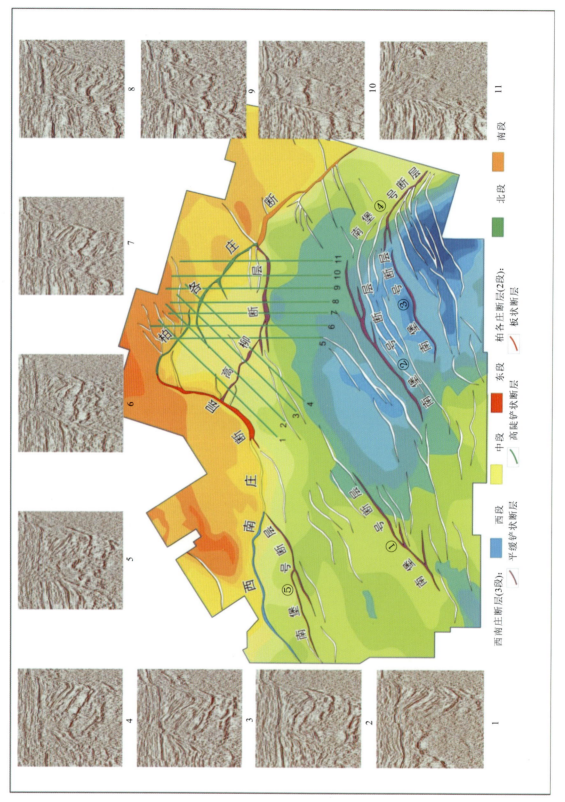

图 4-8 渤海湾盆地南堡凹陷高柳断层典型剖面解释

第 4 章 南堡凹陷构造活动分析

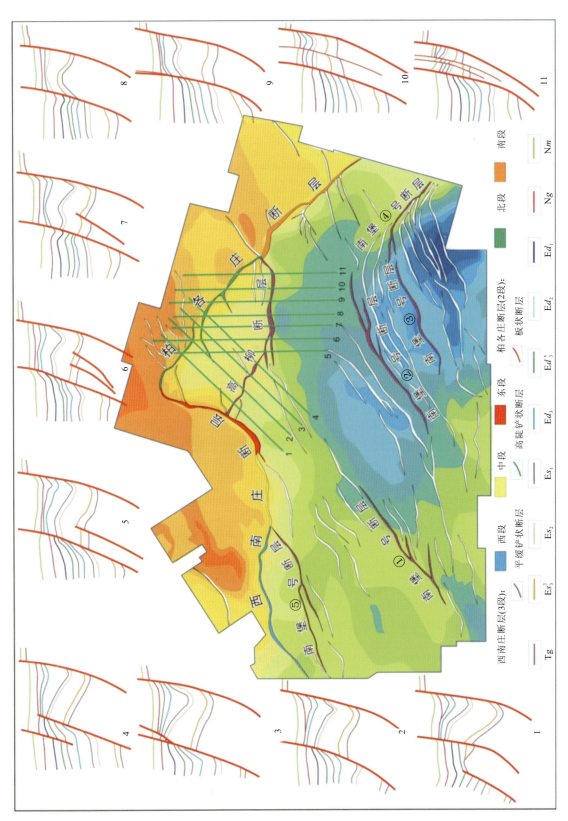

图 4-9 渤海湾盆地南堡凹陷高柳断层典型剖面解释

高柳断裂是西南庄断裂和柏各庄断裂所夹持的一条大型同沉积正断裂,对高柳构造带起主要的控制作用。姜华(2009)研究认为,高柳断裂是西南庄和柏各庄断裂活动过程中形成的调节性断裂,该断裂没有与西南庄断裂和柏各庄断裂发生切割关系(图4-10),认识这一点,对于分析高柳地区的沉降-沉积特征具有十分重要的意义。

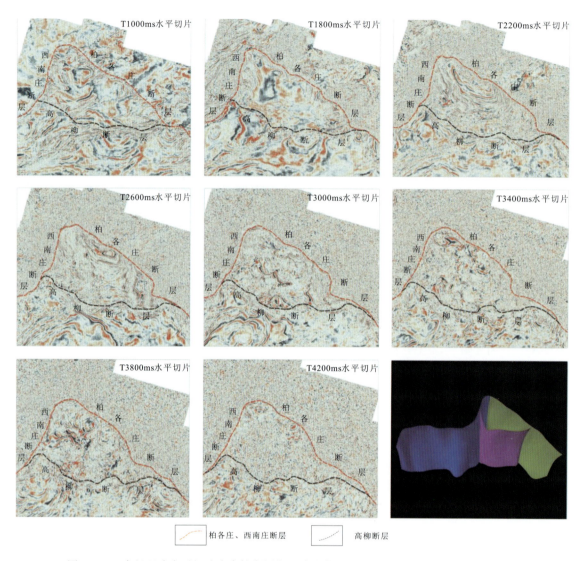

图 4-10 南堡凹陷水平切片中高柳断层与西南庄断层、柏各庄断层关系图(据姜华,2009)

始新世以后,在郯庐断裂右旋走滑控制下,南堡凹陷发生拉分走滑,区域应力场方向为 NW-SE 向。Es_3 和 Es_2 沉积期,南堡凹陷边界断裂——西南庄断裂和柏各庄断裂活动强烈;Es_1 沉积期,南堡凹陷进入走滑伸展阶段,高柳断裂开始活动。Ed 沉积期,高柳断裂活动速率增强,上升盘发生相对隆升,导致地层遭受剥蚀。Ed 沉积期之后,由于大陆边缘新生弧后裂谷带(日本海、冲绳海)迅速扩张,南堡凹陷遭受强烈的张扭作用而发生抬升,地层遭受剥蚀,结束了断陷进程,之后沉积的馆陶组与东营组地层呈角度不整合接触关系。

高柳断裂对南堡凹陷内部的主体结构起着重要的控制作用,是南堡凹陷内部非常重要的断裂。前人的研究成果倾向于将高柳断裂归类为南堡凹陷内的二级断裂(控带断裂),但本次研究认为,高柳断裂在地史时期的性质是发生变化的。高柳断裂的发育始于 Es_1 沉积时期;在 Es_1—Ed_3 沉积期间,高柳断裂只是一条控制高柳构造带的二级断层,而 Ed_2—Ed_1 沉积时期,高柳断裂取代西南庄断裂和柏各庄断裂的一段,与两条边界断裂共同构成控制该时期凹陷的边界断裂(图4-11)。

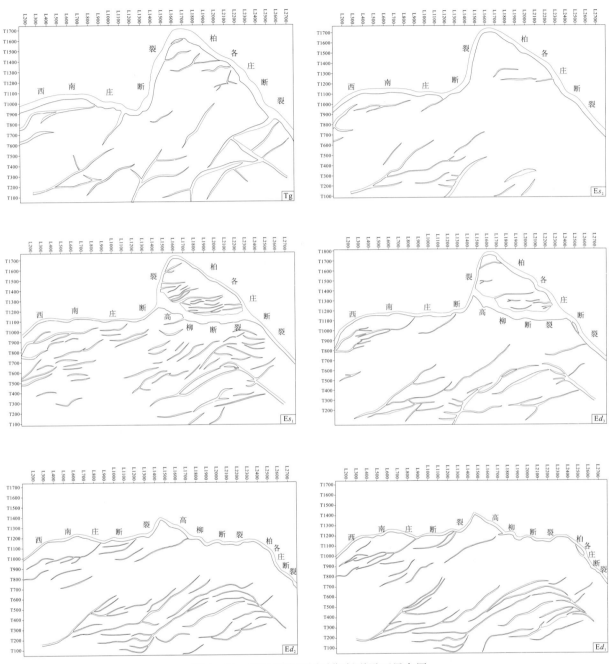

图4-11 南堡凹陷不同时期断裂平面展布图

(2)南堡①号断裂。该断裂为南堡1号构造带的主控断层,发育于沙三段断陷翘倾期,沙一段沉积时期翘倾继续,垂向上断距加大,横向上断层向翘倾方向延伸。东营组沉积时期,活动较微弱。新近系在压扭应力作用下,南堡①号断层发生再活化深浅沟通,成为1号构造带的控带断层(图4-12)。

南堡①号断裂走向NE,倾向SW,前第三系延伸较短,为22km,随着向NE方向断层断开层位的上移,东营组底断层延伸25km,到新近系延伸28km。该断层切割了基底至明化镇组,断层的倾角、断距沿走向发生变化。南堡①号断层对第三系的沉积控制作用不明显。但在该断层两侧,第三系火成岩极其发育,向EW两侧逐渐变薄,以基性拉斑玄武岩、辉绿岩及安山岩为主,分析认为南堡①号断层为这些火成岩上侵的主要通道。

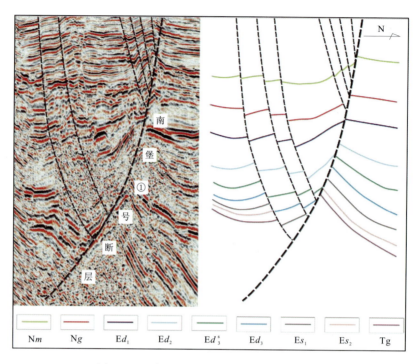

图 4-12　南堡凹陷南堡①号断层剖面特征

(3)南堡②号断裂。该断层为南堡 2 号构造带的主控断裂,是早期产生的同沉积断层(可能形成于中生界沉积时期),从沙河街组至东营组一直控制地层沉积,后期活动微弱。断层走向 NW,倾向北西,前第三系及沙河街组时期是一条完整的断层,延伸 15km。该断层南段只在中、深层发育,向北后期活动明显,断层一直延伸至新近系地层(图 4-13),受后期走滑扭动作用影响,中浅层表现为负花状构造,与 4 号构造带连接成弧形构造带。

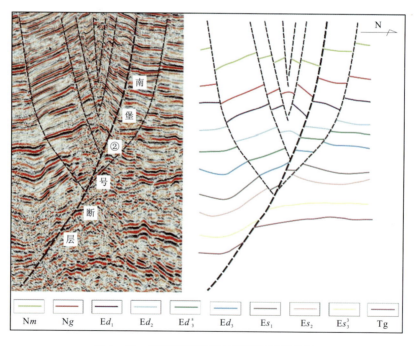

图 4-13　南堡凹陷南堡②号断层剖面特征

(4)南堡③号断裂。该断裂为南堡凹陷南界的一条重要断裂,沙北断层的二台阶,发育较早,早期可能与南堡4号东断层为同一条断层,不仅控制中生界地层分布,还控制古近纪地层沉积,晚期虽有活动,但活动相对较弱。

(5)南堡④号断裂。南堡④号断裂又称蛤坨断裂,是南堡4号构造带的主控断裂,是在先存断裂的基础上、盆地不协调伸展作用过程中发育和演化的,具有显著的左旋活动分量,是典型的扭张性断层,平面上也由分支断层构成显著的"扫帚状"断层组合。该断层的断距沿走向变化显著,中部断距明显较大。蛤坨断层是一长期活动的断层,Es_3—Ed_3 断层活动一直十分强烈,Ed_2—Ng 活动较弱,Nm 以后又存在显著的活动(图4-14)。蛤坨断层对南堡4号构造带的形成和演化起主要的控制作用。

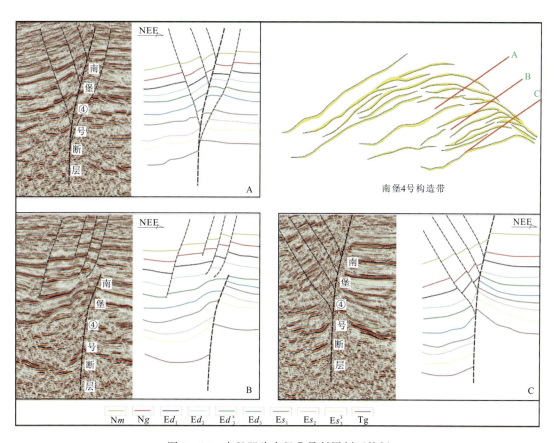

图4-14 南堡凹陷南堡④号断层剖面特征

4.1.3 南堡凹陷构造地层特征

构造层是指两次重要构造变革之间的构造稳定旋回期,是盆地构造演化分析和研究的重要依据。盆地(凹陷)内的重要构造变革往往伴随着区域性的地层不整合,因此相邻的上下两个区域性不整合之间的地层单元,就代表一个构造层(汪泽成等,2000;李玮等,2005;宋广增,2015)。不整合面在地震剖面上往往表现为反射同相轴的削截,据此可以识别构造层。不同规模的构造运动造成不同规模的不整合面,地震剖面上削截现象的明显程度存在差异,识别的难易程度也不相同。一般而言,盆缘部位以及构造高部位的削截终止现象比较明显,是解释和标定构造层界面的有利地区。

图4-16~图4-19为贯穿南堡凹陷内边界断裂及主要构造带的4条典型剖面,位置如图4-15所示。通过构造-地层格架的解释与搭建,南堡凹陷新生代可划分为4个构造层:古近系 Es_3—Es_2 构造层、古近系 Es_1 构造层、古近系 Ed 构造层和新近系 Ng—Nm 构造层,划分4个构造层的 Es_1 界面、Ed_3 界面和 Ng 界面是全凹陷范围内可追踪的一级不整合面。Es_3—Es_2 沉积时期为南堡凹陷半地堑伸展断

陷发育期,根据其内部的 Es_3^3 不整合面可进一步划分为 Es_3^{4+5} 和 Es_3^3—Es_2 两期构造演化幕。明上段沉积时期,南堡凹陷的沉降速率显示为一个显著的快速沉降阶段,根据该特征将 Ng—Nm 沉积时期进一步划分为 Ng—Nm^x 走滑拗陷期和 Nm^s 加速拗陷期。

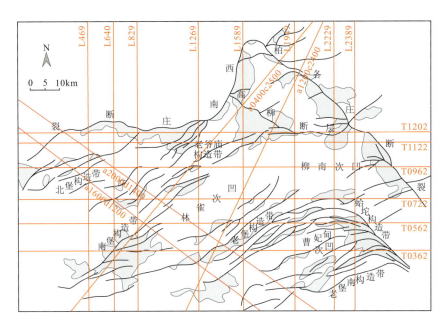

图 4-15　南堡凹陷构造-地层格架剖面位置(据刘晓峰等,2009 修改)①

图 4-16 显示,L640 测线穿过西南庄断裂、南堡 6 号走滑构造带和南堡 1 号走滑构造带等断裂体系,以及老王庄凸起、西南庄陡坡带、中央凹陷带、南部斜坡带等构造单元。早期南堡凹陷呈"北断南超"的半地堑特征,Es_3—Es_2 构造层呈北厚南薄的楔状超覆于南部缓坡上,靠近西南庄边界发育滚动背斜,斜坡上同时发育小规模的同向和反向断层。Ed 沉积时期早期滚动背斜继承发育,晚期停止发育,除了这些具有典型伸展特征的构造样式外,南堡 1 号和南堡 5 号构造带发育走滑断层,产状陡直。该时期靠近西南庄断裂下降盘处地层厚度较大,东营组早中期呈现出下倾坡角的构造样式,表明西南庄断裂对沉积的控制仍较强,而远离西南庄断裂的中央凹陷带也沉积了厚层地层,表明该时期厚度中心已具有逐渐远离边界断裂,而向凹陷中部迁移的趋势。Ng—Nm 沉积时期,走滑程度继续加强,在主走滑断层的基础上分支断层增多,这些走滑断层具有"正形负花"的共性。由于拗陷作用控制的凹陷整体沉降,该构造层向西南庄断裂上升盘超覆,向凹陷中心方向逐渐增厚。

图 4-17 显示,L1269 测线穿过西南庄断裂、南堡 6 号走滑构造带和南堡 1 号走滑构造带等断裂体系,以及西南庄凸起、西南庄陡坡带、中央凹陷带、南部斜坡带等构造单元。Es_3—Es_2 沉积时期的构造格局特征与 L640 测线相似,Es_1 沉积时期开始受区域走滑伸展应力场的影响,南堡 2 号构造带表现为由产状相同的走滑断层构成反向断层簇。老爷庙地区在馆陶组出现切穿西南庄边界断裂的走滑断层。Es_3—Es_2 构造层呈北厚南薄的楔状超覆于南部缓坡上;Es_1 构造层的地层厚度中心仍靠近边界断裂下降盘,向南部缓坡带逐渐变薄,整体呈北厚南薄的楔状;到 Ed 构造层,地层厚度中心已远离西南庄断裂而转移到中央凹陷带,但靠近西南庄断裂坡脚处的地层仍较厚,表明西南庄断裂对沉积的控制仍较强,由中央凹陷带向南堡缓坡带地层厚度逐渐减薄,Ed 构造层整体上呈现为近似的楔状体。Nm—Ng 构造层的地层向西南庄断裂上升盘超覆,向凹陷中心方向逐渐增厚,显示出裂后期的区域拗陷作用导致凹陷基底整体沉降的特征。

---

① 刘晓峰,任建业,焦养泉,等. 南堡凹陷构造-古地貌特征及演化分析. 中国石油冀东油田分公司(内部资料),2009.

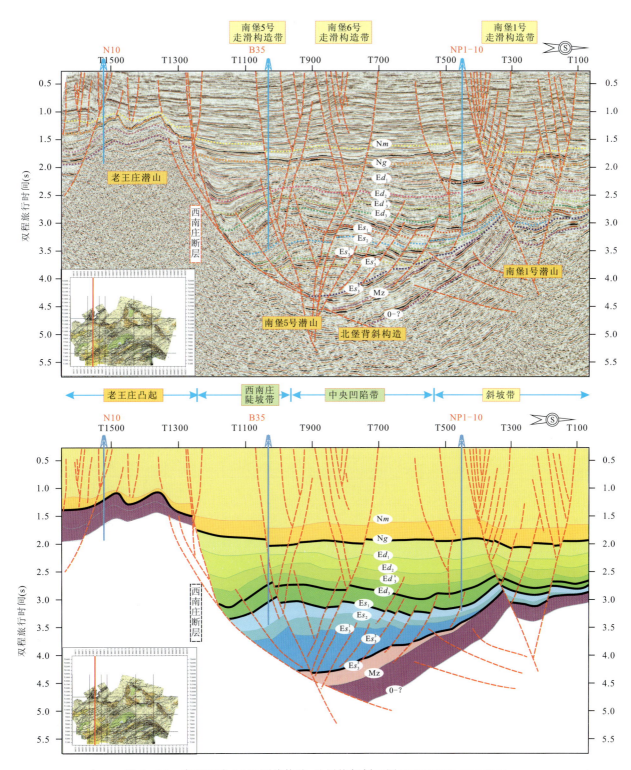

图 4-16 南堡凹陷 L640 测线构造-地层格架剖面图（据刘晓峰等，2009 修改）

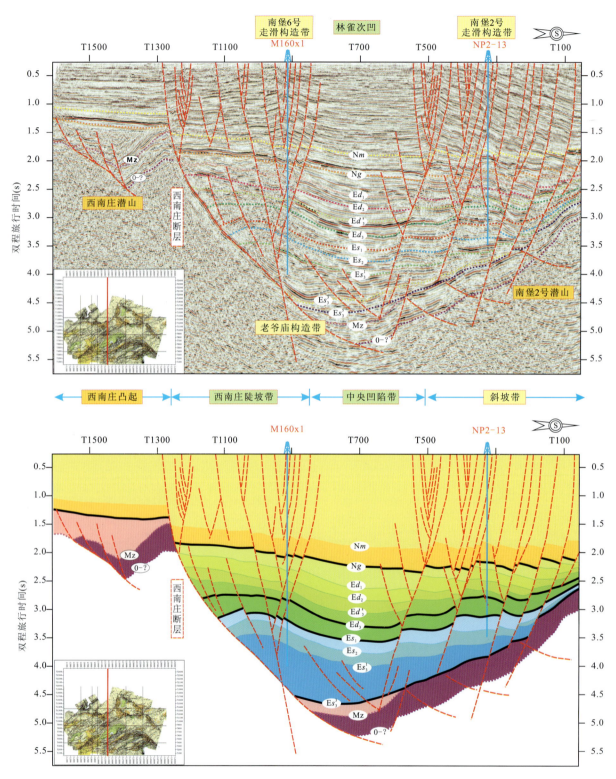

图 4-17 南堡凹陷 L1269 测线构造-地层格架剖面图（据刘晓峰等，2009 修改）

图 4-18 显示，L1589 测线穿过西南庄断裂、高尚堡构造带、高柳断裂、南堡 6 号走滑构造带、南堡 2 号走滑构造带和南堡 3 号走滑构造带等断裂体系，以及西南庄凸起、西南庄陡坡带、中央凹陷带和南部斜坡带等构造单元。$Es_3—Es_2$ 构造层高柳断裂上升盘的地层厚度大于下降盘的地层厚度，表明高柳断

裂在后期切穿了 Es_3—Es_2 构造层；Es_1 构造层和 Ed 构造层高柳断裂上升盘的地层厚度远小于下降盘的地层厚度，表明高柳断裂在该时期为同沉积断裂，强烈控制着地层的发育与展布。Es_1 沉积时期之后，高柳断裂以南走滑特征明显，以北走滑作用微弱。Es_3—Es_2 构造层靠近西南庄断裂坡脚处最厚，向南部斜坡带逐渐变薄，整体上呈北厚南薄的楔状超覆于南部斜坡上。Es_1 构造层的厚度中心转移到高柳断裂下降盘，向南部缓坡带逐渐变薄，整体仍呈北厚南薄的楔状体；到 Ed 构造层，高柳断裂下降盘处和中央凹陷带处均发育了厚层地层。Nm—Ng 构造层向西南庄断裂上升盘超覆，向凹陷中心方向逐渐增厚，显示出裂后期的区域拗陷作用导致凹陷基底整体沉降的特征。

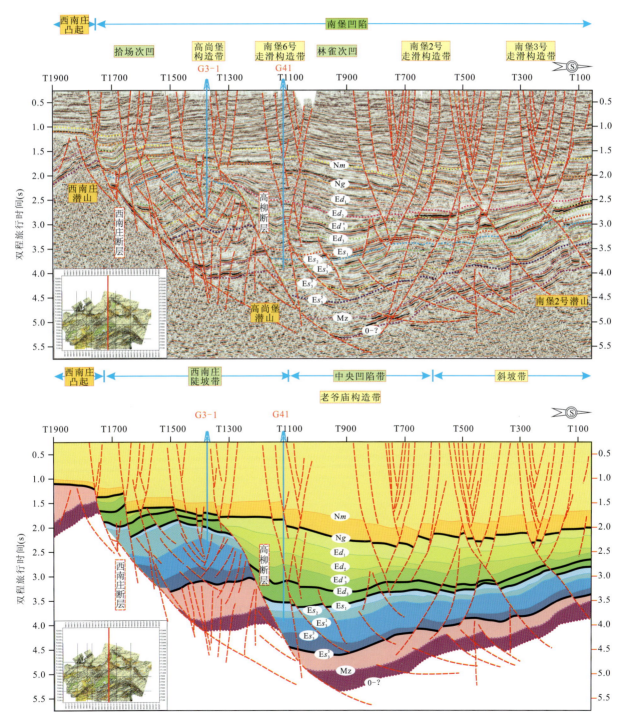

图 4-18　南堡凹陷 L1589 测线构造-地层格架剖面图（据刘晓峰等，2009 修改）

图 4-19 显示，L2229 测线穿过柏各庄断裂、柳赞构造带、高柳断裂、南堡 2 号走滑构造带和南堡 3 号走滑构造带等断裂体系，以及柏各庄凸起、柏各庄陡坡带、中央凹陷带和南部斜坡带等构造单元。Es_3—Es_2 构造层高柳断裂上升盘的地层厚度大于下降盘的地层厚度，而 Es_1 构造层和 Ed 构造层高柳断裂上升盘的地层厚度远小于下降盘的地层厚度，表明高柳断裂在 Es_1 沉积时期开始活动，并强烈控制

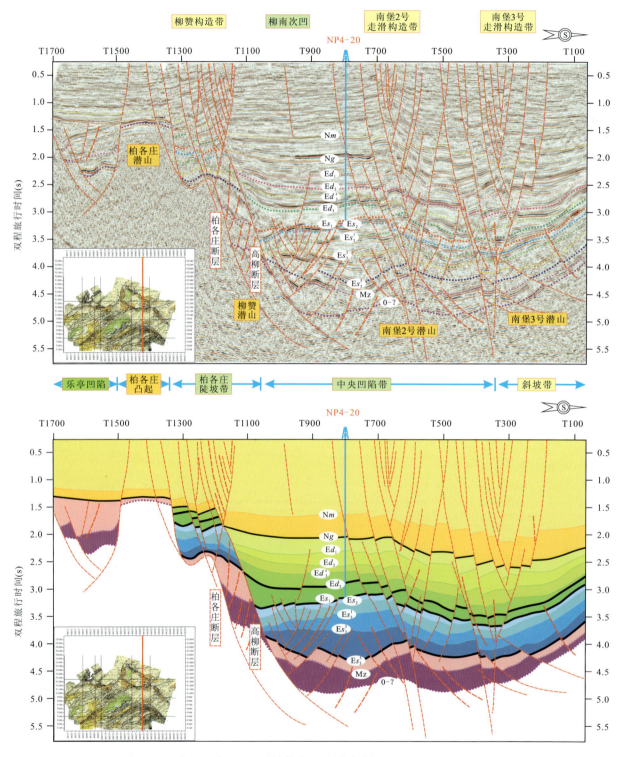

图 4-19 南堡凹陷 L2229 测线构造-地层格架剖面（据刘晓峰等，2009 修改）

着 Es_1 构造层和 Ed 构造层的发育与展布。Es_3—Es_2 沉积时期,西南庄断裂下降盘处的柳南地区发育"双牵引滚动背斜",Es_1 沉积时期开始,南堡 4 号构造带受走滑作用持续控制。Es_3—Es_2 构造层整体上呈北厚南薄的楔状超覆于南部缓坡上;Es_1 构造层的厚度中心仍靠近边界断裂下降盘,向南部缓坡带逐渐变薄;到 Ed 构造层,地层厚度中心迁移到远离高柳断裂的中央凹陷带,但高柳断裂下降盘处仍沉积了较厚的地层,表明高柳断裂对沉积的控制作用仍强烈。由于坳陷作用控制的凹陷整体沉降,Nm—Ng 构造层向高柳断裂和西南庄断裂上升盘超覆,向凹陷中心方向逐渐增厚。

通过对南堡凹陷内 L640、L1269、L1589、L2229 四条典型剖面构造地层特征的分析,显示 Ed 构造层在紧邻边界断裂(西南庄断裂、柏各庄断裂、高柳断裂)下降盘处和远离边界断裂的中央凹陷带均发育了厚层地层。表明东营组沉积时期,边界断裂对沉积仍具有强烈的控制作用,与此同时,厚度中心具有逐渐远离边界断裂而向凹陷中部迁移的特征。

4.1.4 南堡凹陷构造演化特征

南堡凹陷古近系按沉积旋回特征、构造发育特征和火山岩发育特征,在纵向上划分为同裂陷阶段和裂后阶段。裂陷期可进一步划分为 4 幕(图 4-20),每一幕裂陷都具有独特的沉积充填特征、构造发育特征和古气候背景(姜华,2009)。

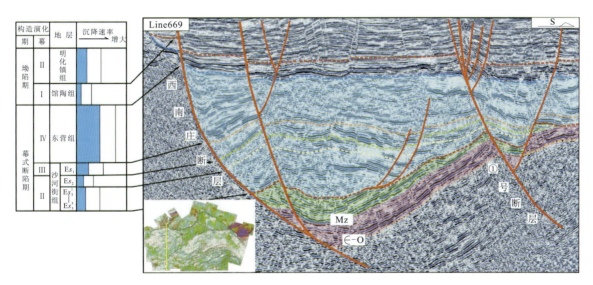

图 4-20 南堡凹陷 Trace1489 测线幕式构造运动与构造层序界面对应关系

(1)裂陷Ⅰ幕:相当于 Es_3^{4+5} 沉积时期,是初始裂陷期,控凹边界断层如柏各庄断层、西南庄断层开始活动,凹陷呈浅的箕状,以拾场次凹为主,向 SW 方向超覆,发育了一套较干旱气候条件下的以红色泥岩、灰绿色泥岩和粗碎屑岩为主的冲积扇沉积,深洼区发育深灰色泥岩。该裂陷幕的晚期,由于区域性的构造抬升产生了剥蚀。

(2)裂陷Ⅱ幕:相当于 Es_3—Es_2 沉积时期,为强烈断陷期。同整个渤海湾盆地一样,上地幔强烈隆起,盆地断陷强烈,气候潮湿,发育了以砾岩、含砾砂岩、灰色和灰绿色泥岩为主的地层。Es_3 沉积时期凹陷伸展扩张,水体加深,发育扇/辫状河三角洲-湖泊相沉积体系,中深湖区堆积厚层泥岩,是南堡凹陷烃源岩形成的重要时期,也是渤海湾盆地其他(坳陷)凹陷烃源岩形成的重要时期。到 Es_2 沉积时期,凹陷趋于填平,发育了以含砾砂岩、红色泥岩、灰绿色泥岩为主的冲积扇沉积。Es_2 沉积晚期,由于受挤压应力场控制,构造隆升,沙二段地层遭受剥蚀,残留地层主要由粗碎屑的冲积体系和红色泥岩组成,大部分地区厚度不到 200m。

(3)裂陷Ⅲ幕:相当于 Es_1 沉积时期,为减弱裂陷期。凹陷由 Es_2 末期的隆升状态开始断陷,岩性以灰色泥岩、砂岩和生物灰岩为主，同时发育碱性玄武岩，而且沉积中心逐步向南迁移。该幕裂陷作用较裂陷Ⅱ幕弱，沉积环境以扇三角洲-中浅湖为主，发育一定厚度的烃源岩。

（4）裂陷Ⅳ幕：相当于 Ed 沉积时期，是南堡凹陷的断拗转换期。高柳断裂活动加强，发生在 Es_1 末期的构造反转造成了 Ed_3 区域微角度不整合于 Es_1 之上。北堡、老爷庙逆牵引背斜，南堡、老堡断裂构造带及蛤坨逆牵引背斜构造带发育。该时期沉积了以砂泥岩为主的地层，最大厚度超过 2000m，其沉积环境以扇三角洲沉积体系、辫状河三角洲沉积体系和中深湖相为主。

（5）拗陷期：渐新世末的喜马拉雅运动使南堡凹陷广遭剥蚀，而后进入了坳陷发展阶段，沉积了中、上新世馆陶组和明化镇组。沉积面貌发生了巨大变化，结束了湖相沉积，进入河流-沼泽-冲积平原沉积。该时期裂陷活动基本停止，盆地内几条主要断裂仍继承性活动，向上切割新近系，但基本不控制沉积作用。

4.2 南堡凹陷边界断裂的活动特征

生长指数法（Thorsen，1963）、古落差法（王燮培等，1990；赵勇等，2003）和活动速率法（李勤英等，2000）是目前断裂活动性定量分析最主要的3种方法。断层生长指数是指断层下降盘与上升盘相应层厚度的比值（图4-21），因此生长指数法要求断层上、下盘的沉积速率大致相当，上、下盘地层保存完好，未经过较大的沉积间断。在研究边界断裂时，由于上升盘往往处在暴露剥蚀的环境中，几乎不发育沉积地层，呈现出无限大的生长指数，因此生长指数法不适用于研究边界断裂的活动性。古落差法是指在垂直于断裂走向的横剖面上，断裂相当层之间的铅直距离。与生长指数法相比，上升盘地层剥蚀与否或缺失与否并不影响古落差的计算结果，可以更好地反映断层的活动强度，但断层古落差不能反映地质时间的概念。断层活动速率法是指垂直于断裂走向的横剖面上，断裂相当层之间的铅直距离与相应沉积时间的比值。与断层古落差法相比，断层活动速率法既保留了古落差法的优点，又可以反映时间概念，可以更好地反映断层的活动特征。

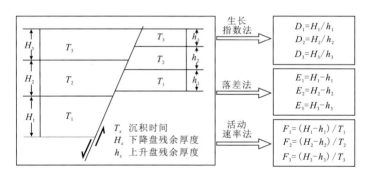

图 4-21　断层活动性分析的3种方法（据姜华，2009）

南堡凹陷边界断裂（西南庄断裂、柏各庄断裂、高柳断裂）在不同的地质历史时期其各段上升盘为凸起或隆起，均普遍存在着沉积间断作用或剥蚀作用，断层生长指数法计算的分析结果将会与实际产生较大的偏差，已然不适用。古落差法和断层活动速率法受地层剥蚀作用的影响较小，其结果会与实际情况更为接近，更适合于南堡凹陷控凹边界断裂活动性的研究。而断层活动速率既保留了断层古落差的优点，又弥补了断层古落差在时间轴上活动强弱的不足。因此，本专著以断层活动速率法为主、古落差法为辅研究边界断裂的活动性。

4.2.1 南堡凹陷边界断裂活动性的垂向演化特征

针对南堡凹陷边界断裂(西南庄断裂、柏各庄断裂和高柳断裂),本次共选取了研究区内穿过断裂的41条测线进行数据的获取,分别在41条地震剖面(图4-22)上读取断裂上、下盘各层位厚度值,通过对所获取的原始数据进行整理计算得到断裂的活动性参数(古落差、断层活动速率),其中计算断层活动速率涉及到的各界面绝对年龄数据见图2-8。

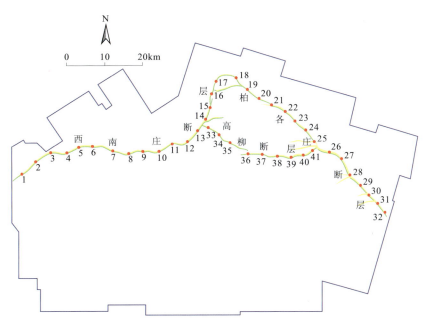

图4-22 南堡凹陷断层活动性研究主干测线位置图

1. 西南庄断裂不同时期的古落差及活动速率特征

西南庄断裂为南堡凹陷的北侧边界,是南堡凹陷与老王庄凸起、落潮湾潜山及西南庄凸起构造带的分隔性断裂。选取了17条测线进行原始数据的获取及古落差、断层活动速率等断裂活动性参数的计算。西南庄断裂不同测线不同时期的断层活动速率及古落差计算结果如图4-23、图4-24所示。

Es_3^{4+5}沉积时期,对应于凹陷发育的裂陷Ⅰ幕,为初始裂陷阶段。该时期,西南庄断裂的活动性较弱,仅11~17号测点的断裂东部活动,活动速率较低。活动速率最高值位于14号测点处,为108.2m/Ma,该时期经历的时间为3.5Ma,古落差最大达378.7m。

Es_3^{1+2+3}沉积时期,对应于凹陷发育的裂陷Ⅱ幕(强烈裂陷阶段)早中期。该时期西南庄断裂的活动性较Es_3^{4+5}沉积时期增强,断裂整体均在活动,但呈现出东部和中部活动性较强,西部活动性较弱的特征。活动速率最高值由Es_3^{4+5}沉积时期的14号测点转移到8号测点,活动速率最高达223.5m/Ma,该时期经历的时间为8.3Ma,古落差最大1854.8m。

Es_2沉积时期,对应于凹陷发育的裂陷Ⅱ幕(强烈裂陷阶段)晚期。该时期西南庄断裂的活动性较Es_3^{1+2+3}沉积时期有所减弱,整体呈现出西部、中部活动性较强,东部活动性较弱的特征。活动速率最高值由Es_3^{1+2+3}沉积时期的8号测点转移到9号测点,活动速率最高达151.7m/Ma,该时期经历的时间为2.7Ma,古落差最大409.7m。

Es_1沉积时期,对应于凹陷发育的裂陷Ⅲ幕,为减弱裂陷阶段。该时期西南庄断裂的活动性与裂陷Ⅱ幕(Es_3^{1+2+3}沉积时期)相比较弱,整体呈现出中部活动性强,东部和西部活动性弱的特征。活动速率最高值转移到11号测点,活动速率最高达157.5m/Ma,该时期经历的时间为2.5Ma,古落差最大393.8m。

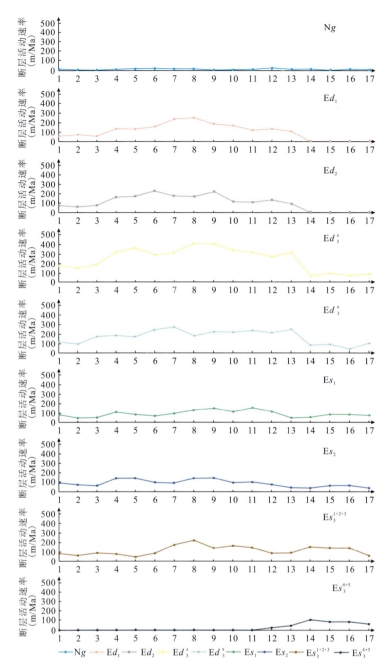

图 4-23 西南庄断裂不同剖面不同时期平均活动速率图

Ed_3^x 沉积时期，对应于凹陷发育的裂陷Ⅳ幕（断拗转换阶段）早期。该时期西南庄断裂的活动性较裂陷Ⅱ幕（Es_3^{1+2+3} 沉积时期）显著增强，整体呈现出中部活动性强，东部和西部活动性弱的特征，且这种中部强、两端弱的断裂活动特征较 Es_1 沉积时期更为显著。活动速率最高值转移到 7 号测点，活动速率最高达 267.6m/Ma，该时期经历的时间为 0.5Ma，古落差最大 133.8m。

Ed_3^s 沉积时期，对应于凹陷发育的裂陷Ⅳ幕（断拗转换阶段）早期。该时期西南庄断裂的活动性较 Ed_3^x 沉积时期增强，整体仍呈现出明显的"中部强、两端弱"的活动特征。活动速率最高值转移到 9 号测点，活动速率最高达 406.6m/Ma，该时期经历的时间为 0.7Ma，古落差最大 284.6m。

Ed_2 沉积时期，对应于凹陷发育的裂陷Ⅳ幕（断拗转换阶段）中期。该时期西南庄断裂的活动性较 Ed_3^s 沉积时期减弱，整体仍呈现出明显的中部强、两端弱的活动特征，且断裂东部停止活动。活动速率最高值转移到 6 号测点,活动速率最高达 227.98m/Ma,该时期经历的时间为 2Ma,古落差最大 455.93m。

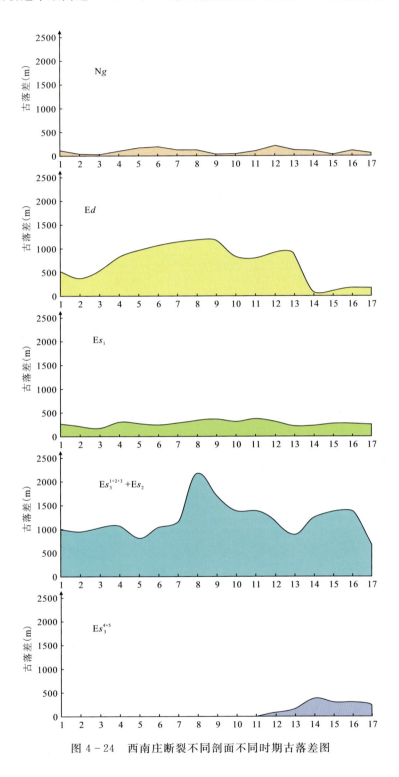

图 4-24 西南庄断裂不同剖面不同时期古落差图

Ed_1 沉积时期,对应于凹陷发育的裂陷Ⅳ幕(断拗转换阶段)晚期。该时期西南庄断裂的活动性与 Ed_2 沉积时期相比无明显变化,整体仍呈现出明显的"中部强、两端弱"的活动特征,且断裂东部停止活动。活动速率最高值转移到 8 号测点,活动速率最高达 227.23m/Ma,该时期经历的时间为 1.5Ma,古落差最大 340.85m。

Ng 沉积时期,南堡凹陷构造演化进入拗陷阶段。西南庄断裂的活动性较裂陷期显著降低,活动性比较均一,无明显分段活动特征,活动速率不超过 30m/Ma。Ng 沉积时期经历 9Ma,古落差不超过 270m。

从西南庄断裂裂陷期各幕的古落差上来看,$Es_3^{1+2+3}+Es_2$(裂陷Ⅱ幕)沉积时期的古落差最大,可达 2100m 以上,该时期为南堡凹陷强烈裂陷期,尤其是 Es_3^3 沉积时期断裂活动强烈。其次为 Ed(裂陷Ⅳ 幕)沉积时期,古落差可达 1200m 左右。从各沉积时期的断层平均活动速率上来看,沙河街组沉积时期 西南庄断裂的活动速率在 Es_3^{1+2+3} 沉积时期达到最大,最高的活动速率为 223.5m/Ma。进入东营组沉 积时期,西南庄断裂的活动速率并未减弱,甚至更强;尤其是 Ed_3^x 沉积时期,活动速率最高可达 406.6m/Ma,甚至超过 Es_3^{1+2+3}(强烈断陷期)沉积时期的平均断层活动速率。

2. 柏各庄断裂不同时期的古落差及活动速率

柏各庄断裂为南堡凹陷的东北侧边界,是南堡凹陷与其东部柏各庄凸起、马头营凸起及石臼坨凸起 的分隔性断裂。选取了 15 条测线进行原始数据的获取及古落差、断层活动速率等断裂活动性参数的计 算。西南庄断裂不同测线不同时期的断层活动速率及古落差计算结果如图 4-25、图 4-26 所示。

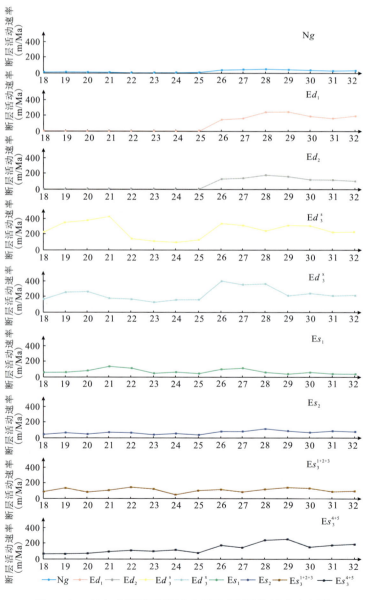

图 4-25 柏各庄断裂不同剖面不同时期平均活动速率图

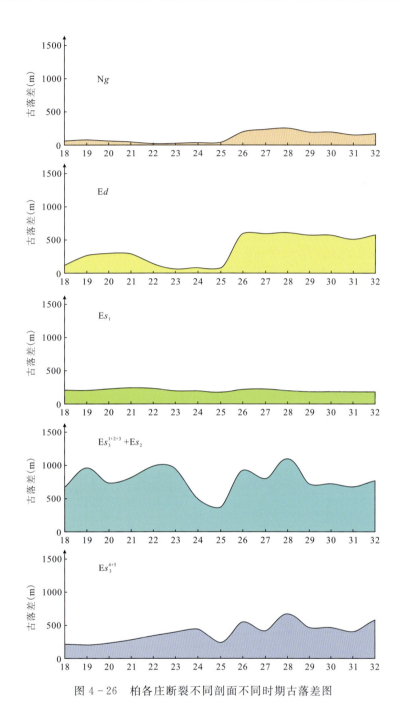

图 4-26 柏各庄断裂不同剖面不同时期古落差图

Es_3^{4+5} 沉积时期，对应于凹陷发育的裂陷 I 幕，为初始裂陷阶段。该时期，柏各庄断裂的活动性整体表现出由南部向北部逐渐减弱的趋势。活动速率最高值位于 29 号测点处，为 190.34m/Ma，该时期经历的时间为 3.5Ma，古落差最大达 666.15m。

Es_3^{1+2+3} 沉积时期，对应于凹陷发育的裂陷 II 幕（强烈裂陷阶段）早中期。该时期柏各庄断裂北部的活动性较 Es_3^{4+5} 沉积时期增强，而南部的活动性较 Es_3^{4+5} 沉积时期减弱，断层活动均一性较强，没有表现出明显的分段活动特征。活动速率最高值由 Es_3^{4+5} 沉积时期的 29 号测点转移到 22 号测点，活动速率最高达 108.6m/Ma，该时期经历的时间为 8.3Ma，古落差最大达 901.38m。

Es_2 沉积时期，对应于凹陷发育的裂陷 II 幕（强烈裂陷阶段）晚期。该时期柏各庄断裂的活动性较 Es_3^{4+5} 沉积时期有所减弱，且北部较南部减弱更加明显，整体呈现南部活动性较强，北部活动性较弱的特征。活动速率最高值由 Es_3^{1+2+3} 沉积时期的 22 号测点转移到 28 号测点,活动速率最高达 83.96m/Ma,该时期经历的时间为 2.7Ma,古落差最大达 226.73m。

Es_1 沉积时期,对应于凹陷发育的裂陷Ⅲ幕,为减弱裂陷阶段。该时期柏各庄断裂的活动性与裂陷Ⅱ幕(Es_3^{1+2+3} 沉积时期)相比较弱,且整体呈现出中部活动性弱,东部和西部活动性强的特征。活动速率最高值转移到 21 号测点,活动速率最高达 97.16m/Ma,该时期经历的时间为 2.5Ma,古落差最大 242.9m。

Ed_3^x 沉积时期,对应于凹陷发育的裂陷Ⅳ幕(断拗转换阶段)早期。该时期柏各庄断裂的活动性较裂陷Ⅱ幕(Es_3^{1+2+3} 沉积时期)显著增强,整体呈现出中部活动性较弱,东部和西部活动性较强的特征,且这种"中部弱、两端强"的断裂活动特征较 Es_1 沉积时期更为显著。活动速率最高值转移到 26 号测点,活动速率最高达 211.1m/Ma,该时期经历的时间为 0.5Ma,古落差最大达 105.6m。

Ed_3^s 沉积时期,对应于凹陷发育的裂陷Ⅳ幕(断拗转换阶段)早期。该时期柏各庄断裂的活动性较 Ed_3^x 沉积时期进一步增强,达到柏各庄断裂活动史上的最高值,整体仍呈现出明显的"中部弱、两端强"的活动特征。活动速率最高值转移到 21 号测点,活动速率最高达 234.6m/Ma,该时期经历的时间为 0.7Ma,古落差最大达 164.2m。

Ed_2 沉积时期,对应于凹陷发育的裂陷Ⅳ幕(断拗转换阶段)中期。该时期柏各庄断裂的活动性较 Ed_3^s 沉积时期显著减弱,且断裂在 18~25 号测点间的部分停止活动。活动速率最高值转移到 28 号测点,活动速率最高达 96.2m/Ma,该时期经历的时间为 2Ma,古落差最大 192.3m。

Ed_1 沉积时期,对应于凹陷发育的裂陷Ⅳ幕(断拗转换阶段)晚期。该时期柏各庄断裂的活动性较 Ed_2 沉积时期有所增强,但与 Ed_3^x、Ed_3^s 沉积时期相比仍较弱,尤其是断裂在 18~25 号测点间的部分仍停止活动。活动速率最高值转移到 29 号测点,活动速率最高达 129.3m/Ma,该时期经历的时间为 1.5Ma,古落差最大达 193.9m。

Ng 沉积时期,南堡凹陷构造演化进入拗陷阶段。柏各庄断裂的活动性较裂陷期显著降低,活动速率很少超过 30m/Ma,且断裂在 18~25 号测点间的部分仍停止活动。Ng 沉积时期经历 9Ma,古落差不超过 300m。

从柏各庄断裂裂陷期各幕的古落差上来看,Es_3^{1+2+3}+Es_2(裂陷Ⅱ幕)沉积时期的古落差最大,可达 1100m 以上,该时期为南堡凹陷强烈裂陷期,尤其是 Es_3^3 沉积时期断裂活动强烈。其次为 Es_3^{4+5}(裂陷Ⅰ幕)和 Ed(裂陷Ⅳ幕)沉积时期,古落差分别可达 700m 和 600m 左右。从各沉积时期的断层平均活动速率上来看,沙河街组沉积时期柏各庄断裂的活动速率在 Es_3^{4+5} 沉积时期达到最大,最高的活动速率为 190.3m/Ma。进入东营组沉积时期,西南庄断裂的活动速率并未减弱,甚至更强,尤其是 Ed_3^s 沉积时期,活动速率最高可达 234.6m/Ma,超过了 Es_3^{4+5} 沉积时期的断层平均活动速率,也超过了沙河街组其他时期的断层活动速率。

3. 高柳断裂不同时期的古落差及活动速率

高柳断裂在 Es_1 沉积时期开始活动,Es_1、Ed_3^x、Ed_3^s 沉积时期为南堡凹陷内的一条二级断裂,到 Ed_2 沉积时期取代西南庄断裂北段和柏各庄断裂中、北段,发育为南堡凹陷北部的控边断裂。选取了 9 条测线进行原始数据的获取及古落差、断层活动速率等断裂活动性参数的计算。高柳断裂不同测线不同时期的断层活动速率及古落差计算结果如图 4-27、图 4-28 所示。

Es_1 沉积时期,高柳断裂开始发育。该时期高柳断裂表现出明显的差异性活动特征,整体呈现出中部活动性弱,东部和西部活动性强的特征。活动速率最高值在 41 号测点,即高柳断裂与柏各庄断裂相交处,活动速率最高达 174.7m/Ma,该时期经历的时间为 2.5Ma,古落差最大 436.8m。

Ed_3^x 沉积时期,高柳断裂的活动性较 Es_1 沉积时期有所增强,整体仍呈现出中部活动性较弱,东部和西部活动性较强的特征。活动速率最高值仍位于 41 号测点,即高柳断裂与柏各庄断裂相交处,活动速率最高达 212.7m/Ma,该时期经历的时间为 0.5Ma,古落差最大达 106.4m。

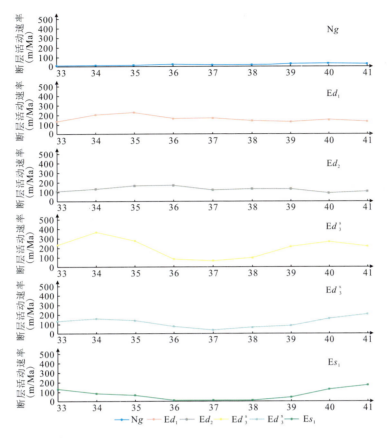

图 4-27 高柳断裂不同剖面不同时期平均活动速率图

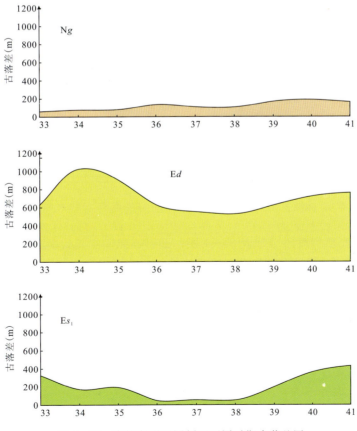

图 4-28 高柳断裂不同剖面不同时期古落差图

Ed_3^3 沉积时期，高柳断裂西部和东部的活动性较 Ed_3^x 沉积时期显著增强，达到高柳断裂活动史上的最高值，但中部没有太大变化，整体呈现出明显的"中部弱、两端强"的活动特征。活动速率最高值转移到 34 号测点，即高柳断裂与西南庄断裂相交处附近，活动速率最高达 368.8m/Ma，该时期经历的时间为 0.7Ma，古落差最大 256.2m。

Ed_2 沉积时期，高柳断裂西部和中部的活动性较 Ed_3^3 沉积时期减弱，而中部较 Ed_3^3 沉积时期增强。该时期，高柳断裂活动表现出较强的均一性，没有明显的分段活动特征，活动速率最高值转移到 36 号测点，活动速率最高达 168.7m/Ma，该时期经历的时间为 2Ma，古落差最大达 337.4m。

Ed_1 沉积时期，高柳断裂的活动性较 Ed_2 沉积时期有所增强，且表现出较强的均一性，没有明显的分段活动特征。活动速率最高值转移到 35 号测点，活动速率最高达 229.4m/Ma，该时期经历的时间为 1.5Ma，古落差最大 344.1m。

Ng 沉积时期，南堡凹陷构造演化进入坳陷阶段。高柳断裂的活动性非常弱，活动速率很少超过 20m/Ma，且表现出较强的均一性。Ng 沉积时期经历 9Ma，古落差不超过 200m。

由以上分析可知，高柳断裂在形成初期的 Es_1、Es_3^x、Es_3^3 沉积时期，其活动速率表现出明显的"中部弱、两端强"的分段活动特征，且活动速率最高值位于高柳断裂与西南庄断裂或柏各庄断裂相交处附近，表明高柳断裂的形成可能与西南庄断裂和柏各庄断裂的活动有关。而到了 Ed_2、Ed_1 沉积时期，高柳断裂中部的活动性增强使得其分段活动特征消失，活动速率表现出较强的均一性，高柳断裂活动性的这种转变很有可能与区域应力方向的变化有关。

从古落差上来看，Ed（裂陷Ⅳ幕）沉积时期的古落差可达 1100m 以上，远超 Es_1（裂陷Ⅲ幕）沉积时期古落差。从断层平均活动速率上来看，东营组沉积时期高柳断裂的活动速率在 Ed_3^3 沉积时期达到最大，活动速率最高可达 368.8m/Ma。

4.2.2 南堡凹陷边界断裂活动性的空间特征

南堡凹陷的边界断裂——西南庄断裂、柏各庄断裂、高柳断裂在断裂走向和活动性方面具有分段性。为了更深入地研究东营组沉积期这3条边界断裂空间上的活动特征，本次研究根据断层走向和断层活动速率对西南庄断裂、柏各庄断裂、高柳断裂进行分段，并对各段的活动性进行对比分析。

根据断裂走向和断裂活动特征（尤其是东营组沉积时期断裂的活动特征），将西南庄断裂划分为3段：呈 NNE 向延伸的东段、呈近 EW 向延伸的中段、呈 NE 向延伸的西段，其中西南庄断裂中段的延伸距离最长，西段和东段的延伸距离较短。根据前人研究成果，西南庄断裂东段在印支期开始活动，当时为逆冲断层，侏罗纪—白垩纪发生负反转，反转为正断层，而到古近纪继承性发育；西南庄断裂中段和西段则在古近纪沙河街组沉积时期开始活动。柏各庄断裂整体呈 NW 走向，在断层走向上不具有分段性；根据断层活动速率，尤其是东营组沉积时期西南庄断裂的活动性具有明显的分段特征，可将西南庄断裂划分为3段：北段、中段、南段，其中柏各庄断裂南段的延伸距离最长，北段和中段的延伸距离大致相当。高柳断裂整体上呈近 EW 向延伸，但由西向东走向也存在着变化，高柳断裂走向的分段性与断裂活动的分段性具有较好的对应关系，整体上分为3段：呈 NWW 向延伸的西段、呈近 EW 向延伸的中段、呈 NEE 向延伸的东段，高柳断裂东段、中段、西段的延伸距离大致相当。

图 4-29 显示，Es_3^{4+5} 沉积时期西南庄断裂仅 11 号测点以东活动；柏各庄断裂的活动性大致呈"北低南高"的趋势。整体上，该时期柏各庄断裂的活动性高于西南庄断裂的活动性。

图 4-30 显示，Es_3^{1+2+3} 沉积时期西南庄断裂西段、中段开始活动，且整体的活动性较 Es_3^{4+5} 沉积时期增强，中段和东段的活动性强于西段的活动性；柏各庄断裂的活动性较 Es_3^{4+5} 沉积时期减弱，北段、中段和南段的活动性大致相当。该时期西南庄断裂的活动性高于柏各庄断裂的活动性。

图 4-31 显示，Es_2 沉积时期，西南庄断裂的活动性高于柏各庄断裂的活动性。西南庄断裂东段的活动性降低，西段和中段的活动性高于东段；柏各庄断裂北段和中段的活动性降低，南段的活动性高于北段和中段。

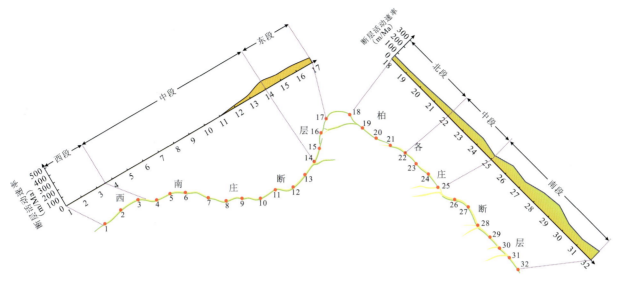

图 4-29 南堡凹陷 Es_3^{4+5} 沉积时期边界断裂活动速率空间对比图

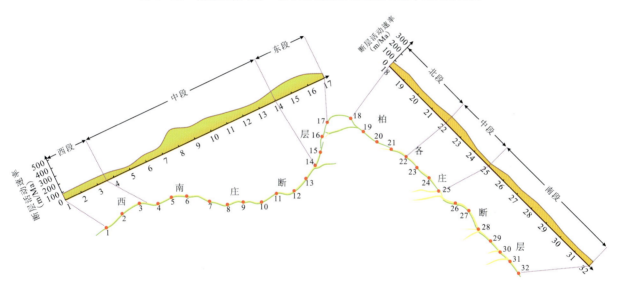

图 4-30 南堡凹陷 Es_3^{1+2+3} 沉积时期边界断裂活动速率空间对比图

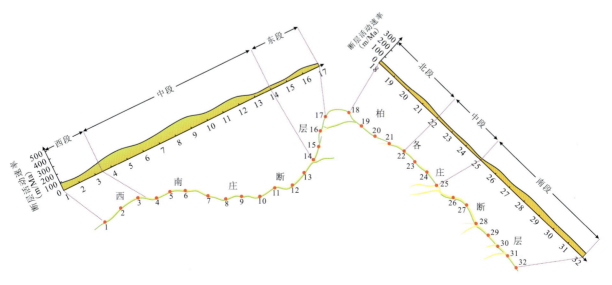

图 4-31 南堡凹陷 Es_2 沉积时期边界断裂活动速率空间对比图

图 4-32 显示,Es_1 沉积时期高柳断裂西段和东段开始活动,而中段几乎不活动,整体上表现出"中段低、西段和东段高"的活动速率特征,且高柳断裂与西南庄断裂以及柏各庄断裂相交处活动速率最大;西南庄断裂表现出"中段高、西段和东段低"的活动速率特征;柏各庄断裂活动的规律性不明显,21~22 测点和 26~28 测点的活动速率高,其余地区活动速率较低。该时期,西南庄断裂和高柳断裂的活动性整体上高于柏各庄断裂的活动性。

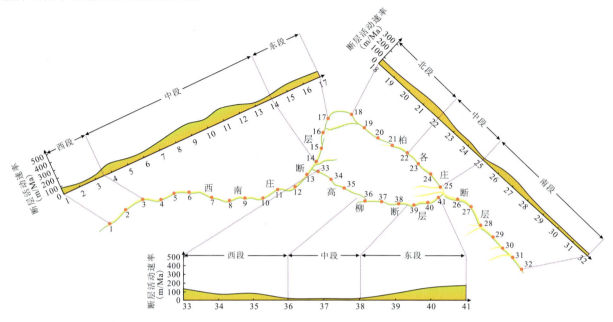

图 4-32　南堡凹陷 Es_1 沉积时期边界断裂活动速率空间对比图

图 4-33 显示,Ed_3^x 沉积时期西南庄断裂的活动性增强,尤其是中段的活动性增强最为明显,整体上呈现出"中段高、西段和东段低"的活动速率特征;柏各庄断裂的活动性也增强,整体上表现出"中段低、北段和南段高"的活动速率特征;高柳断裂仍然表现出"中段低、西段和东段高"的活动速率特征,且高柳断裂和柏各庄断裂相交处活动速率最大。该时期,西南庄断裂的活动性稍高于柏各庄断裂。

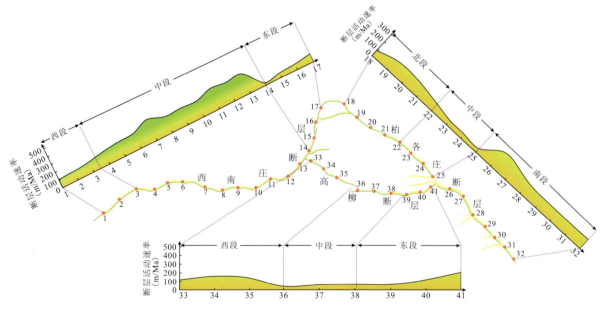

图 4-33　南堡凹陷 Ed_3^x 沉积时期边界断裂活动速率空间对比图

图 4-34 显示，Ed_3^s 沉积时期西南庄断裂中段的活动性进一步增强，整体上仍然表现出"中段高、西段和东段低"的活动速率特征；柏各庄断裂整体上表现出"中段低、北段和南段高"的活动速率特征；高柳断裂仍然表现出"中段低、西段和东段高"的活动速率特征，但活动速率最大的位置不再位于高柳断裂与柏各庄断裂或西南庄断裂相交处，而是向断裂中部方向迁移。该时期，西南庄断裂整体的活动性高于柏各庄断裂。

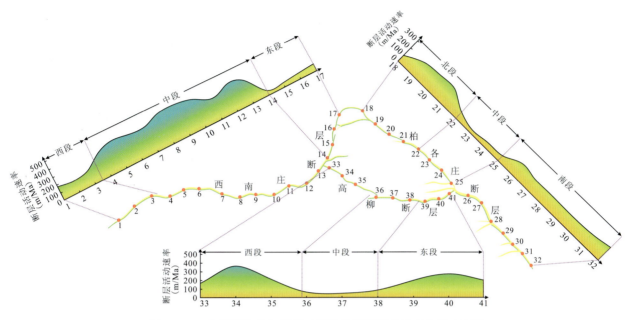

图 4-34　南堡凹陷 Ed_3^s 沉积时期边界断裂活动速率空间对比图

图 4-35 显示，Ed_2 沉积时期高柳断裂取代西南庄断裂东段和柏各庄断裂中、北段，发育为南堡凹陷的边界断裂，导致西南庄断裂东段和柏各庄断裂中、北段停止活动。该时期高柳断裂活动表现出较强的均一性，没有明显的分段特征；柏各庄断裂仅南段持续活动；西南庄断裂中段的活动性仍高于西段。西南庄断裂的活动性高于柏各庄断裂。

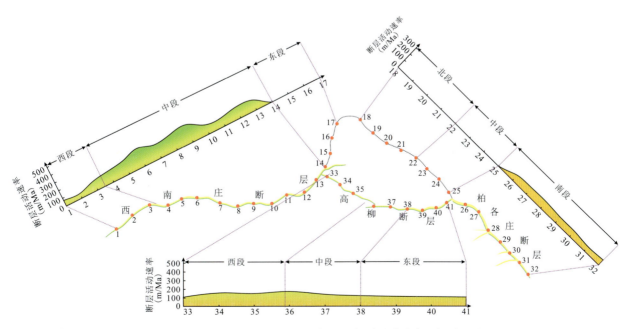

图 4-35　南堡凹陷 Ed_2 沉积时期边界断裂活动速率空间对比图

图 4-36 显示，Ed_1 沉积时期高柳断裂活动仍表现出较强的均一性，没有明显的分段特征；柏各庄断裂仅南段持续活动；西南庄断裂中段的活动性仍高于西段，北段不活动。西南庄断裂整体的活动性仍高于柏各庄断裂。

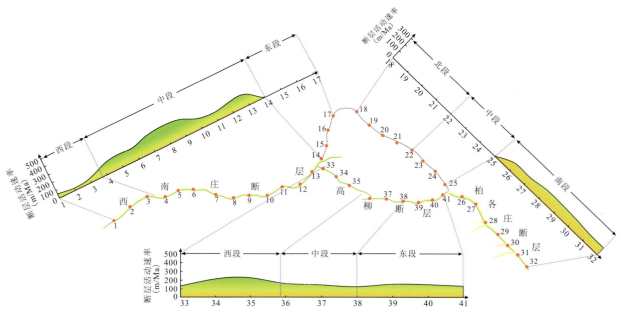

图 4-36　南堡凹陷 Ed_1 沉积时期边界断裂活动速率空间对比图

图 4-37 显示，Ng 沉积时期南堡凹陷进入坳陷阶段，西南庄断裂、柏各庄断裂和高柳断裂的活动性均很低。

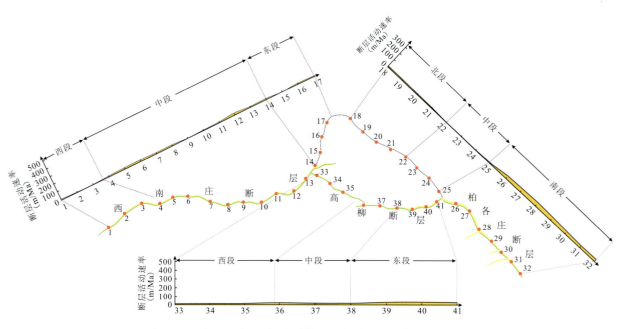

图 4-37　南堡凹陷 Ng 沉积时期边界断裂活动速率空间对比图

通过综合对比 3 条边界断裂（西南庄断裂、柏各庄断裂、高柳断裂）不同时期的构造活动性，以及 3 条边界断裂各段不同时期的活动性（图 4-38），总结出南堡凹陷东营组沉积期边界断裂空间上的活动性有如下几个方面的特征。

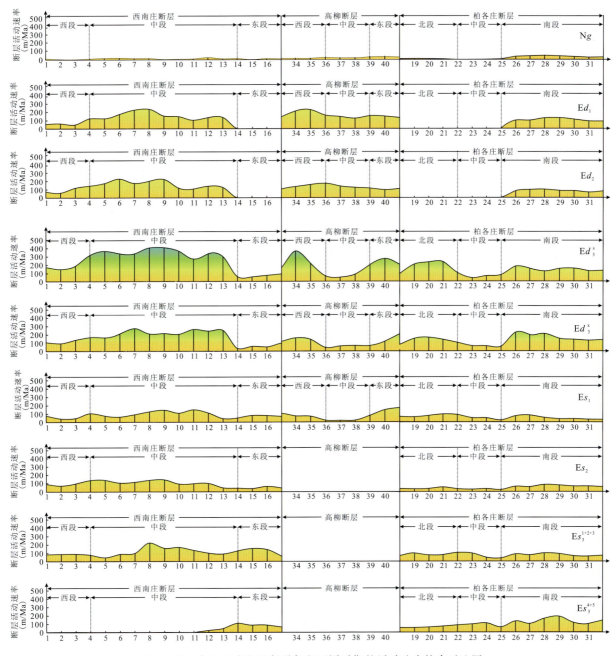

图 4-38 南堡凹陷边界断裂各段不同时期的活动速率综合对比图

(1) 除 Es_3^{4+5} 和 Ng 沉积时期外,西南庄断裂的活动性普遍高于柏各庄断裂的活动性。这是因为西南庄断裂为南堡凹陷古近纪的主要控凹断裂,而柏各庄断裂是一条以走滑为主的张扭性断裂,主要起着协调基底沉降的作用,是一条被动的凹陷边界断裂。

(2) Es_3^{4+5}、Es_3^{1+2+3}、Es_2 沉积时期边界断裂(西南庄断裂和柏各庄断裂)各段的活动性并没有明显的规律可循。而 Es_1 沉积时期开始,尤其是东营组沉积时期,边界断裂(西南庄断裂、柏各庄断裂和高柳断裂)各段的活动性表现出明显的规律性:西南庄断裂的活动速率在 Es_1、Ed_3^x、Ed_3^s 沉积时期表现出明显的"中段高、东段和西段低"的特征,到 Ed_2、Ed_1 沉积时期东段停止活动,中段的活动速率仍高于西段和东段;高柳断裂的活动速率在 Es_1、Ed_3^x、Ed_3^s 沉积时期表现出明显的"中段低、东段和西段高"的特征,到 Ed_2、Ed_1 沉积时期活动性表现出较强的均一性,没有明显的分段活动特征;柏各庄断裂的活动速率在

Es_1、Ed_3^x、Ed_3^s 沉积时期表现出明显的"北段和南段高、中段低"的特征,到 Ed_2、Ed_1 沉积时期北段和中段停止活动,而南段持续活动。这可能是因为 Es_3^{4+5}、Es_3^{1+2+3}、Es_2 沉积时期,南堡凹陷并不处于区域应力场作用的中心部位,而位于边缘部位;从 Es_1 沉积时期开始,尤其是东营组沉积时期,区域应力场的作用中心转移到南堡凹陷附近,使得南堡凹陷可以长期受到较强且稳定的构造应力作用,边界断裂可以表现出具有明显规律可循的活动特征。

(3) 东营组沉积时期,近 EW 走向的西南庄断裂中段活动性最强,且较沙河街组沉积时期活动性增强最明显。高柳断裂从 Ed_2 沉积时期开始取代 NNE 向延伸的西南庄断裂东段和 NW 向延伸的柏各庄断裂北、中段,发育为南堡凹陷的边界断裂。这可能标志着南堡凹陷区域应力方向发生了变化,使得:①走向垂直于应力拉伸方向的断裂的活动性显著增强;②发育走向垂直或近垂直于应力拉伸方向的新断裂取代走向与应力拉伸方向近平行或夹角较小的断裂活动。

4.3 南堡凹陷基底沉降特征

沉降史分析通过恢复地质历史时期盆地的地层形态特征和基底沉降量及沉降速率,可以动态再现盆地形成和演化的地质历史,沉降史分析已成为盆地分析中的一种常规技术手段(李思田等,2004)。目前,沉降史定量模拟主要有两种方法,分别是反演法(回剥法)和正演法。此次研究采用反演法(回剥法)来定量模拟南堡凹陷的沉降史。

回剥法恢复沉降史的原理为:根据残留地层厚度,逐层恢复到地表,并对压实、古水深、海(湖)平面等进行校正,从而得到各层的原始厚度和沉降量以及沉降速率(图 4-39),并进一步计算构造沉降量和沉降速率。计算构造沉降量和沉降速率的方法为:

构造沉降 = 总沉降 - (沉积物和水负载沉积 + 沉积物压实沉积 + 水平面变化)

本次研究沉降史定量模拟采用 EBM 盆地模拟软件来实现,佟殿军等(2006)、王敏芳等(2007)对其原理及操作过程进行了详细的论述,这里不再赘述。本次研究在南堡凹陷内 10 条覆盖全区并经过构造关键部位的地震测线上选取了 90 个观测点,用 EBM 软件对南堡凹陷的沉降史进行模拟,得出相应观测点的沉降速率直方图,选取典型观测点直方图研究南堡凹陷沉降速率的垂向演化特征。将观测点沉降速率数据投影到平面图上,通过数值内插法,勾绘并编制了南堡凹陷各沉积时期沉降速率平面图,以此分析南堡凹陷沉降速率的空间展布特征。

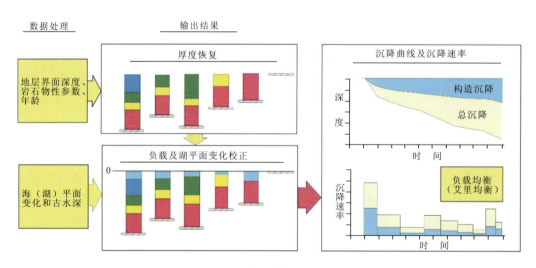

图 4-39 回剥法计算机模拟工作流程

在参数选取中,岩性和古水深是盆地沉降史模拟最主要的参数,本次研究参考了各模拟层的沉积相平面图,根据不同沉积相具备不同的岩性及相关物性参数特征,结合沉积相的平面展布特征,确定出各模拟点的岩性及其相关物性参数(表4-2)。这种做法不但考虑了垂向上钻孔的岩性特征,同时也考虑了横向上钻孔间的岩性变化特征,由此确定出的岩性及其相关物性参数更加可靠。

表4-2 盆地模拟参数取值表

沉积相类型	岩性	压实系数 (1/km)	表面空隙度(%)	沉积物颗粒密度(kg/m³)	古水深 (m)
三角洲间湾	泥岩	0.51	0.63	2720	10
滨浅湖					15
半深湖					25
辫状河三角洲前缘	泥质砂岩	0.39	0.56	2680	10
扇三角洲前缘	砂岩	0.27	0.49	2650	5
辫状河三角洲平原					0
扇三角洲平原	砾岩	0.22	0.46	2640	0

4.3.1 南堡凹陷沉降速率的垂向演化特征

本次研究通过对南堡凹陷内不同区域的3个具有代表意义的观测点进行沉降史模拟,来研究南堡凹陷垂向上的沉降演化特征。这3个观测点分别位于西南庄断裂下降盘、高柳断裂上升盘、高柳断裂下降盘,模拟结果如图3-27~图3-29所示。模拟结果显示,南堡凹陷沉降速率垂向上呈现出高低错落的变化特点,表明南堡凹陷古近系基底沉降具有"幕式"特征。

1. 高柳断裂上升盘观测点沉降速率分析

图4-40为高柳断裂上升盘观测点沉降速率直方图,该观测点位于高柳断裂上升盘拾场次凹处。裂陷Ⅰ幕对应于Es_3^{4+5}沉积时期,总沉降速率为325m/Ma,构造沉降速率为205m/Ma,构造沉降速率所占的比例约3/5。裂陷Ⅱ幕对应于Es_3^{1+2+3}和Es_2沉积时期,总沉降速率最高为400m/Ma,最低为50m/Ma,构造活动速率最高为220m/Ma,最低为28m/Ma,构造沉降速率所占的比例略高于1/2。裂陷Ⅲ幕对应于Es_1沉积时期,总沉降速率最高为370m/Ma,最低为225m/Ma,构造活动速率最高为195m/Ma,最低为100m/Ma,构造沉降速率所占的比例约1/2。裂陷Ⅳ幕对应于Ed沉积时期,Ed_3^x、Ed_3^s沉积时期的总沉降速率分别为305m/Ma和175m/Ma,构造沉降速率分别为180m/Ma和80m/Ma,构造沉降速率所占的比例约1/2;Ed_2、Ed_1沉降时期的高柳断裂上升盘沉降活动趋于停止。Ng沉积时期,南堡凹陷进入拗陷阶段,基底沉降微弱,总沉降速率最高仅为30m/Ma,构造沉降速率占总沉降速率的比例约为2/5。$Nm+Q$沉积时期对应于裂后加速沉降期,总沉降速率为65m/Ma,与Ng沉积时期相比,构造沉降有一个明显加速的现象,$Nm+Q$沉积时期的构造沉降速率占总沉降速率的比例仍小于1/2。

综上所述,高柳断裂上升盘观测点的基底沉降主要发生在沙河街组沉积时期,Ed_3^x、Ed_3^s沉积时期基底沉降比较强烈,但Ed_2、Ed_1沉积时期高柳断裂上升盘沉降活动趋于停止,这是因为高柳断裂在Ed_2、Ed_1沉积时期取代了西南庄断裂北段和柏各庄断裂中、北段成为南堡凹陷的边界断裂,高柳断裂上升盘在该时期进入暴露剥蚀阶段。

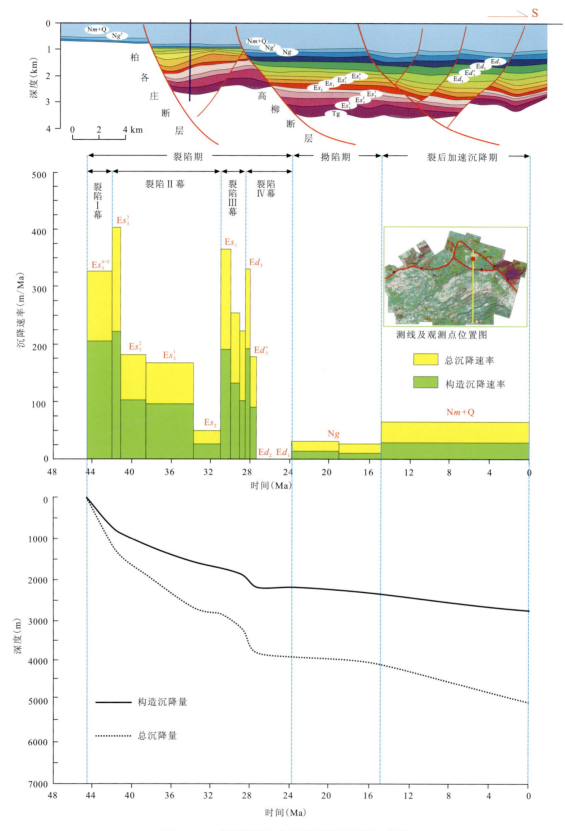

图 4-40 高柳断裂上升盘某观测点沉降速率图

2. 高柳断裂下降盘观测点沉降速率分析

图 4-41 为高柳断裂下降盘观测点沉降速率直方图,该观测点位于高柳断裂下降盘处的柳南次凹。裂陷 Ⅰ 幕对应于 Es_3^{4+5} 沉积时期,总沉降速率为 330m/Ma,构造沉降速率为 205m/Ma,构造沉降速率所占的比例约 3/5。裂陷 Ⅱ 幕对应于 Es_3^{1+2+3} 和 Es_2 沉积时期,总沉降速率最高为 410m/Ma,最低为 65m/Ma,构造活动速率最高为 205m/Ma,最低为 30m/Ma,构造沉降速率所占的比例约为 1/2。裂陷 Ⅲ 幕对应于 Es_1 沉积时期,总沉降速率最高为 330m/Ma,最低为 100m/Ma,构造活动速率最高为 130m/Ma,最低为 50m/Ma,构造沉降速率所占的比例约 2/5。裂陷 Ⅳ 幕对应于 Ed 沉积时期,总沉降速率最高为 475m/Ma,最低为 220m/Ma,构造活动速率最高为 260m/Ma,最低为 100m/Ma,构造沉降速率所占的比例约 1/2。Ng 沉积时期,南堡凹陷进入拗陷阶段,基底沉降微弱,总沉降速率最高仅为 70m/Ma,构造沉降速率占总沉降速率的比例约为 1/3。$Nm+Q$ 沉积时期对应于裂后加速沉降期,总沉降速率为 90m/Ma,与 Ng 沉积时期相比,构造沉降有一个明显加速的现象,$Nm+Q$ 沉积时期的构造沉降速率占总沉降速率的比例仍约为 2/5。

以上分析可知,东营组沉积时期高柳断裂下降盘观测点的基底沉降,无论是沉降速率最高值还是沉降速率平均值都高于沙河街组沉积时期和 N+Q 沉积时期。随着南堡凹陷沉降史的演化进程,构造沉降速率占总沉降速率的比例整体上呈递减的趋势,但也存在"跳"点。例如,Ed_3^x 沉积时期构造活动速率所占的比例约为 1/2,高于 Es_1 沉积时期的 2/5,这可能是由于 Ed_3^x 沉积时期高柳断裂的活动性突然增强,使得靠近该断裂的观测点构造沉降速率所占比例增高。

3. 西南庄断裂下降盘观测点沉降速率分析

图 4-42 为西南庄断裂下降盘观测点沉降速率直方图,该观测点位于林雀次凹内。裂陷 Ⅰ 幕对应于 Es_3^{4+5} 沉积时期,总沉降速率为 265m/Ma,构造沉降速率为 175m/Ma,构造沉降速率所占的比例约 2/3。裂陷 Ⅱ 幕对应于 Es_3^{1+2+3} 和 Es_2 沉积时期,总沉降速率最高为 470m/Ma,最低为 105m/Ma,构造活动速率最高为 225m/Ma,最低为 60m/Ma,构造沉降速率所占的比例略大于 1/2。裂陷 Ⅲ 幕对应于 Es_1 沉积时期,总沉降速率最高为 380m/Ma,最低为 120m/Ma,构造活动速率最高为 175m/Ma,最低为 70m/Ma,构造沉降速率所占的比例略低于 1/2。裂陷 Ⅳ 幕对应于 Ed 沉积时期,为继裂陷 Ⅰ 幕以来的又一次沉降高峰,总沉降速率最高为 380m/Ma,最低为 200m/Ma,构造活动速率最高为 195m/Ma,最低为 105m/Ma,构造沉降速率所占的比例略高于 1/2。Ng 沉积时期,南堡凹陷进入拗陷阶段,基底沉降微弱,总沉降速率最高仅为 50m/Ma,构造沉降速率占总沉降速率的比例约为 1/3。$Nm+Q$ 沉积时期对应于裂后加速沉降期,总沉降速率为 80m/Ma,与 Ng 沉积时期相比,构造沉降有一个明显加速的现象,$Nm+Q$ 沉积期的构造沉降速率占总沉降速率的比例约为 2/5。

以上分析可知,东营组沉积时期西南庄断裂下降盘观测点的基底沉降速率整体上高于裂陷 Ⅱ 幕和裂陷 Ⅲ 幕,比裂陷 Ⅰ 幕稍弱。随着南堡凹陷沉降史的演化进程,构造沉降速率占总沉降速率的比例整体上呈递减的趋势,但也存在"跳"点。例如,Ed_3^x 沉积时期构造活动速率所占的比例略高于 1/2,而 Es_1 沉积时期略低于 1/2,这可能是由于 Ed_3^x 沉积时期西南庄断裂的活动性突然增强,使得靠近该断裂的观测点构造沉降速率所占比例增高。

4.3.2 南堡凹陷沉降速率的空间展布特征

4.3.2.1 南堡凹陷古近纪各时期沉降速率及其空间展布特征

以 Es_3^3、Es_2、Es_1、Ed_3^x、Ed_3^s、Ed_2、Ed_1 沉积时期为例来探讨南堡凹陷古近纪各时期沉降速率特征及沉降中心空间上的动态迁移规律,从而明确东营组沉积时期沉降中心的空间位置及其与控凹边界断裂之间的位置关系。

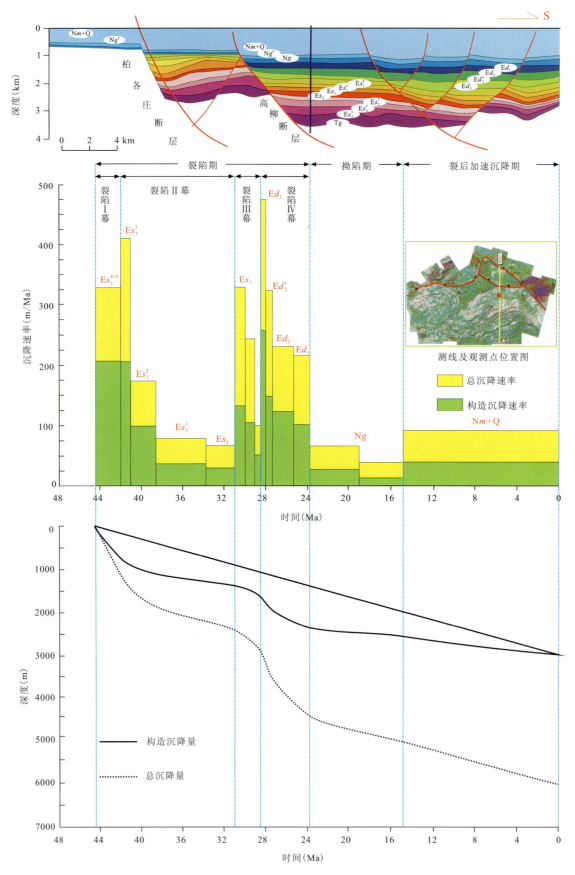

图 4-41 高柳断裂下降盘某观测点沉降速率图

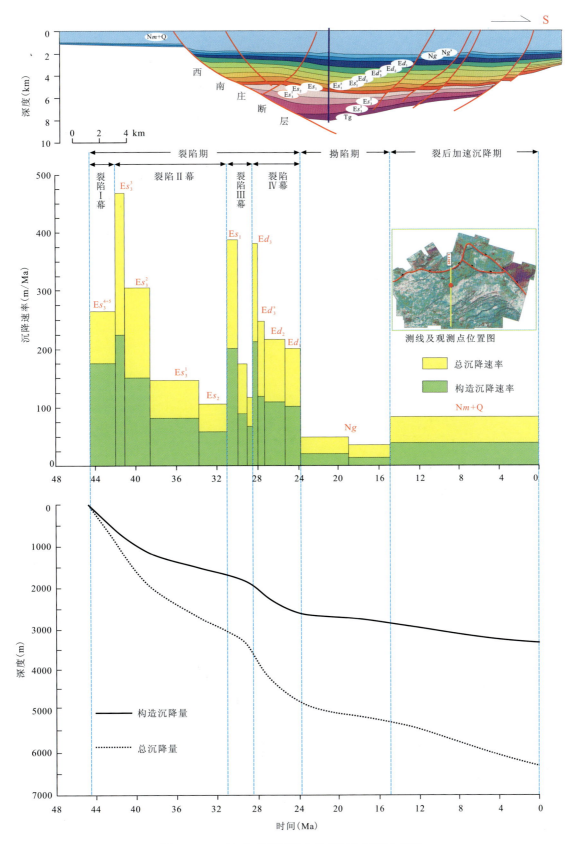

图 4-42 西南庄断裂下降盘某观测点沉降速率图

1. 沙河街组各时期沉降速率及其空间展布特征

通过分析南堡凹陷 Es_3^3、Es_2、Es_1 沉积时期的沉降速率等值线图发现,沙河街组各时期发育的沉降中心小、多且分散,大部分紧邻断裂下降盘展布,显然受控于边界断裂的差异性活动。沙河街组沉积时期的沉降速率最大约 600m/Ma。

(1)Es_3^3 沉积时期沉降速率及其空间展布特征。图 4-43 为 Es_3^3 沉积时期的沉降速率等值线图。Es_3^3 沉积时期,沉降中心小、多且分散,展布范围较大的沉降中心有 3 个,分别位于新四场次凹、老爷庙地区、西南庄断裂东段下降盘,对应最大沉降速率分别约为 500m/Ma、600m/Ma、500m/Ma。新四场次凹处的沉降中心紧邻西南庄断裂下降盘发育,长轴呈近 EW 向展布,显然受控于西南庄断裂中段的活动。老爷庙地区处的沉降中心长轴呈近 EW 向展布,平行于西南庄断裂中段的延伸方向,显然受控于西南庄断裂中段的活动。西南庄断裂东段下降盘处的沉降中心长轴呈 NNE 向延伸,与西南庄断裂东段走向平行,受控于西南庄断裂东段的活动。整体上,Es_3^3 沉积时期南堡凹陷的沉降主要受西南庄断裂活动的控制,远离西南庄断裂,沉降速率呈逐渐减小的趋势。

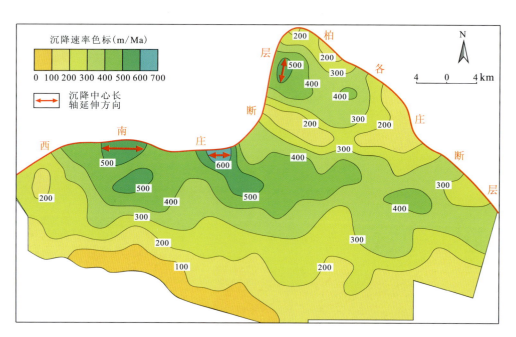

图 4-43 南堡凹陷 Es_3^3 沉积时期沉降速率等值线图

(2)Es_2 沉积时期沉降速率及其空间展布特征。图 4-44 为南堡凹陷 Es_2 沉积时期的沉降速率等值线图。Es_2 沉积时期,最明显的特征是西南庄断裂东段和柏各庄断裂北段夹持部位的沉降速率明显减弱,沉降速率最高值不超过 80m/Ma,该地区的沉降速率整体均较弱,不发育明显的沉降中心,显然是因为该时期西南庄断裂东段和柏各庄断裂北段活动性较弱,对凹陷沉降的控制作用也较弱。Es_2 沉积时期,南堡凹陷主要发育两个沉降中心,分别位于新四场次凹、老爷庙地区、西南庄断裂中段和东段连接处的下降盘,对应的最大沉降速率分别约为 200m/Ma、160m/Ma。该时期,新四场次凹和老爷庙地区的沉降中心连为一体,靠近西南庄断裂下降盘发育,长轴近 EW 向展布,平行于西南庄断裂的走向,显然受控于西南庄断裂的活动。西南庄断裂中段和东段连接处的下降盘处的沉降中心靠近西南庄断裂发育,长轴沿 NE 向展布,平行于西南庄断裂中段和东段连接处的走向,可见该沉降中心受西南庄断裂活动的控制。Es_2 沉积时期,南堡凹陷的沉降速率较 Es_3^3 沉积时期减弱,沉降中心主要发育在西南庄断裂中段、西段的下降盘,显然该时期南堡凹陷沉降主要受控于西南庄断裂中段、西段的活动,远离西南庄断裂,沉降速率呈逐渐减小的趋势。

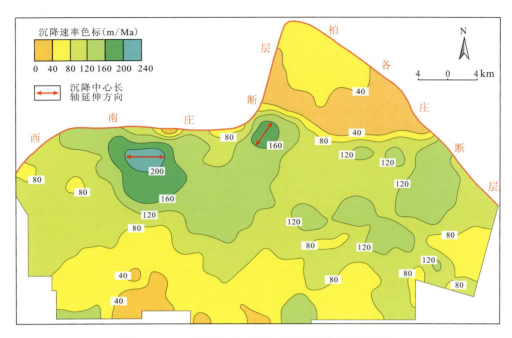

图 4-44　南堡凹陷 Es_2 沉积时期沉降速率等值线图

(3) Es_1 沉积时期沉降速率及其空间展布特征。图 4-45 为南堡凹陷 Es_1 沉积时期的沉降速率等值线图。Es_1 沉积时期,最明显的特征是高柳断裂开始活动,将南堡凹陷沉降区划分为两个部分。高柳断裂上升盘沉降速率普遍较弱,大部分地区沉降速率不足 150m/Ma,沉降中心最大沉降速率仅 200m/Ma 左右,该地区的沉降中心靠近西南庄断裂下降盘发育,长轴延伸方向为 NNE 向,平行于西南庄断裂东段的走向,显然受控于西南庄断裂东段的活动。高柳断层下降盘沉降速率普遍较高,大部分地区的沉降速率在 100～400m/Ma 之间。Es_1 沉积时期,新四场次凹、老爷庙地区的沉降中心持续发育,沉降速率最大值约为 400m/Ma,靠近西南庄断裂下降盘展布,长轴近 EW 向延伸,平行于西南庄断裂中段的走

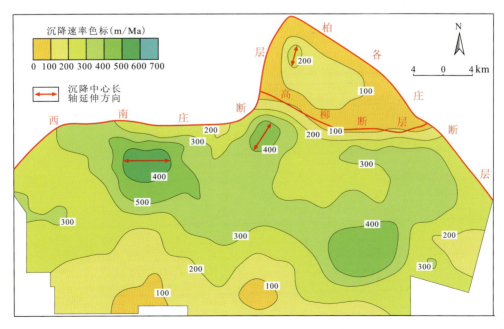

图 4-45　南堡凹陷 Es_1 沉积时期沉降速率等值线图

向,显然受控于西南庄断裂中段的活动。西南庄断裂中段和东段连接处的下降盘处的沉降中心持续发育,沉降速率最大值约为400m/Ma,靠近西南庄断裂展布,长轴沿NE向延伸,平行于西南庄断裂中段和东段连接处的走向,可见该沉降中心受西南庄断裂活动的控制。Es_1 沉积时期,南堡凹陷内沉降中心整体上具有南移的趋势,在远离边界断裂的曹妃甸次凹处沉降速率也较大,最大值约为400m/Ma。由此可见,Es_1 沉积时期,边界断裂的活动仍然是控制沉降中心空间展布的主要因素,但区域坳陷作用对沉降中心的控制也开始逐渐增强。

2. 东营组各时期沉降速率及其空间展布特征

通过分析南堡凹陷 Ed_3^x、Ed_3^s、Ed_2、Ed_1 沉积时期的沉降速率等值线图发现,东营组各时期主要发育两个沉降中心,分别位于曹妃甸次凹和林雀次凹。曹妃甸次凹的沉降速率最高约为900m/Ma,林雀次凹的沉降速率最高约为700m/Ma,这两个沉降中心远离边界断裂而发育在凹陷的中部,展布面积广且沉降速率大。另外新四场次凹、老爷庙地区、柳南次凹处的沉降速率也较大,构成了局部的沉降高值区,展布面积较小,紧邻边界断裂下降盘发育,受边界断裂差异性活动的控制。

(1)Ed_3^x 沉积时期沉降速率及其空间展布特征。图 4-46 为 Ed_3^x 沉积时期沉降速率等值线图。整体上,按沉降速率变化可以划分为两个部分。高柳断裂上升盘沉降速率普遍较弱,最高不足300m/Ma。高柳断层下降盘的沉降速率普遍较高,大部分地区在200~400m/Ma之间,最高可达500m/Ma以上。沉降中心位于林雀次凹和曹妃甸次凹处,对应的最大沉降速率分别为500m/Ma和500m/Ma。林雀次凹处的沉降中心展布范围较大,整体上可进一步划分为东北部和西南部两个更小的沉降中心,沉降速率最大值分别约为450m/Ma和500m/Ma。曹妃甸次凹与林雀次凹以南堡2号构造带的低梁相隔,该处的沉降中心范围也较大。林雀次凹和曹妃甸次凹处的沉降中心长轴方向与边界断裂的延伸方向呈高角度相交,且沉降中心主体位置距离边界断裂下降盘较远,可见区域坳陷作用是控制着林雀次凹和曹妃甸次凹处沉降中心发育的主要因素。除此之外,柳南次凹、新四场次凹处的沉降速率也较大,对应的最大沉降速率值分别为350m/Ma和400m/Ma。这两个沉降速率高值带展布范围较小,柳南次凹处的沉降速率高值带紧邻高柳断裂下降盘,长轴方向平行于高柳断裂延伸方向,新四场次凹处沉降速率高值带紧

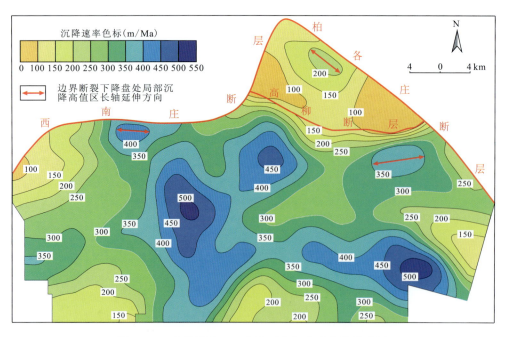

图 4-46 南堡凹陷 Ed_3^x 沉积时期沉降速率等值线图

邻西南庄断裂下降盘,长轴方向平行于西南庄断裂延伸方向。可见,柳南次凹和新四场次凹处沉降中心高值带的发育分别受高柳断裂和西南庄断裂的控制。

(2)Ed_3^s沉积时期沉降速率及其空间展布特征。图4-47为Ed_3^s沉积时期沉降速率等值线图。Ed_3^s沉积时期,高柳断裂上、下盘的沉降速率差异更加明显。高柳断裂上升盘由于翘倾作用,部分地区遭受隆升剥蚀,沉降速率最高不超过300m/Ma,沉降范围较Ed_3^x沉积时期明显萎缩。沉降中心位于林雀次凹和曹妃甸次凹处,对应的最大沉降速率分别为700m/Ma和900m/Ma,林雀次凹处的沉降中心长轴呈NE向延伸,与西南庄断裂呈高角度相交,显然并不受西南庄断裂活动的控制,该处厚度中心整体上仍可划分为东北部和西南部两个更小的沉降中心,沉降速率最大值分别约为600m/Ma和700m/Ma。曹妃甸次凹与林雀次凹以南堡2号构造带的低梁相隔,该处的沉降中心范围也较大。林雀次凹和曹妃甸次凹处的沉降中心主体位置远离边界断裂下降盘,可见区域拗陷作用是控制着林雀次凹和曹妃甸次凹处沉降中心发育的主要因素。除此之外,柳南次凹、老爷庙地区处的沉降速率也较大,对应的最大沉降速率分别为500m/Ma和700m/Ma。这两个沉降速率高值带展布范围较小,柳南次凹处的沉降速率高值带紧邻高柳断裂下降盘,长轴方向平行于高柳断裂延伸方向,老爷庙地区沉降速率高值带紧邻西南庄断裂下降盘,长轴方向平行于西南庄断裂延伸方向。可见,柳南次凹和老爷庙地区处沉降中心高值带的发育分别受高柳断裂和西南庄断裂的控制。

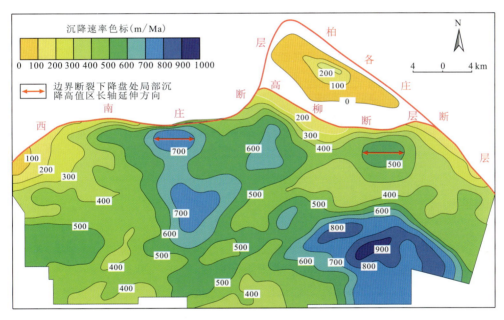

图4-47 南堡凹陷Ed_3^s沉积时期沉降速率等值线图

(3)Ed_2沉积时期沉降速率及其空间展布特征。图4-48为Ed_2沉积时期沉降速率等值线图。Ed_2沉积时期最明显的特征是高柳断裂取代西南庄断裂东段和柏各庄断裂北段,成为南堡凹陷的边界断裂。该时期,南堡凹陷内沉降速率普遍较低,大部分地区的沉降速率在120~240m/Ma之间,沉降中心位于林雀次凹和曹妃甸次凹处,对应最大沉降速率分别为240m/Ma和320m/Ma。林雀次凹处的沉降中心西南部发育范围较Ed_3^s沉积时期缩小,而北东部较Ed_3^s沉积时期扩张。林雀次凹和曹妃甸次凹处的沉降中心主体位置远离边界断裂下降盘,可见区域拗陷作用是控制着林雀次凹和曹妃甸次凹处沉降中心发育的主要因素。除此之外,老爷庙地区和新四场次凹处的沉降速率也较大,对应的最大沉降速率分别为320m/Ma和320m/Ma。这两个沉降速率高值带展布范围较小,长轴均呈近EW向展布,平行于西南庄断裂中段走向,可见受控于西南庄断裂的活动。

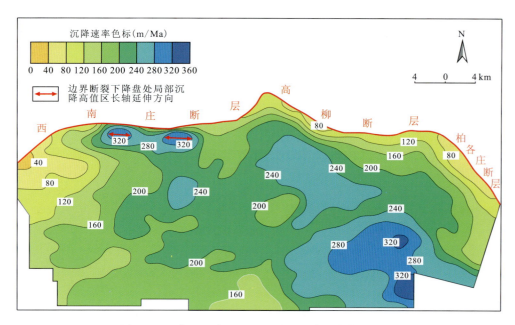

图 4-48　南堡凹陷 Ed_2 沉积时期沉降速率等值线图

(4) Ed_1 沉积时期沉降速率及其空间展布特征。图 4-49 为 Ed_1 沉积时期沉降速率等值线图。与 Ed_2 沉积时期相比，Ed_1 沉积时期的沉降速率明显变强，大部分地区的沉降速率在 300~500m/Ma 之间，沉降中心位于林雀次凹，对应的最大沉降速率为 400m/Ma。林雀次凹处的沉降中心东北部和西南部的两个次级沉降中心连通，长轴呈 NE 向延伸，与西南庄断裂呈高角度相交，且沉降中心主体位置远离西南庄断裂下降盘，可见区域拗陷作用是控制着林雀次凹处沉降中心发育的主要因素。除此之外，新四场次凹和老爷庙地区的沉降速率值也较大，对应的最大沉降速率分别为 400m/Ma 和 350m/Ma。这两个沉降速率高值带展布范围较小，长轴均呈近 EW 向展布，平行于西南庄断裂中段走向，可见受控于西南庄断裂的活动。

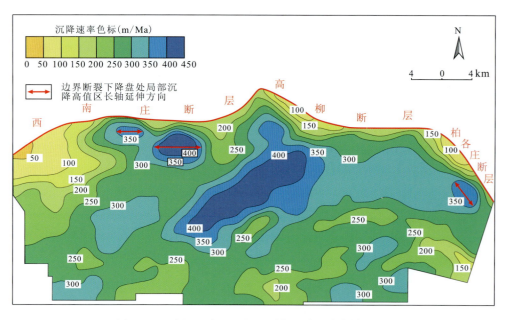

图 4-49　南堡凹陷 Ed_1 沉积时期沉降速率等值线图

4.3.2.2 南堡凹陷古近纪沉降中心的空间迁移特征

根据上述 Es_3^3、Es_2、Es_1、Ed_3^x、Ed_3^s、Ed_2、Ed_1 沉积时期南堡凹陷沉降速率空间展布特征的分析,南堡凹陷沙河街组 Es_3^3、Es_2 沉积时期的沉降中心紧邻边界断裂下降盘发育,长轴延伸方向平行于边界断裂走向,且表现出"小、多、分散"的特征,显然受控于边界断裂空间上的差异性活动。到 Es_1 沉积时期,虽然边界断裂的活动仍然是沉降中心空间展布的主控因素,但沉降中心呈现出了向凹陷中心迁移的趋势。Ed_3^x、Ed_3^s、Ed_2、Ed_1 沉积时期,沉降中心远离边界断裂而发育在凹陷中部的林雀次凹和曹妃甸次凹处,拗陷作用成为控制沉降中心发育的主要因素,但边界断裂下降盘处的沉降速率也较大,发育数个沉降速率高值带,且高值带长轴延伸方向平行于边界断裂的走向,受控于边界断裂的活动性。可见,东营组沉积时期,拗陷作用虽是控制沉降中心发育的主要因素,但边界断裂的活动对凹陷沉降也具有重要的控制作用(图 4-50～图 4-56)。

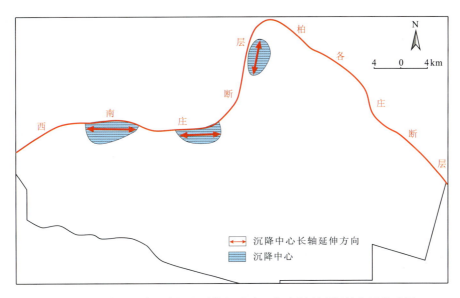

图 4-50 南堡凹陷 Es_3^3 沉积时期沉降中心与边界断裂间的位置关系图

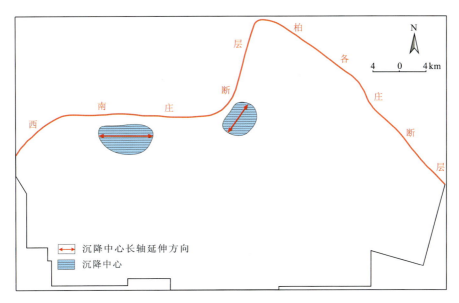

图 4-51 南堡凹陷 Es_2 沉积时期沉降中心与边界断裂间的位置关系图

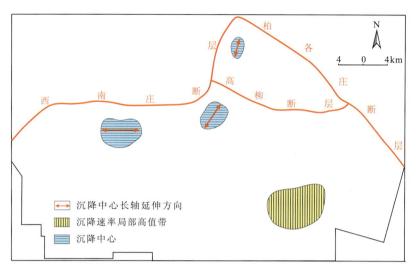

图 4-52 南堡凹陷 Es_1 沉积时期沉降中心与边界断裂间的位置关系图

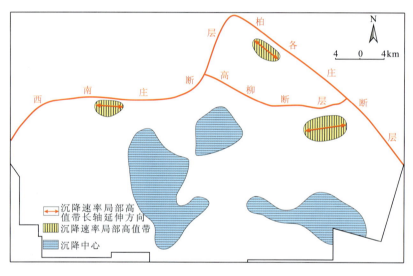

图 4-53 南堡凹陷 Ed_3^x 沉积时期沉降中心与边界断裂间的位置关系图

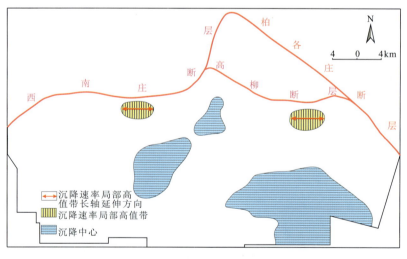

图 4-54 南堡凹陷 Ed_3^s 沉积时期沉降中心与边界断裂间的位置关系图

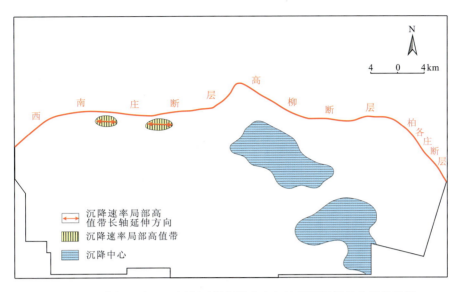

图 4-55 南堡凹陷 Ed_2 沉积时期沉降中心与边界断层间的位置关系图

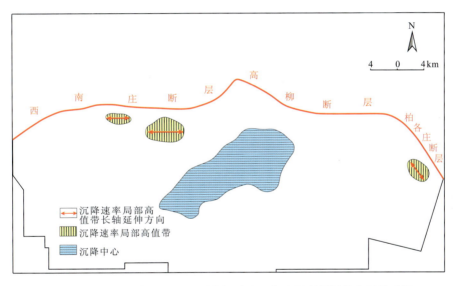

图 4-56 南堡凹陷 Ed_1 沉积时期沉降中心与边界断层间的位置关系图

4.4 南堡凹陷伸展特征

伸展量可以用来衡量地壳或岩石圈的伸展长度,是伸展型盆地(凹陷)定量分析的一个重要参数。目前,计算伸展量的方法主要有3种:沉降史曲线;地壳厚度变化;在盆地(凹陷)地震反射剖面构造解释的基础上,通过对张性断裂进行平衡复原来确定伸展量(Dahlstrom,1969;Allen et al.,1999;Gibbs,1983;Schonborn,1999)。前两种方法计算的伸展量值比较准确,也比较一致,而第三种方法得到的伸展量值与前两种方法计算结果相比往往偏小,但第三种方法简单易行,实际应用最为广泛。造成第三种方法计算偏差的原因目前还未有一致的认识,但目前观点认为:铲式正断层上盘构造变形作用、裂陷作用过程中下地壳的物质损失、上下地壳变形机制的差异或者在伸展量计算中引入的误差等都可能引起伸展量计算结果的误差。南堡凹陷古近纪伸展量较大,而凹陷面积又较小,因此本次研究采用张性断层的平衡复原方法计算南堡凹陷的伸展量,该方法的计算精度可以满足此次研究的需求。

4.4.1 南堡凹陷伸展量的计算方法及测线位置的选择

1. 伸展量的计算方法

盆地(凹陷)的伸展量,可以用以下几个参数来进行衡量:①伸展量(I);②伸展率(E_{xt});③伸展系数(β);④伸展速率(V)。假设盆地(凹陷)裂陷早期未发生伸展作用时的原始长度为L_0,经过伸展构造作用后长度为L_1(图4-57),所经历的地质时间为ΔT(Ma),则可以定义如下(漆家福等,1995):

$$I = L_1 - L_0 \tag{4-1}$$
$$E_{xt} = (L_1 - L_0)/L_0 = I/L_0 \tag{4-2}$$
$$\beta = L_1/L_0 = 1 + E_{xt} \tag{4-3}$$
$$V = I/\Delta T \tag{4-4}$$

式中:I为盆地(凹陷)的伸展总量,反映伸展作用造成盆地(凹陷)伸展的总体规模;E_{xt}为盆地单位长度的伸展量;β为盆地伸展构造变形后基底的长度比值,伸展型盆地中$\beta>1$;V为单位时间内盆地伸展的长度,反映盆地在不同时期伸展作用的强弱变化,是研究盆地伸展作用的一个重要度量参数。

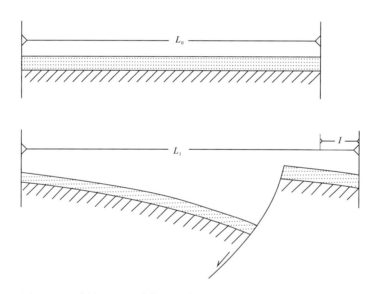

图4-57 直接测量法计算盆地伸展量示意图(据董敏等,2008修改)

2. 测线位置的选择

采用直接测量法计算盆地(凹陷)的伸展量,测线方向应选择顺着盆地(凹陷)的主伸展方向,并且尽可能多的穿过区域内的重要构造单元(李伟等,2010;李倩茹,2014)。这种方法计算伸展量的假设前提是盆地(凹陷)为刚性基底,没有或者只有极少量的韧性变形过程,并且伸展作用没有造成剖面上物质的侧向运动和变形。而这种假设为理想的盆地伸展模式,对于绝大多数盆地而言,往往都经历了复杂的构造变形过程,形变方向多变。因此,这样理想的剖面很难找到,只能根据盆地(凹陷)的主形变方向,采用近似的方法选择测线。

西南庄断裂为南堡凹陷的主伸展断裂,对南堡凹陷形成演化的控制也最为重要。本次研究参考西南庄断裂的空间形态,共选取了两条测线来进行南堡凹陷伸展参数的计算和分析,这两条测线分别是L640测线和L1269测线。首先采用平衡剖面技术对两条剖面进行平衡复原,结果如图4-58、图4-59

所示,对于一套地层在变形前和变形后分别测量长度,利用式(4-1)～式(4-4)计算出南堡凹陷不同沉积时期的伸展量(I)、伸展率(E_{xt})、伸展系数(β)和伸展速率(V)。其中计算伸展速率涉及到的各界面绝对年龄数据见图 2-8。

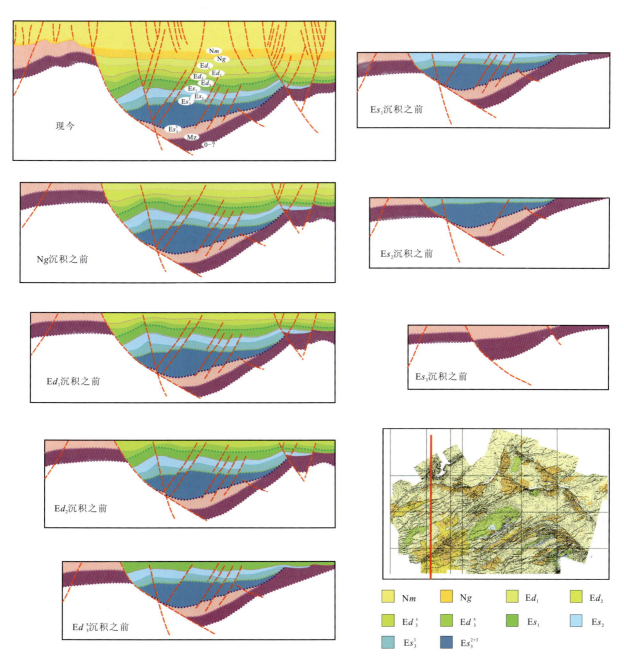

图 4-58　L640 测线构造演化剖面

4.4.2　南堡凹陷伸展特征分析

南堡凹陷内两条测线不同时期的伸展量(I)、伸展率(E_{xt})、伸展系数(β)和伸展速率(V)的计算结果如表 4-3 及图 4-60～图 4-63 所示。

L640 测线位于南堡凹陷中部,穿过西南庄断裂中段。从伸展量方面看,Es_3^{1+2+3}+Es_2(裂陷Ⅱ幕)沉积时期 L640 测线的伸展量最大,为 6.24km,其次为 Ed(裂陷Ⅳ幕)沉积时期,为 3.83km(图 4-60)。

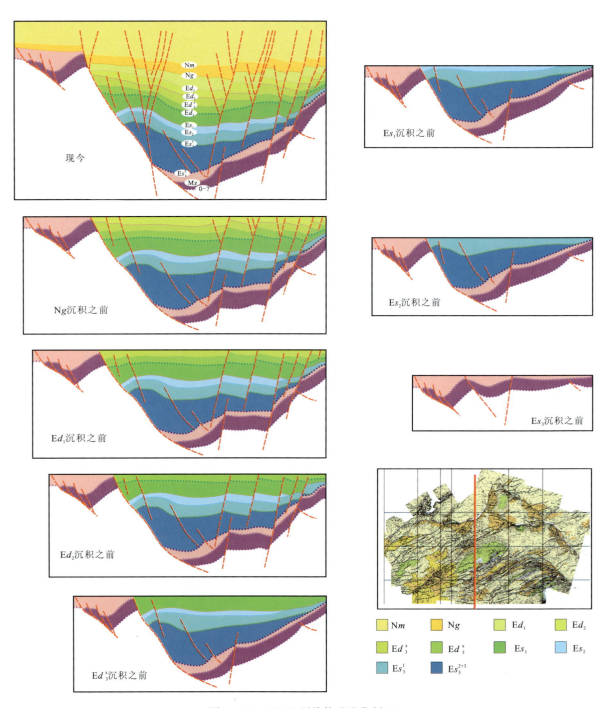

图 4-59 L1269 测线构造演化剖面

从伸展速率方面看，Ed_3 沉积时期 L640 测线的伸展速率最大，为 1.358km/Ma，其次为 Es_1 沉积时期，为 0.731km/Ma（图 4-61）。

L1269 测线位于南堡凹陷中部，穿过西南庄断裂中段。从伸展量方面看，$Es_3^{1+2+3}+Es_2$（裂陷Ⅱ幕）沉积时期 L1269 测线的伸展量最大，为 4.21km，其次为 Ed（裂陷Ⅳ幕）沉积时期，为 2.52km（图 4-62）。从伸展速率方面看，Ed_3 沉积时期 L1269 测线的伸展速率最大，为 1.219km/Ma，其次为 Es_3^{1+2+3} 沉积时期，为 0.460km/Ma（图 4-63）。

表 4-3 南堡凹陷伸展参数计算结果表

测线号	地层	伸展量(I)	伸展率(E_{xt})	伸展系数(β)	伸展速率(V)
L640	Ng	0.41	1.3	1.013	0.045
	Ed_1	0.81	3.2	1.032	0.538
	Ed_2	1.39	5.2	1.052	0.696
	Ed_3	1.63	7.1	1.071	1.358
	Es_1	1.83	8.4	1.084	0.731
	Es_2	0.59	2.6	1.026	0.218
	Es_3^{1+2+3}	5.65	23.9	1.239	0.681
L1269	Ng	0.30	1.0	1.010	0.033
	Ed_1	0.319	1.1	1.011	0.213
	Ed_2	0.740	3.2	1.032	0.371
	Ed_3	1.463	5.2	1.052	1.219
	Es_1	1.690	6.4	1.064	0.426
	Es_2	0.386	1.5	1.015	0.143
	Es_3^{1+2+3}	3.82	17.3	1.173	0.460

注:地层伸展量的单位为 km;伸展速率单位为 km/Ma;伸展率单位为%。

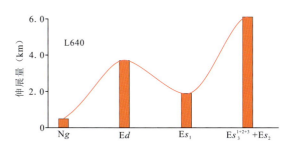

图 4-60 南堡凹陷 L640 测线不同时期伸展量

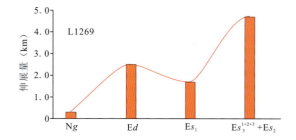

图 4-61 南堡凹陷 L1269 测线不同时期伸展量

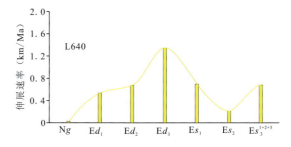

图 4-62 南堡凹陷 L640 测线不同时期伸展速率

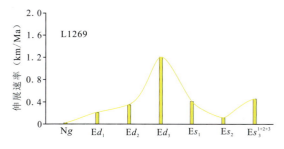

图 4-63 南堡凹陷 L1269 测线不同时期伸展速率

通过对两条测线的伸展量和伸展速率分析可知,Ed 沉积时期是继古近纪早期强烈裂陷期之后,南堡凹陷的另一期具有较强伸展性的时期。图 4-64 为南堡凹陷伸展速率与沉降速率、边界断裂活动速率对比图,图中的沉降速率值为高柳断裂下降盘观测点的沉降速率,边界断裂活动速率值为高柳断裂、西南庄断裂、柏各庄断裂共计 41 个观测点的平均活动速率,伸展速率值为 L640 测线的伸展速率。南堡凹陷的主要伸展期与沉降期线性相关,伸展速率较大的时期也是沉降速率较大的时期,例如南堡凹陷Ed_3沉积时期的沉降速率最大,相应地该时期伸展速率也最大,Es_2沉积时期的伸展速率在裂陷期内最小,相应地该时期凹陷的沉降速率也最小。南堡凹陷的伸展速率与边界断裂的活动速率之间也存在着一定的对应关系,例如Ed_3沉积时期凹陷的伸展速率最大,该时期边界断裂的活动速率也最大,Es_2沉积时期的伸展速率在裂陷期内最小,相应地该时期边界断裂的活动速率也最小。

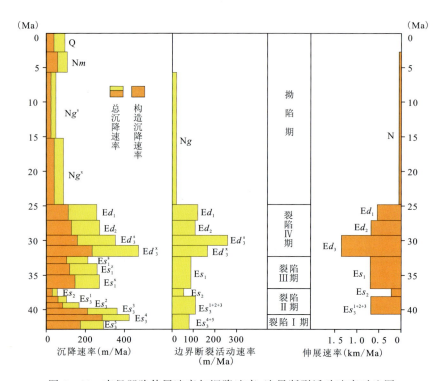

图4-64 南堡凹陷伸展速率与沉降速率、边界断裂活动速率对比图

4.5 南堡凹陷与周邻地区东营组堆积期构造活动对比分析

4.5.1 南堡凹陷与歧口凹陷东营组堆积期构造活动对比分析

歧口凹陷与南堡凹陷相邻,同为黄骅坳陷内的次级构造单元。歧口凹陷位于黄骅坳陷中北部,南与埕宁隆起相邻,向北为新港断裂带,以西与沧县隆起相接,东部与沙垒田凸起相接(Huang et al.,2012;Chen et al.,2014)。歧口凹陷以现今海岸线为界,可被划分为西部陆上区和东部海域区两部分。歧口凹陷古近纪发育两组不同走向的断裂:NE向和EW向。其中NE向延伸的断裂主要发育在西部陆上区,包括大张沱断裂、港西断裂、港东断裂、南大港断裂、张北断裂、羊二庄断裂等;EW向断裂主要发育在东部海域区,包括歧东断裂、歧中断裂、海河断裂等(刘恩涛等,2010)。

图4-65显示了南堡凹陷与歧口凹陷典型观测点沉降速率直方图,在歧口凹陷内的板桥次凹、歧北次凹、歧南次凹、歧口主凹各选择一个观测点,南堡凹陷观测点位于高柳断裂下降盘柳南次凹处。板桥次凹、歧北次凹和歧南次凹处的观测点位于西部陆上区,东营组沉积时期的总沉降速率均不超过200m/Ma,远小于南堡凹陷同时期的总沉降速率。歧口凹陷西部陆上区的3个典型观测点的基底沉降速率表现出大体一致的垂向演化规律:Es_3^3—Es_2沉积时期基底沉降速率最高,且远高于Es_1沉积时期和Ed沉积时期,古近纪的基底沉降速率总体上呈现递减的趋势。然而,南堡凹陷的基底沉降速率表现出截

然不同的特征:南堡凹陷存在两幕强烈沉降期,一期为 Es_3 沉积时期,另一期为 Ed 沉积时期。歧口主凹处的观测点位于东部海域区,东营组沉积时期的总沉降速率可达 300m/Ma,具有较高的沉降速率,但古近纪的基底沉降速率总体上呈现递减的趋势,与南堡凹陷观测点存在 Es_3—Es_2 和 Ed 两幕强烈沉降期不同。

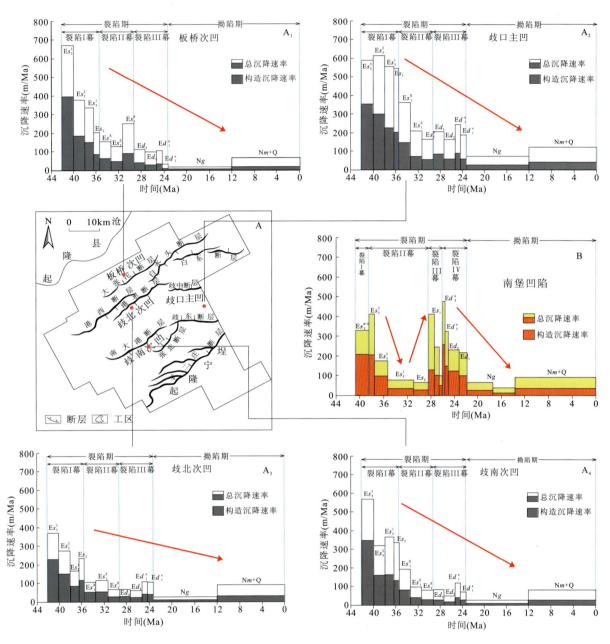

图 4-65 南堡凹陷与歧口凹陷典型观测点沉降速率对比图(歧口凹陷数据据王华等,2010①)

图 4-66 显示,歧口凹陷 Ed 沉积时期板桥次凹、歧北次凹、歧南次凹、北塘次凹与歧口主凹相连通,整个歧口凹陷已经开始成为统一的沉降单元,西部陆上地区的沉降速率整体较弱,沉降中心位于东部海域地区的歧口主凹,长轴方向并不沿边界断裂走向展布,表明东营组沉积时期拗陷作用对沉降的控制已十分明显。歧口主凹处东营组沉积时期的沉降速率可达 500m/Ma,与南堡凹陷相比,也具有较高的沉降速率。

---

① 王华,王家豪,廖远涛,等. 歧口富油气凹陷结构、层序地层及沉积体系研究. 中国石油大港油田分公司(内部资料),2010.

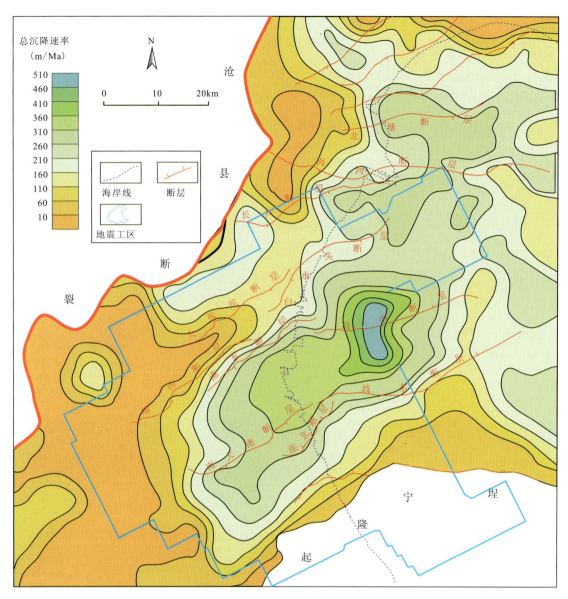

图4-66 歧口凹陷东营组沉积时期沉降速率等值线图(据王华等,2010)

任建业等(2010)研究认为,Es_3—Es_2沉积时期,歧口凹陷以西部陆上区NE向断裂活动为主,东部海域区近EW向断裂也有一定的活动性,但比较微弱;Es_1沉积时期东部海域区近EW向断裂的活动性增强,而西部陆上区NE向断裂的活动性明显减弱;Ed沉积时期,不管是NE向断裂还是近EW向断裂,活动性都发生了大幅度减弱。图4-67~图4-70分别是歧口凹陷Ed_3、Ed_2、Ed_1^x、Ed_1^s沉积时期边界断裂活动速率图。Ed_3沉积时期,歧口凹陷内主干断裂的活动速率平均值为63.6m/Ma,最大值为128m/Ma,断层活动速率最高值位于港西断裂东部,远低于该时期南堡凹陷边界断裂的最高活动速率406.6m/Ma。Ed_2沉积时期,歧口凹陷内主干断裂的活动速率平均值为53.4m/Ma,最大值为107m/Ma,断层活动速率最大值位于南大港断裂西部,远低于该时期南堡凹陷边界断裂的最高活动速率值228m/Ma。Ed_1^x沉积时期,歧口凹陷内主干断层的活动速率平均值64.5m/Ma,活动速率最大值为150 m/Ma,位于歧东断层;Ed_1^s沉积时期,歧口凹陷内主干断层的活动速率平均值为78.1m/Ma,活动速率最大值为187m/Ma,位于港东断层中部。Ed_1沉积时期,南堡凹陷的边界断裂——西南庄断裂、柏各庄断裂、高柳断裂最高活动速率值为228m/Ma,平均活动速率值为159m/Ma。Ed_1沉积时期,南堡凹陷边界断裂的最高活动速率和平均活动速率值(尤其是平均活动速率值)均高于同时期的歧口凹陷的主干断裂。以上分析可知,南堡凹陷 Ed 沉积时期边界断裂的活动性远高于歧口凹陷同时期主干断裂的活动性。

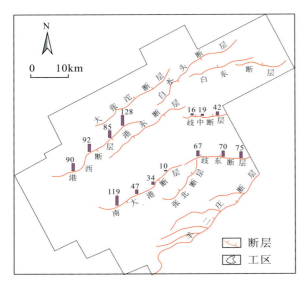

图 4-67　歧口凹陷 Ed_3 沉积时期边界断裂活动速率(据刘恩涛等,2010)

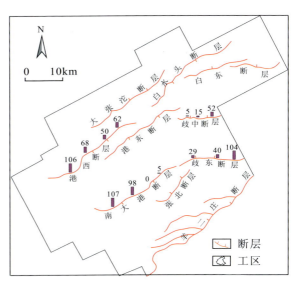

图 4-68　歧口凹陷 Ed_2 沉积时期边界断裂活动速率(据刘恩涛等,2010)

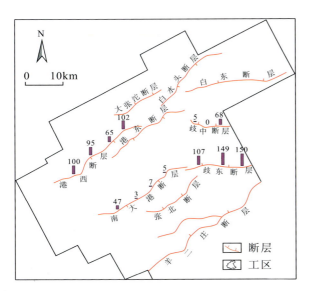

图 4-69　歧口凹陷 Ed_1^2 沉积时期边界断裂活动速率(据刘恩涛等,2010)

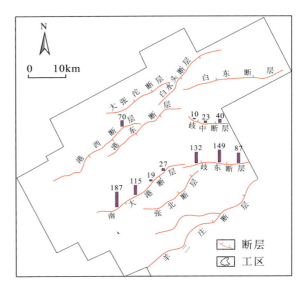

图 4-70　歧口凹陷 Ed_1^1 沉积时期边界断裂活动速率(据刘恩涛等,2010)

歧口凹陷东营组沉积时期的构造活动与南堡凹陷存在明显差异,而歧口凹陷西部陆上区与东部海域区东营组沉积时期的构造活动也存在差异:①歧口凹陷西部陆上区东营组沉积时期基底沉降速率远低于同时期南堡凹陷的基底沉降速率,西部陆上区古近系基底沉降整体上呈递减的趋势,而不同于南堡凹陷存在 Es_3—Es_2 和 Ed 两幕强沉降期。西部陆上区东营组沉积时期主干断裂活动性弱,不同于南堡凹陷同时期具有较强的边界断裂活动特征。②歧口凹陷东部海域区东营组沉积时期具有较高的基底沉降速率,但不同于南堡凹陷 Ed 沉积时期边界断裂的强烈活动,歧口凹陷 Ed 沉积时期东部海域区主干断裂的活动较弱。

4.5.2 南堡凹陷与周邻坳陷东营组堆积期构造活动对比分析

除黄骅坳陷外,渤海湾盆地内还发育多个坳陷,与黄骅坳陷相邻的包括临清坳陷、济阳坳陷、冀中坳陷、渤中坳陷。黄骅坳陷以及与其相邻的坳陷古近纪的构造活动特征既与渤海湾盆地构造演化背景相一致,也表现出各自不同的特征。

(1)临清坳陷:临清坳陷为渤海湾盆地西南部整体呈 NNE 向延伸的次级构造单元。临清坳陷以兰聊断裂为东部边界,西与太行山隆起相接,北邻冀中、黄骅、济阳坳陷,南邻东濮坳陷(侯旭波,2007)。临清坳陷古近纪进入伸展裂陷阶段,Ek—Es$_4$ 沉积期,边界断裂开始活动,坳陷雏形形成;Es$_3$—Es$_2$ 沉积期,伴随着兰聊断裂的强烈活动,凹陷伸展强烈,基底沉降速率达到最大;Es$_1$—Ed 沉积期,无论是边界断裂还是坳陷内次级断裂,活动速率均降低,基底沉降相应变弱(图 4-71),坳陷湖盆逐渐消亡;N+Q 沉积期,临清坳陷全面进入坳陷阶段(侯旭波,2007)。

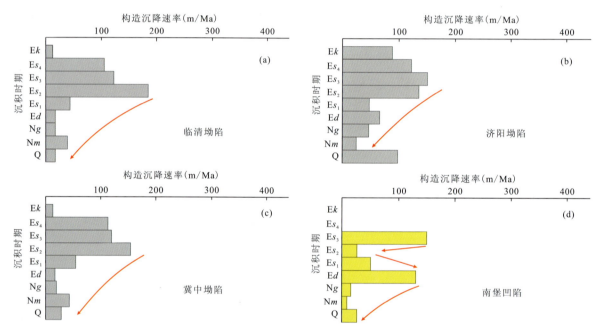

图 4-71 南堡凹陷与周邻坳陷沉降速率对比图
(临清、济阳、冀中坳陷数据据任凤楼等,2008)

(2)济阳坳陷:济阳坳陷是渤海湾盆地西南部的一个近 EW 走向的箕状断陷湖盆(杨超等,2005),位于埕宁隆起和鲁西隆起之间,呈"北断南超"的构造形态。Ek—Es$_3$ 沉积期为济阳坳陷的主要伸展断陷期,基底沉降强烈,湖盆水体深,湖盆处于欠补偿状态,充填了厚层暗色泥岩沉积;Es$_1$—Ed 沉积期,济阳坳陷进入断坳转换期,随着边界断裂及坳陷内断裂活动减弱,基底沉降逐渐减弱(图 4-71),湖盆处于过补偿状态,以滨浅湖相、河流相沉积环境为主(刘建国等,2007)。

(3)冀中坳陷:冀中坳陷是位于渤海湾盆地西部一个呈 NNE 向延伸的负向构造单元,北邻燕山褶皱带,西与太行山隆起相邻,东与沧县隆起相接,南邻邢衡隆起(杜金虎等,2002)。冀中坳陷古近纪大致经历了 5 个构造演化阶段,分别为 Ek—Es$_4$(断陷分割充填期)、Es$_3^x$—Es$_3^z$(断陷扩张深陷期)、Es$_3^s$—Es$_2$(断陷抬升期)、Es$_1^s$(断坳扩展期)和 Es$_1^s$—Ed(断坳抬升消亡期)。Ed 沉积期,冀中坳陷区域抬升,断裂活动和基底沉降减弱,发育以湖沼相为主的沉积环境,到 Ed$_1$ 沉积期,湖盆消失,全区发育河流相沉积体系(张文朝等,2008)。

(4)渤中坳陷:渤中坳陷是渤海湾盆地东北部的一个负向构造单元,位于华北板块东部边缘的洋陆过渡带。渤中凹陷北部与燕山-大兴安岭造山带相接,南部与秦岭-大别-苏鲁碰撞造山带相邻,东部与环太平洋现代俯冲带的日本岛弧和琉球岛弧相望。Es_4—Es_3 沉积期，渤中坳陷进入强烈拉伸裂陷期，基底沉降速率达到最大值，在 NW-SE 向和近 SN 向的双向拉伸作用下，坳陷内发育一系列 NNE、NE、EW 向延伸的伸展正断裂。Ed 沉积期，渤中凹陷进入断拗转换期，断陷作用对沉积和沉降的控制作用逐渐减小，基底沉降相对 Es_4—Es_3 沉积时期明显减弱（孙永河，2008）。但就构造沉降速率绝对值来看，渤中坳陷 Ed 沉积时期相对于冀中、济阳、临清坳陷明显要高。

Es_1—Ed 沉积时期，渤海湾盆地各坳陷普遍进入断拗转换阶段（龚再升等，2007；汤良杰等，2008；Gong et al.，2010；黄雷等，2012a，2012b），该时期临清坳陷、济阳坳陷、冀中坳陷的基底沉降速率微弱，湖盆处于补偿-过补偿状态，广泛发育河流相、滨浅湖相沉积；渤中坳陷的基底沉降速率虽然较 Es_4—Es_3 强烈沉降阶段明显减弱，但就沉降速率绝对值而言仍较强。前人研究表明，渤海湾盆地沉积沉降中心的迁移具有一定的规律性，表现为从周边向中心迁移，由西向东，由南向北，到 Ed、N+Q 沉积时期集中到渤海海域，且以渤中坳陷为中心（信廷芳等，2015）。图 4-72 显示，Ed 沉积时期渤中坳陷的主干断裂活动并不强烈，断层活动速率不超过 75m/Ma，可见渤中坳陷 Ed 沉积时期的基底沉降主要受区域拗陷作用的控制，断裂活动的控制作用微弱。

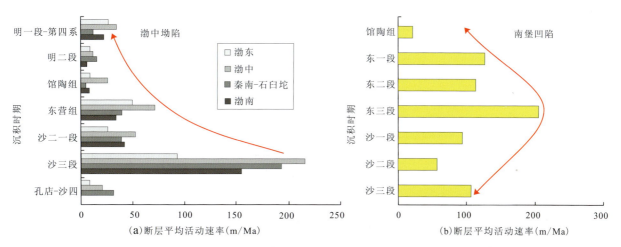

图 4-72 南堡凹陷与渤中坳陷主干断裂平均活动速率对比图
（渤中凹陷数据据孙永河，2008）

因此，东营组沉积时期渤中坳陷虽然与南堡凹陷同样表现出较强的基底沉降特征，但却存在着差异：①不同于南堡凹陷存在 Es_3—Es_2 和 Ed 两幕强沉降期，渤中凹陷古近纪的基底沉降整体上呈递减的趋势；②不同于南堡凹陷 Ed 沉积时期边界断裂的强烈活动，渤中凹陷 Ed 沉积时期主干断裂的活动较弱。

4.6 南堡凹陷东营组堆积期构造活动的"双强效应"

通过对南堡凹陷东营组沉积期构造地层特征、边界断裂活动性、基底沉降特征、凹陷伸展特征的分析，并与沙河街组沉积期构造活动进行纵向对比，与周邻地区东营组沉积期构造活动进行横向对比，南堡凹陷东营组沉积期的构造活动特征可总结为以下几个方面。

（1）南堡凹陷构造-地层格架剖面上，Ed 构造层在紧邻边界断裂（西南庄断裂、柏各庄断裂、高柳断裂）下降盘处和远离边界断裂的中央凹陷带均发育了厚层地层。表明东营组沉积时期，边界断裂对沉积具有明显的控制作用，与此同时，厚度中心具有远离边界断裂而向凹陷中部迁移的特征。

（2）南堡凹陷东营组沉积期边界断裂（西南庄断裂、柏各庄断裂、高柳断裂）活动强烈，尤其以近 EW 走向的西南庄断裂中段和高柳断裂的强烈活动为特征。

(3) 南堡凹陷东营组沉积期基底强烈沉降，Es_3^s 沉积时期基底沉降速率甚至比强烈断陷期更强。该时期沉降中心远离边界断裂而发育在凹陷中部的林雀次凹和曹妃甸次凹处，表明拗陷作用为控制沉降中心发育的主要因素，但紧邻边界断裂下降盘处的沉降速率也较大，发育数个局部沉降速率高值带，且长轴延伸方向平行于边界断裂的走向，显然受控于边界断裂的活动性。

(4) 东营组沉积期是继古近纪早期强烈断陷期之后，南堡凹陷的另一期具有较强伸展性的时期。且东营组沉积期的伸展速率与沉降速率、边界断裂的活动速率之间存在着良好的正相关关系。

(5) 南堡凹陷与周邻地区构造活动对比分析表明：周邻地区古近纪的基底沉降整体上呈递减的趋势，而不同于南堡凹陷存在 Es_3—Es_2 和 Ed 两幕强沉降期；但从基底沉降速率绝对值来看，歧口凹陷东部海域区和渤中坳陷东营组沉积期基底沉降也比较强烈，但主干断裂活动性与南堡凹陷相比要弱得多，其基底沉降主要以拗陷作用为主。

根据漆家福等 2007 年研究，将伸展型盆地的结构形态划分为 4 类，分别为"坳陷""断陷""拗断""断拗"。"坳陷"是指在垂直于盆地走向横剖面上，盆地形态呈宽缓的碟状向斜，盆地任何边界均不受断裂的控制，且盆地内部也不发育明显控沉积-沉降的基底断裂；"断陷"是指在垂直于盆地走向的横剖面上，盆地形态呈地堑或半地堑，盆地至少一侧边界受断裂控制，盆地内部也往往发育对沉积-沉降起明显控制作用的基底断裂；"拗断"是指在垂直于盆地走向的横剖面上，盆地形态整体呈不受边界断裂控制的宽缓碟状向斜，沉降作用和沉积作用的主控因素仍然是坳陷，但盆地内部发育若干条基底断裂，对盆地的沉降作用和沉积作用起一定的控制作用。"断拗"是指在垂直于盆地走向的横剖面上，盆地形态近似呈半地堑或地堑，基底断裂至少控制盆地的一侧边界，且显著控制着盆地的沉积作用和沉降作用，但盆地的沉积中心和沉降中心却并不沿基底断裂展布。

图 4-74～图 4-77 显示，南堡凹陷东营组沉积期边界断裂——西南庄断裂、柏各庄断裂、高柳断裂活动强烈，紧邻边界断裂下降盘处发育数个局部沉降速率高值带，且高值带长轴延伸方向平行于边界断裂走向，显然受控于边界断裂的活动性。但沉降中心并不沿边界断裂展布，而是远离边界断裂发育在凹陷中部的林雀次凹和曹妃甸次凹处，表明东营组沉积期南堡凹陷拗陷作用也强烈。结合南堡凹陷 Ed 构造层剖面展布形态，可以得出东营组沉积期南堡凹陷的结构形态为"断拗型"。

东营组沉积期，渤海湾盆地普遍进入断拗转换期，南堡凹陷邻近地区，包括渤中坳陷、济阳坳陷、临清坳陷、冀中坳陷、歧口凹陷的构造活动均表现出拗陷作用逐渐增强，断裂活动逐渐减弱的特征，但断裂活动对沉降-沉积仍具有一定的控制作用，坳陷（凹陷）的结构形态为"断拗型"（图 4-73）。南堡凹陷与

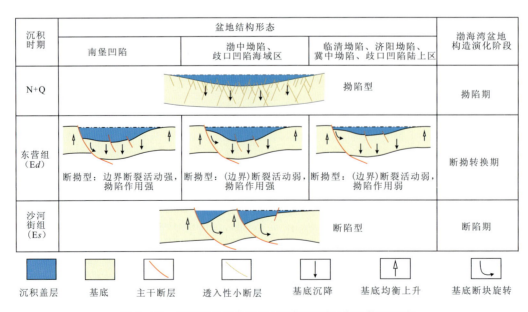

图 4-73 渤海湾盆地各坳陷（凹陷）不同时期的构造形态

周邻地区东营组沉积期的坳陷(凹陷)结构形态虽同样为"断拗型",但在边界断裂活动大小、拗陷作用强弱、基底沉降速率高低等方面存在较大的差异,导致坳陷(凹陷)的结构形态也存在着差异:南堡凹陷东营组沉积期边界断裂活动强烈、拗陷作用强烈,靠近界断裂下降处和远离边界断裂的凹陷中部地区基底均强烈沉降,凹陷剖面形态呈近似的楔状,水体较深;渤中坳陷和歧口凹陷东部海域区东营组沉积期边界断裂活动弱,但拗陷作用强烈,坳陷中部地区基底沉降强烈,向边缘地区逐渐减弱,剖面形态近似碟状,水体较深;歧口凹陷西部陆上区、临清坳陷、济阳坳陷、冀中坳陷东营组沉积期边界断裂活动弱,拗陷作用也较弱,基底沉降整体较弱,发育浅水的近碟状湖盆。

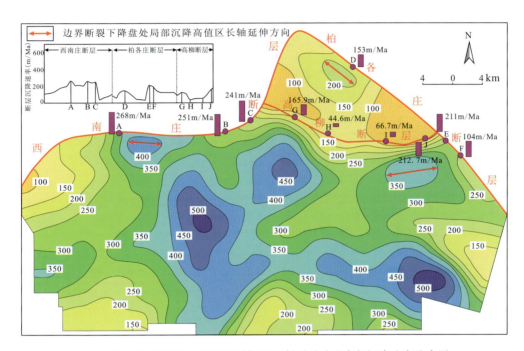

图 4-74 南堡凹陷 Ed_3^x 沉积时期边界断裂活动速率与沉降速率叠合图

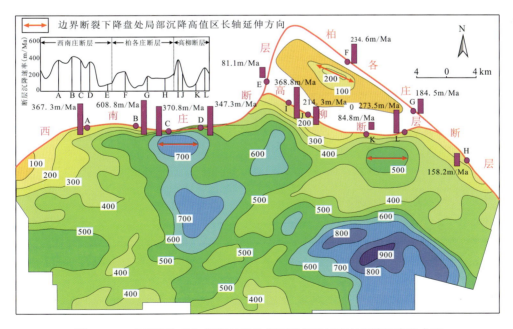

图 4-75 南堡凹陷 Ed_3^z 沉积时期边界断裂活动速率与沉降速率叠合图

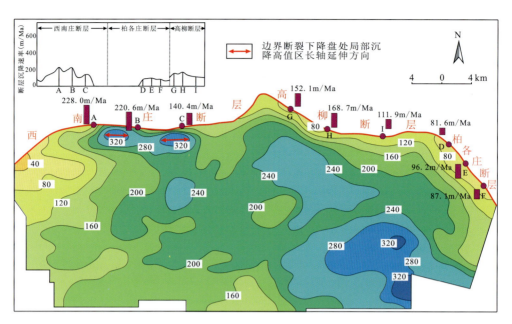

图 4-76 南堡凹陷 Ed_2 沉积时期边界断裂活动速率与沉降速率叠合图

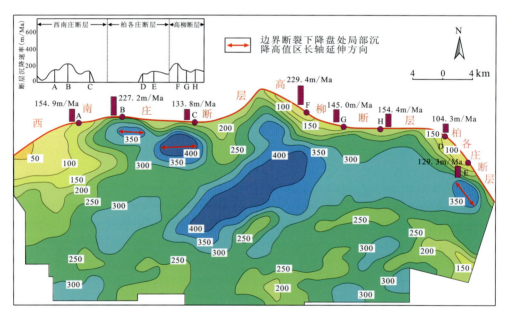

图 4-77 南堡凹陷 Ed_1 沉积时期边界断裂活动速率与沉降速率叠合图

综上所述,南堡凹陷东营组沉积期构造活动表现出不同于渤海湾盆地其他坳陷(凹陷)的特殊性:断陷作用强烈,拗陷作用也强烈。本次研究将南堡凹陷的这种构造活动特征称为构造活动的"双强效应"。

第 5 章 构造活动的"双强效应"对沉积的控制

5.1 构造活动的"双强效应"对沉积环境的控制

古生物特征(生物的种属和生态)是沉积环境的重要物质记录和最主要的相标志类型(Bottjer D et al.,1987;杨式溥,1999;Pemberton S G et al.,2000)。一定的沉积环境对应着一定的生物组合,建立生物组合与沉积环境之间的对应关系是古湖泊沉积环境研究的重要环节(汪品先等,1993;刘传联等,2001;齐永安等,2007;刘昭君等,2010)。南堡凹陷古近系地层中保存了丰富的遗迹化石、微体古动物化石和微体古植物化石,在对钻井岩芯、岩屑的仔细观察和对所获取的大量古生物化石样品进行系统鉴定与统计分析的基础上,根据遗迹活动的先后顺序和世代关系特征确定遗迹组构类型,根据微体古动物化石和微体古植物化石属种及其形态功能、化石围岩、埋藏、地理分布等特征划分微体化石生态组合类型,最后根据遗迹组构类型和微体化石生态组合类型对古湖泊古水深、沉积环境的反映,将两者进行组合分析,综合划分出南堡凹陷古近系生物相类型(表 5-1,图 5-1),以指示南堡凹陷古近系古湖泊沉积环境及其水深特点。

表 5-1 南堡凹陷古近系生物相类型及特征(据卢宗盛等,2009)

生物相	特征描述	沉积环境	推测湖水深
A 相带	以 Scoyenia 遗迹组构、Skolithos 遗迹组构发育为特点,偶见藻类或介形虫,即 Ilyocypis——陆生植物孢粉微体生物组合,孢藻类不发育或比重很小,干酪根类型多为Ⅲ—Ⅳ型	三角洲平原、沼泽带	0
B 相带	发育多类型遗迹组构,如 Skolithos 遗迹组构、Arenicolites 遗迹组构、生物扰动遗迹组构等。含有光滑小壳类介形虫-绿藻类-挺水植物花粉组合,腹足类和双壳类发育,干酪根类型为Ⅱ$_1$—Ⅲ型	湖滨至浅湖带,三角洲前缘发育带	0~5m
C 相带	化石类型丰富,遗迹组构类型同 B 相,介形类主要以本地种 Dongyingia、Huabeinia 的发育为标志。藻类以沟鞭藻类发育为特征。裸子植物花粉比重增大。发育Ⅱ$_2$—Ⅲ型干酪根	浅湖环境,三角洲前缘远端发育带	5~20m
D 相带	发育小型 Planolites 遗迹组构,微体生态组合以 Xiyingia、Candona sinensis-沟边藻类-松科花粉发育为标志,干酪根类型主要为Ⅱ$_1$—Ⅱ$_2$型	浅湖至半深湖环境,前三角洲发育带	20~50m
E 相带	以含有 Planolites 遗迹组构和介形类 Candona sagmaformis、Candona postabscissa 等发育为特征。干酪根类型主要为Ⅱ$_1$—Ⅰ型	深湖、半深湖带	>50m

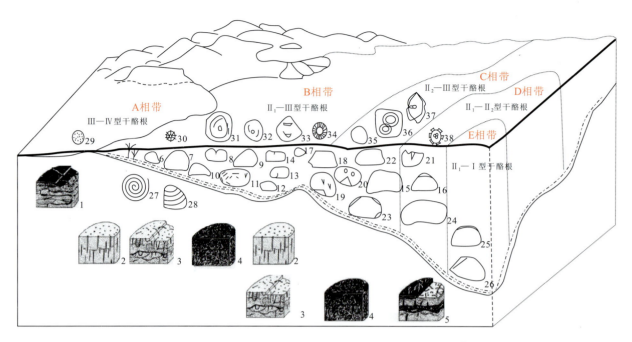

图 5-1　南堡凹陷古近系生物相模式图(据卢宗盛等,2009[①])

1.Scoyenia 遗迹组构;2.Skolithos 遗迹组构;3.Arenicolites 遗迹组构;4.生物扰动遗迹组构;5.小型 Planolites 遗迹组构;6.Candoniella albicans(纯净小玻璃介);7.Cypris(金星介);8.Ilyocypris(土星介);9.Eucypris(真星介);10.Candonopsis(似玻璃介);11.Berocypris(瓜星介);12.Cyprinotus(美星介);13.Phacocypris(小豆介);14.Chinocythere xinzhenensis(辛镇华花介);15.Candona grandis(长大玻璃介);16.C.sinensis(中华玻璃介);17.Pterygocypris(翼星介);18.Fusocandona(纺锤玻璃介);19.Dongyingia inflexicostata(弯脊东营介);20.D.labiaticostata(唇形脊东营介);21.Chinocythere tricuspidata(三峰华花介);22.Fusocandona xinglongtaiensis(兴隆台纺锤玻璃介);23.Huabeinia(华北介);24.Xiyingia(西营介);25.Candona postabscissa(后陡玻璃介);26.C.sagmaformis(鞍状玻璃介);27.Gastropoda(腹足类);28.Bivalvia(双壳类);29.Comasphaeridium(毛球藻属);30.Pediastrum(盘星藻属);31.Campenia(褶皱藻属);32.Leiosphaeridia et Dictyotidium(光面球藻属、网面球藻属等圆球藻属类);33.Rhombodella(菱球藻属);34.Filisphaeridium(棒球藻属);35.Tenua(薄球藻属);36.Bohaidina(渤海藻属);37.Deflandrea(德弗兰藻属);38.Hystrichosphaeridium(管球藻属)

根据典型井的遗迹组构类型和微体化石生态组合类型,并参考砂岩分布等多方面资料绘制生物相平面展布图。以 Es_3^3、Es_2、Es_1、Ed_3 生物相平面展布图为例分析南堡凹陷古近系各时期的沉积环境特征及其垂向演化规律,并在此基础上探讨构造活动的"双强效应"对沉积环境的控制。

1. Es_3^3 生物相平面展布特征

南堡凹陷 Es_3^3 产介形类 Huabeinia(华北介属),Candona(玻璃介属),Limnocythere(湖花介属),L. micromonosulcata(小单沟湖花介),L. yonganensis(永安湖花介),Chinocythere(华花介属);产 Dinoflagellate(沟鞭藻类),Bohaidina(渤海藻属),Parabohaidina(副渤海藻属),Parabohaidina laevigata(光面副渤海藻),Parabohaidina granulata(粒面副渤海藻),Prominangularia(角凸藻属);疑源类的 Deltoidinia(三边藻属),Leiosphaeridia(光面球藻属),Granodiscus(粒面球藻属),Rugasphaera(皱面球藻属),R. minor(小皱面球藻),Granoreticella(粒网球藻属),显示 Es_3^3 沉积时期研究区整体为湖相。可划分出 B、C、D、E 4 个生物相带(图 5-2),以浅湖至半深湖为主。代表滨浅湖沉积的 B 相带主要分布在两个地区:沿西南庄断裂分布在北堡地区和老爷庙地区,即 M40—M11、M11x8 井区;沿柏各庄断裂分布在 G93—G87 井区。代表浅湖沉积的 C 相带主要分布在西南庄断裂和柏各庄断裂的 B 相带前缘

[①] 王华,卢宗盛,王家豪,等.南堡凹陷层序构成样式、沉积体系及古湖泊学研究.中国石油冀东油田公司(内部资料),2009.

以及靠近沙垒田凸起的南部缓坡带边缘。代表浅湖-半深湖及前三角洲发育带的 D 相带主要分布在凹陷中部,展布范围最广。位于凹陷东北部西南庄断裂下降盘的 G3 井为大套深灰色泥岩加薄层粉砂岩,代表半深湖至深湖 E 相带分布区。Es_3^3 沉积时期是南堡凹陷的强烈断陷期,构造活动以伸展为主,西南庄断裂控沉降作用明显,水体最深处位于西南庄断裂东段下降盘的拾场次凹处。

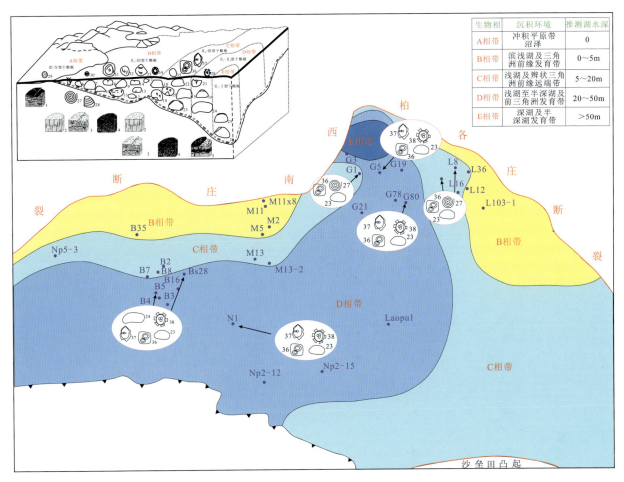

图 5-2　南堡凹陷 Es_3^3 生物相平面展布图(据卢宗盛等,2009 修改)

2. Es_2 生物相平面展布特征

南堡凹陷 Es_2 产介形类 *Huabeinia*(华北介属)、*Dongyingia*(东营介属)、*Candona*(玻璃介属)、*Limnocythere*(湖花介属)、*Chinocythere*(华花介属)、*C. Phacocypris*(小豆介属);产 *Dinoflagellate*(沟鞭藻类)、*Bohaidina*(渤海藻属)、*Parabohaidina*(副渤海藻属)、*Conicoidium*(锥藻属),绿藻类的 *Pediastrum*(盘星藻属),疑源类的 *Deltoidinia*(三边藻属)、*Leiosphaeridia*(光面球藻属)、*Baltisphaeridium*(刺球藻属)、*Palaeostomocystis*(古囊藻属),轮藻类横棒轮藻属、小球状轮藻属、中华梅球轮藻属、岔河集迟钝轮藻属;偶见光滑开沟鱼耳石。可划分出 A、B、C 3 个生物相带(图 5-3),以 C 相带代表的浅湖及辫状河三角洲前缘远端带为主。柏各庄断裂中段下降盘处的 L12 井、L13x1 井的化石组合中陆生植物孢粉占绝对优势,部分井含有一定量的水生蕨类孢子,藻类不发育或少见,为三角洲平原或沼泽相(A 相带)的典型代表。北堡地区 B5 井、Bs28 井化石组合中藻类极其繁盛,且以疑源类繁盛为主要特点,见少量沟鞭藻类,B5 井还出现大量轮藻类化石,可作为代表滨浅湖及三角洲前缘发育带的 B 相带的重要标志。根据岩性资料结合构造背景,划分了沙垒田凸起北部的 B 相带。拾场次凹处 20 多口单井的岩性分析和 L6 井、G80 井的岩芯生物相分析表明该区为浅湖 C 相带沉积环境。Np1 井、Laopu1 井钻遇的 Es_2 地层为正旋回沉积，以还原环境的深灰色泥岩与细砂岩互层为主，未见砾石成分，表明该地区为浅湖 C 相带。Es_2 沉积时期，构造活动减弱，基底沉降缓慢，整体上为浅水沉积环境。

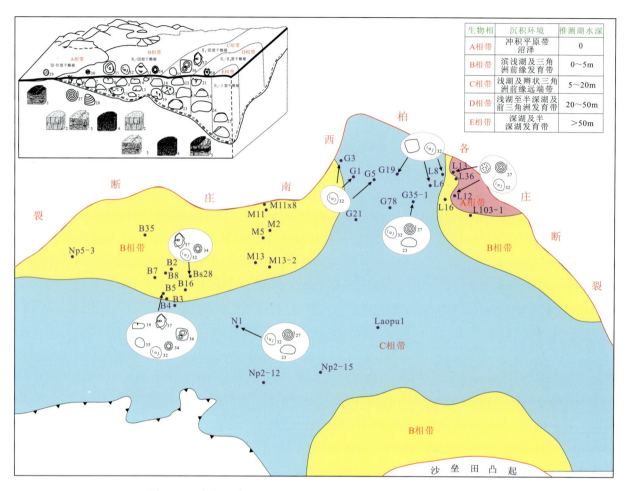

图 5-3　南堡凹陷 Es_2 生物相平面展布图（据卢宗盛等，2009 修改）

3. Es_1 生物相平面展布特征

南堡凹陷 Es_1 产介形类 Gruangbeinia（广北介属）、Heibeinia（河北介属）、Xiyingia（西营介属）、Dongyingia（东营介属）、Limnocythere（湖花介属）、Eocypris dongyingensis（东营华星介）、Miniocypris（小星介属）、Cyprois（拟星介属）；产 Dinoflagellate（沟鞭藻类）、Bohaidina（渤海藻属）、Parabohaidina（副渤海藻属），绿藻类的 Pediastrum（盘星藻属）、Hungarodiscus foveolatus（穴面球藻属），轮藻类小球状轮藻属、苏北迟钝轮藻属；腹足类有 Gangetia（恒河螺属）、Stenothyrar（狭口螺属）等；偶见光滑开沟鱼耳石。可划分出 A、B、C、D、E 5 个生物相带（图 5-4），以 C 相带代表的浅湖相和 D 相带代表的浅湖-半深湖相为主。北堡地区有 10 口井揭示了 Es_1 地层，岩性以深灰色泥岩与中细粒砂岩互层为主，其中 B2 井、B3 井、B5 井、B12x1 井、B16 井、B28 井的生物化石以广北介 Guangbeinia、河北介 Hebeinia 的繁盛为特征，见东营介 Dongyingia、玻璃介 Candona 的浅水标志属种，为 C 相带。拾场次凹发育 A～E 相，L8 井、L13x1 井、L16 井揭示了陆相的孢粉组合，为 A 相带；L6 井、L12 井出现了分异度低但丰度高的藻类化石，为 B 相带；C 相带分布在 G78 井附近；拾场次凹 G3 井、N27 井揭露了典型的 D 相带特征。Es_1 沉积时期构造活动再次增强，基底沉降量较 Es_2 沉积时期增大，相应地水体加深。

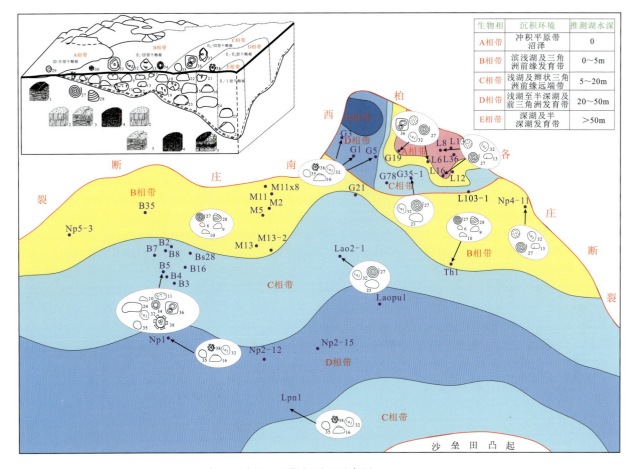

图 5-4 南堡凹陷 Es_1 生物相平面展布图(据卢宗盛等,2009 修改)

4. Ed_3 生物相平面展布特征

南堡凹陷 Ed_3 产介形类 *Dongyingia*(东营介属)、*Heibeinia*(河北介属)、*Guangbeinia*(广北介属)、*Berocypris*(瓜星介属)、*Xiyingia*(西营介属)、*Candona*(玻璃介属)、*Fusocandona*(纺锤玻璃介属)、*Candoniella*(小玻璃介属)、*Chinocythere*(华花介属)、*Eucypris*(真星介属)、*Cypris*(拟星介属);产 *Dinoflagellate*(沟鞭藻类)、*Bohaidina*(渤海藻属)、*Parabohaidina*(副渤海藻属)、*Conicoidium*(锥藻属)、绿藻类的 *Campenia*(褶皱藻属)、疑源类的 *Leiosphaeridia*(光面球藻属)、*Granoreticella*(粒面球藻属)、*Granoreticella*(粒网球藻属)。划分为 A、B、C、D、E 相带,以 D 相带和 E 相带代表的半深湖-深湖相为主(图 5-5)。北堡地区 B35 井岩芯生物相分析为三角洲平原 A 相带。B2 井、B3 井、B4 井、B5 井、B7 井、B8 井、B12x1 井、B16 井、Bs28 井的古生物化石以发育东营介 *Dongyingia*、玻璃介 *Candona* 的浅水标志属种为特征,为 C 相带。老爷庙地区 M11 井、M11x8 井为三角洲平原 A 相带;M2 井、M5 井、M13 井、M13x2 井、M16x1 井显示为滨浅湖 B 相带。拾场次凹 L8 井、L6 井、L12 井、L13x1 井、L16 井、L36 井区揭示了陆相的孢粉组合,表明为 A 相带;G19 井、G7 井区出现了分异度低但丰度较高的 *Comasphaeridium* 毛球藻属,显示为 B 相带。根据录井岩性和干酪根类型分析,南堡凹陷南部沙垒田凸起向北依次分布 D、E 相带。

对比分析 Es_3^3、Es_2、Es_1、Ed_3 生物相展布平面图,显示 Ed_3 生物相平面展布特征主要表现在以下两个方面。

(1)与 Es_3^3、Es_2、Es_1 相比,Ed_3 代表浅湖-半深湖及前三角洲发育带的 D 生物相和代表半深湖-深湖发育带的 E 生物相广泛发育,尤其是 E 生物相在 4 个时期中发育范围最广。

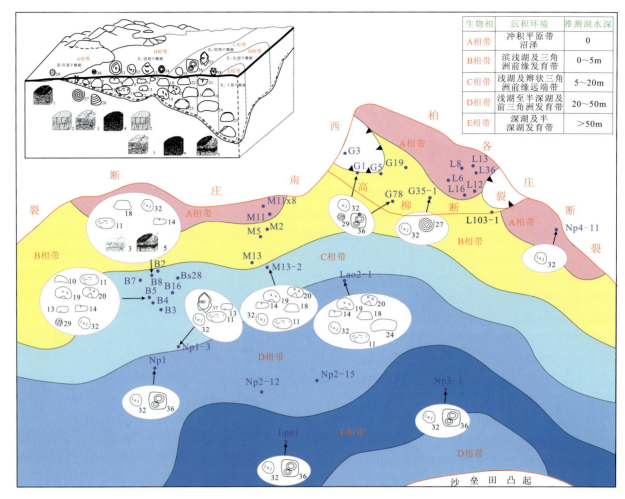

图 5-5　南堡凹陷 Ed_3 生物相平面展布图(据卢宗盛等,2009 修改)

(2)除 Es_2 外, Es_3^3、Es_1、Ed_3 均发育半深湖-深湖沉积环境(E 相带)。Es_3、Es_1 半深湖-深湖环境分布在紧邻西南庄断裂北段的捡场次凹处,且范围小;Ed_3 半深湖-深湖沉积环境(E 相带)分布在远离边界断裂的凹陷中部和南部,且发育范围广。

南堡凹陷东营组沉积期断陷作用强烈、拗陷作用也强烈的构造活动的"双强效应"导致湖盆水体深,半深湖-深湖相沉积环境(E 相带)广泛发育,展布范围甚至比古近纪早期强烈断陷阶段更广;拗陷作用控制着沉降中心远离边界断裂而发育在凹陷中部地区,相应地浅湖-半深湖沉积环境(D 相带)和半深湖-深湖沉积环境(E 相带)也分布在远离边界断裂的凹陷中南部地区,相较于古近纪早中期,尤其是 Es_3^3 沉积时期南移。

5.2 构造活动的"双强效应"对地层厚度及其空间展布的控制

5.2.1 南堡凹陷古近纪各时期地层厚度及其空间展布特征

以 Es_3^3、Es_2、Es_1、Ed_3^x、Ed_3^s、Ed_2、Ed_1 沉积时期的地层厚度为例来分析古近系各时期地层厚度变化及其动态迁移规律,从而明确东营组地层厚度特征、厚度中心的空间位置及其与控凹边界断裂之间的位置关系。

5.2.1.1 沙河街组各时期地层厚度及其空间展布特征

通过分析南堡凹陷 Es_3^3、Es_2、Es_1 沉积时期的地层厚度等值线图发现,沙河街组各沉积时期发育的地层厚度中心小、多且分散,大部分紧邻边界断裂下降盘展布,显然受控于边界断裂的差异性活动。沙河街组沉积时期的最大地层厚度可达 3500m。

1. Es_3^3 沉积时期地层厚度及其空间展布特征

图 5-6 为 Es_3^3 沉积时期地层厚度等值线图。Es_3^3 沉积时期,地层厚度中心和沉降中心的空间位置基本重叠。该时期,地层厚度中心小、多且分散,展布范围较大的厚度中心有 3 个,分别位于新四场次凹、西南庄断裂东段下降盘、柏各庄断裂北段下降盘,对应最大厚度分别约为 500m、400m、400m。新四场次凹处的厚度中心紧邻西南庄断裂下降盘发育,长轴呈近 EW 向展布,显然受控于西南庄断裂中段的活动。西南庄断裂东段下降盘的厚度中心长轴呈 NNE 向展布,平行于西南庄断裂的延伸方向,显然受控于西南庄断裂的活动。柏各庄断裂中段下降盘的厚度中心长轴呈 NW 向延伸,与柏各庄断裂走向平行,显然受控于柏各庄断裂的活动。除上述 3 个较大的厚度中心外,南堡凹陷内部发育多个分散的、范围较小的厚度中心,有可能受控于凹陷内局部小型断裂的活动。整体上,Es_3^3 沉积时期地层厚度呈现北厚南薄的展布特征。

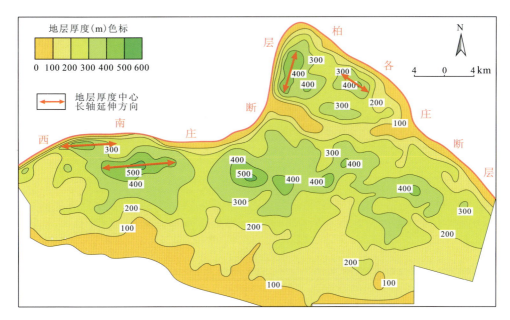

图 5-6 南堡凹陷 Es_3^3 地层厚度等值线图

2. Es_2 沉积时期地层厚度及其空间展布特征

图 5-7 为 Es_2 沉积时期地层厚度等值线图。Es_2 沉积时期,地层厚度中心和沉降中心的空间位置基本重叠,地层厚度中心小、多且分散。最明显的特征是西南庄断裂东段和柏各庄断裂北段夹持部位的地层厚度明显减薄,大部分地区沉积厚度不足 200m,厚度中心最大厚度不足 300m,该地区的厚度中心靠近西南庄断裂发育,长轴呈 NNE 向延伸,受控于西南庄断裂东段的活动。西南庄断裂下降盘展布范围较大的厚度中心有 3 个,分别位于新四场次凹、老爷庙地区、西南庄断裂中段和东段连接处的下降盘、柏各庄断裂南段下降盘,对应的最大厚度分别约为 600m、400m、400m。该时期,新四场次凹和老爷庙次凹处的厚度中心连为一体,靠近西南庄断裂下降盘发育,长轴近 EW 向延伸,平行于西南庄断裂中段的走向,显然受控于

西南庄断裂中段的活动。西南庄断裂中段和东段连接处下降盘处的厚度中心长轴沿 NE 向展布,平行于西南庄断裂中段和东段连接处的走向,可见该厚度中心受西南庄断裂活动控制。柏各庄断裂南段下降盘处的厚度中心长轴呈 NW 向延伸,与柏各庄断裂走向平行,显然受控于柏各庄断裂南段的活动。除上述四个较大的厚度中心外,南堡凹陷内部发育多个分散的、范围较小的厚度中心,有可能受控于凹陷内局部小型断裂的活动。整体上,Es_2 沉积时期地层厚度由北向南呈现薄—厚—薄的展布特征。

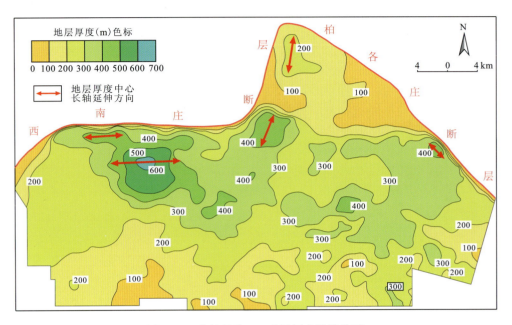

图 5-7 南堡凹陷 Es_2 地层厚度等值线图

3. Es_1 沉积时期地层厚度及其空间展布特征

图 5-8 为 Es_1 沉积时期地层厚度等值线图。Es_1 沉积时期,地层厚度中心和沉降中心的空间位置基本重叠。该时期最明显的特征是高柳断裂开始活动,将南堡凹陷沉积区划分为两部分。高柳断裂上升盘厚度普遍较薄,大部分地区沉积厚度不足 200m,厚度中心最大厚度仅 400m 左右,该地区的厚度中心靠近柏各庄断裂下降盘发育,长轴延伸方向为 NW 向,平行于柏各庄断裂的走向,显然受控于柏各庄断裂的活动。高柳断层下降盘地层普遍较厚,大部分地区的地层厚度在 100~400m 之间,最高可达 700m 以上。高柳断裂下降盘最大的厚度中心位于高柳断裂西段靠近西南庄断裂的下降盘处,长轴延伸方向为 NE 向,平行于西南庄断裂与高柳断裂相交处的走向,可见该厚度中心受高柳断裂与西南庄断裂的联合控制。老爷庙地区的厚度中心持续发育,但展布范围较 Es_2 沉积时期明显萎缩,该厚度中心紧邻西南庄断裂下降盘,长轴延伸方向平行于西南庄断裂中段走向,明显受控于西南庄断裂中段的活动。Es_1 沉积时期,整体上厚度中心空间位置具有南移的趋势,在远离边界断裂的曹妃甸次凹处发育一展布范围较大的厚度中心,可见拗陷作用对地层厚度空间展布的控制作用呈逐渐增强的趋势。

5.2.1.2 东营组各时期地层厚度及其空间展布特征

通过分析南堡凹陷 Ed_3^x、Ed_3^s、Ed_2、Ed_1 沉积时期的地层厚度等值线图发现,东营组各时期发育两个厚度中心,展布范围广且地层厚度大,分别位于曹妃甸次凹和林雀次凹,曹妃甸次凹的地层厚度最高约为 2100m,林雀次凹的地层厚度最高约为 1600m,这两个厚度中心均远离边界断裂而发育在凹陷的中部;另外 3 个厚度中心面积较小,分别位于新四场次凹、老爷庙地区、柳南次凹,紧邻边界断裂下降盘发育,显然受边界断裂强烈活动的控制。

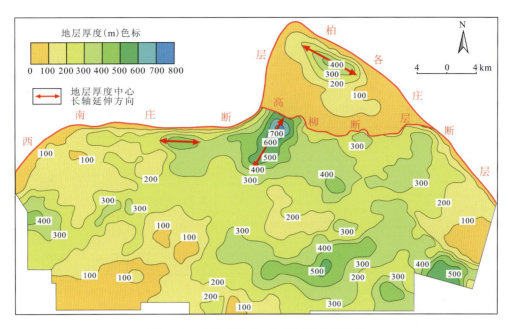

图 5-8 南堡凹陷 Es_1 地层厚度等值线图

1. Ed_3^x 沉积时期地层厚度及其空间展布特征

图 5-9 为 Ed_3^x 沉积时期地层厚度等值线图。Ed_3^x 沉积时期,地层厚度中心和沉降中心的空间位置基本重叠。整体上,按地层厚度变化可以划分为两个部分。高柳断层上升盘厚度普遍较薄,大部分地区沉积厚度不足 100m,最大厚度不足 150m,该地区的厚度高值带紧邻柏各庄断裂下降盘,长轴展布方向平行于柏各庄断裂的延伸方向,显然该厚度高值带的发育受控于柏各庄断裂的活动。高柳断裂下降盘沉积较厚,大部分地区的地层厚度在 100~250m 之间,最高可达 300m。高柳断裂下降盘地区形成两个厚度中心,分别位于林雀次凹、曹妃甸次凹,对应最大厚度均为 300m;此外还发育两个局部厚度高值带,分别位于柳南次凹、新四场次凹,对应最大厚度均为 300m。林雀次凹处的厚度中心发育范围较大,并向西南方向延伸,将南堡 5 号、南堡 1 号的斜坡区变为两个独立的高地,向北与老爷庙地区的厚度中心连通。曹妃甸次凹与林雀次凹以南 2 号构造带的低梁相隔,该处的厚度中心范围也较大。林雀次凹和曹妃甸次凹处的厚度中心长轴方向与边界断裂的延伸方向呈高角度相交,且厚度中心主体位置距离边界断裂下降盘较远,可见区域拗陷作用是控制林雀次凹和曹妃甸次凹处厚度中心的主控因素。柳南次凹处的局部厚度高值带发育范围较小,紧邻高柳断裂下降盘,长轴方向平行于高柳断裂延伸方向。新四场次凹处的局部厚度高值带发育范围较小,紧邻西南庄断裂下降盘,长轴方向平行于西南庄断裂延伸方向。显然,柳南次凹和新四场次凹处局部厚度高值带的发育分别受控于边界断裂-高柳断裂和西南庄断裂的强烈活动性。

2. Ed_3^s 沉积时期地层厚度及其空间展布特征

图 5-10 为 Ed_3^s 沉积时期地层厚度等值线图。Ed_3^s 沉积时期,地层厚度中心和沉降中心的空间位置基本重叠。高柳断层上、下盘的地层厚度差异更加明显。高柳断裂上升盘由于翘倾作用,发生了局部的剥蚀,大部分地区沉积厚度在 200m 以下,厚度中心最大厚度也仅 300m 左右,厚度中心位于拾场次凹处,靠近柏各庄断裂发育,长轴方向平行于柏各庄断裂的延伸方向,显然该厚度中心受控于柏各庄断层的活动。高柳断裂下降盘地区发育 2 个主要厚度中心,分别位于林雀次凹、曹妃甸次凹,对应最大厚度分别约为 500m、700m;此外还发育 2 个范围较小的局部厚度高值带,分别位于柳南次凹、老爷庙地区,

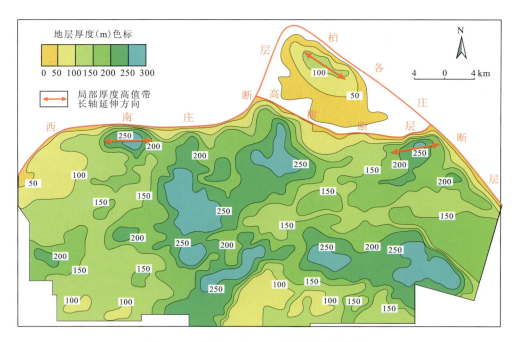

图 5-9 南堡凹陷 Ed_3^x 地层厚度等值线图

对应最大厚度分别约为 400m、600m。林雀次凹处的厚度中心长轴呈 NE 向延伸,与西南庄断裂呈高角度相交。曹妃甸次凹与林雀次凹以南堡 2 号构造带的低梁相隔,该处的厚度中心范围也较大。林雀次凹和曹妃甸次凹处的厚度中心主体位置远离边界断裂下降盘,可见区域拗陷作用是林雀次凹和曹妃甸次凹处厚度中心发育的主要因素。老爷庙地区的局部厚度高值带发育范围较小,以西的新四场次凹处的局部厚度高值带持续发育,但展布范围相对 Ed_3^x 沉积时期萎缩,这两处局部厚度高值带紧邻西南庄断裂下降盘,长轴方向平行于西南庄断裂延伸方向,显然受控于西南庄断裂的强烈活动性。柳南次凹处的局部厚度高值带持续发育,长轴方向平行于高柳断裂延伸方向,显然受控于高柳断裂的活动。

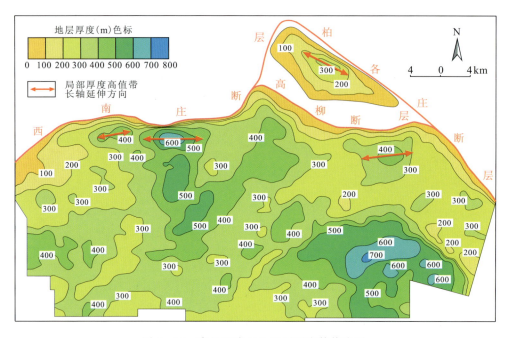

图 5-10 南堡凹陷 Ed_3^s 地层厚度等值线图

3. Ed_2 沉积时期地层厚度及其空间展布特征

图 5-11 为 Ed_2 沉积时期地层厚度等值线图。Ed_2 沉积时期,地层厚度中心和沉降中心的空间位置基本重叠。地层厚度空间展布最明显的特征是高柳断裂取代西南庄断裂东段和柏各庄断裂北段成为控制地层发育的边界断裂。该时期,南堡凹陷沉积区的地层厚度普遍较薄,大部分地区的地层厚度在 300m 以下,展布两个主要厚度中心,分别位于林雀次凹、曹妃甸次凹,对应最大厚度分别约为 300m、500m。此外还发育 1 个范围较小的局部厚度高值带,位于老爷庙地区,对应最大厚度约为 400m。相较于 Ed_3^s 沉积时期,林雀次凹处的厚度中心北移,且发育范围萎缩,曹妃甸次凹处的厚度中心展布范围也萎缩。这两个厚度中心主体位置远离边界断裂下降盘,可见区域拗陷作用是控制着林雀次凹和曹妃甸次凹处厚度中心发育的主要因素。老爷庙地区的局部厚度高值带持续发育,展布范围较小,该处厚度中心紧邻西南庄断裂下降盘,长轴方向平行于西南庄断裂延伸方向,显然受控于西南庄断裂的强烈活动性。

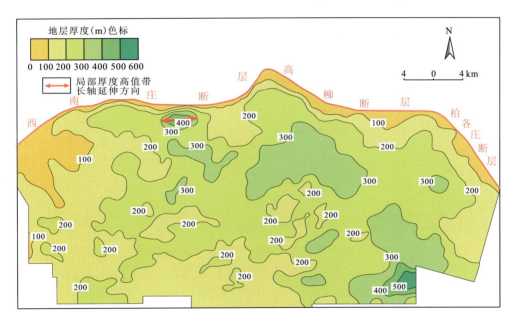

图 5-11 南堡凹陷 Ed_2 地层厚度等值线图

4. Ed_1 沉积时期地层厚度及其空间展布特征

图 5-12 为 Ed_1 沉积时期地层厚度等值线图。Ed_1 沉积时期,地层厚度中心和沉降中心的空间位置基本重叠。地层厚度较 Ed_2 沉积时期明显变厚,大部分地区的地层厚度在 300~500m 之间,展布 1 个主要厚度中心,位于林雀次凹,最大厚度约为 600m;此外还发育 3 个范围较小的局部厚度高值带,分别位于新四场次凹、老爷庙地区、柏各庄断裂下降盘,对应最大厚度分别约为 600m、700m、500m。曹妃甸次凹处的厚度中心在该时期严重萎缩,仅在几处较小的范围内零星展布。林雀次凹处的厚度中心长轴呈 NE 向延伸,与西南庄断裂呈高角度相交,且厚度中心主体位置远离西南庄断裂下降盘,可见区域拗陷作用是控制着林雀次凹处厚度中心发育的主要因素。老爷庙地区的局部厚度高值带持续发育,展布范围较 Ed_2 沉积时期扩大,以西的新四场次凹处的局部厚度高值带展布范围较小,这两处局部厚度高值带紧邻西南庄断裂下降盘,长轴方向平行于西南庄断裂延伸方向,显然受控于西南庄断裂的强烈活动性。柏各庄断裂下降盘处的局部厚度高值带呈 NW 向延伸,平行于柏各庄断裂走向,显然受控于柏各庄断裂的活动性。

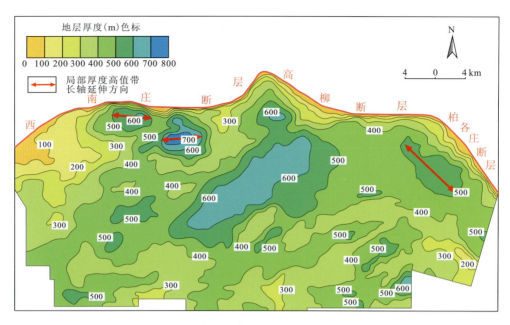

图 5-12 南堡凹陷 Ed_1 地层厚度等值线图

5.2.2 构造活动的"双强效应"对地层厚度的控制

由南堡凹陷沙河街组和东营组各沉积时期的地层厚度等值线图(图5-6~图5-12)可知:东营组 Ed_3^x、Ed_3^s、Ed_2、Ed_1 沉积时期的地层厚度最大值分别约为 300m、700m、500m、700m,而经历的沉积时间分别为 0.5Ma、0.7Ma、2.0Ma、1.5Ma,计算平均沉积速率分别为 600m/Ma、1000m/Ma、250m/Ma、467m/Ma;沙河街组 Es_3^s、Es_2、Es_1 沉积时期的地层厚度最大值分别约为 500m、600m、700m,而经历的沉积时间分别为 3.0Ma、2.7Ma、1.7Ma,计算平均沉积速率分别为 167m/Ma、222m/Ma、412m/Ma。由上述分析可知,除 Ed_2 沉积时期外,东营组其余3个时期的平均沉积速率普遍大于沙河街组沉积时期的沉积速率。南堡凹陷东营组沉积时期的地层厚度可达 2100m 左右,沙河街组沉积时期的地层厚度可达 3500m 左右,东营组与沙河街组沉积时期的地层厚度之比约为 2:3(图5-13、图5-14),但东营组只经

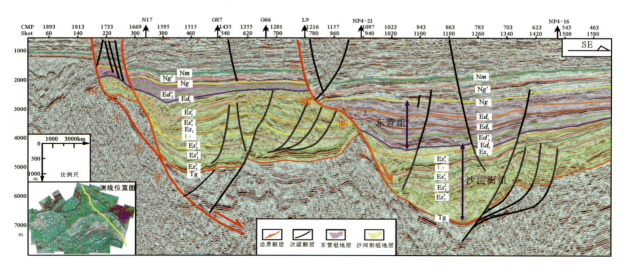

图 5-13 南堡凹陷 NW 向任意剖面构造地层解释图

历了 4.7Ma，而沙河街组却经历了 17.0Ma。由此可见南堡凹陷东营组沉积时期的地层厚度之厚以及沉积速率之快，在较短的沉积时间内堆积了巨厚的地层。这固然与物源供给强弱有关，但更受控于东营组沉积时期南堡凹陷独特的构造活动特征。南堡凹陷东营组沉积时期，在边界断裂活动强烈、区域拗陷作用强烈的构造活动"双强效应"的作用下，南堡凹陷东营组沉积期基底强烈沉降，湖水深度增大，为碎屑物的堆积提供了充足的可容纳空间，加之东营组沉积时期物源碎屑供给充足，使得南堡凹陷在较短的时间内堆积了巨厚的沉积地层。

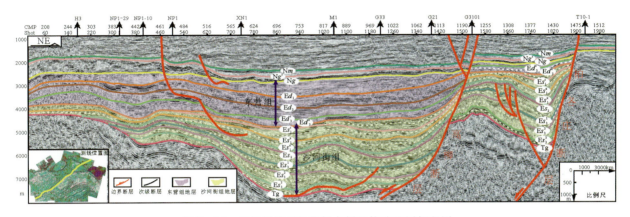

图 5-14 南堡凹陷 NE 向任意剖面构造地层解释图

5.2.3 构造活动的"双强效应"对厚度中心空间展布的控制

图 5-15～图 5-21 分别显示了 Es_3^3、Es_2、Es_1、Ed_3^x、Ed_3^s、Ed_2、Ed_1 沉积时期地层厚度中心与边界断裂间的位置关系。图 5-15、图 5-16 显示，南堡凹陷沙河街组 Es_3^3、Es_2 沉积时期的地层厚度中心紧邻边界断裂下降盘，长轴延伸方向平行于边界断裂走向，表现出"小、多、分散"的特征，显然受控于边界断裂（西南庄断裂、柏各庄断裂）空间上的差异性活动。Es_1 沉积时期，地层厚度中心呈现出向凹陷中心迁移的趋势（图 5-17），表明从 Es_1 沉积时期开始，拗陷作用逐渐增强，且对地层厚度及其空间展布起着一

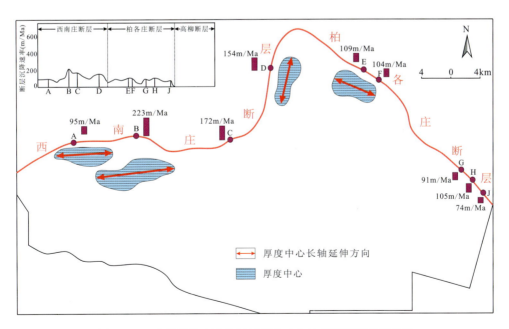

图 5-15 南堡凹陷 Es_3^3 地层厚度中心与边界断裂的位置关系

定的控制作用。Ed_3^x、Ed_3^s、Ed_2、Ed_1 沉积时期，地层厚度中心已远离边界断裂而发育在凹陷中部的林雀次凹和曹妃甸次凹处，该处的厚度中心展布范围广且地层厚度大，表明拗陷作用进一步增强。然而，紧邻边界断裂下降盘仍发育规模相对较小的局部厚度高值带，其长轴延伸方向平行于边界断裂的走向，显然受控于边界断裂的差异性活动（图 5-18～图 5-21）。由此可见，南堡凹陷东营组沉积期的地层厚度的空间展布受控于拗陷作用和边界断裂活动的联合作用，拗陷作用控制着地层厚度中心的展布位置和范围，边界断裂的差异性活动控制着紧邻边界断裂下降盘展布的规模相对较小的局部厚度高值带的位置和范围。

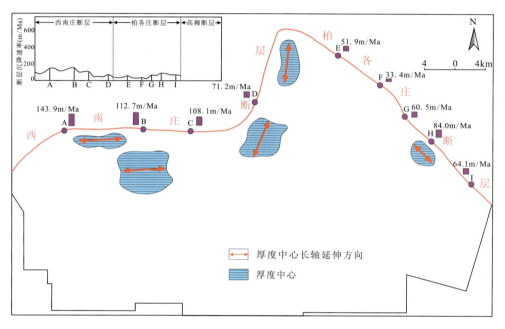

图 5-16　南堡凹陷 Es_2 地层厚度中心与边界断裂的位置关系

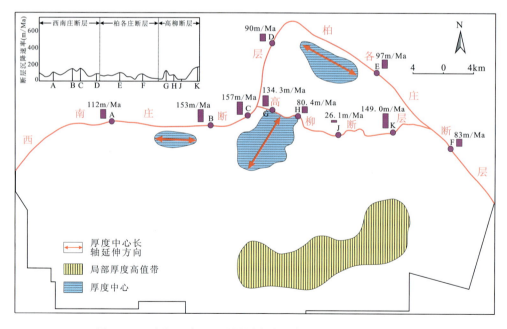

图 5-17　南堡凹陷 Es_1 地层厚度中心与边界断裂的位置关系

第 5 章 构造活动的"双强效应"对沉积的控制

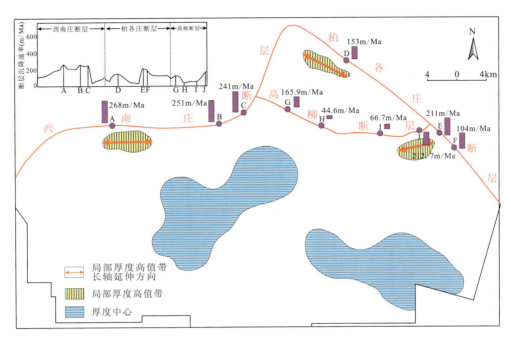

图 5-18 南堡凹陷 Ed_3^x 地层厚度中心与边界断裂的位置关系

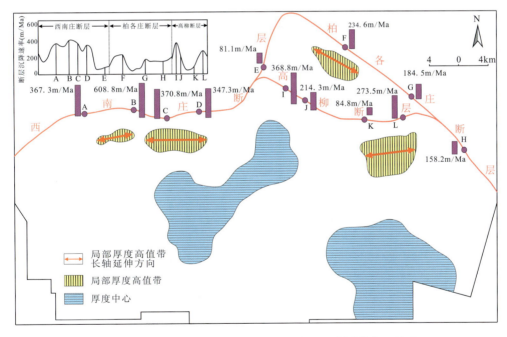

图 5-19 南堡凹陷 Ed_3^s 地层厚度中心与边界断裂的位置关系

因此,构造活动的"双强效应"对厚度中心空间展布的控制主要体现在:南堡凹陷进入东营组沉积时期,边界断裂活动强烈,拗陷作用也强烈,在两者的联合作用下,地层厚度中心远离边界断裂而发育在凹陷中部地区,同时边界断裂下降盘处发育范围相对较小的局部厚度高值带。拗陷作用控制着厚度中心的展布位置和范围,边界断裂的差异性活动控制着紧邻边界断裂下降盘展布的局部厚度高值带的位置和范围。

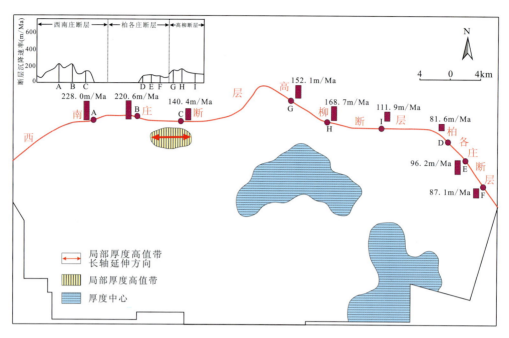

图 5-20　南堡凹陷 Ed_2 地层厚度中心与边界断裂的位置关系

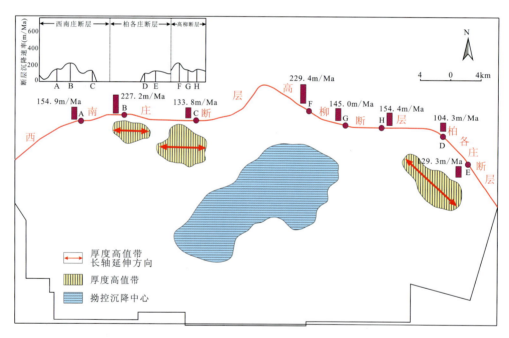

图 5-21　南堡凹陷 Ed_1 地层厚度中心与边界断裂的位置关系

5.3　构造活动的"双强效应"对凹陷补偿性的控制

根据可容纳空间增长速率(δA)与沉积物供给速率(δS)的比值,同生沉积盆地可划分为3种类型:欠补偿盆地、平衡补偿盆地和过补偿盆地(图5-22)。欠补偿盆地是由于强烈的构造活动造成同沉积断裂背景下的可容纳空间高速增长,或物源不充足所形成的盆地内沉积物供给相对不足导致的,因此可以分为两种类型:一是强烈的构造活动造成的同沉积断裂背景下的高可容纳空间,沉积物供给相对不足的相对非补偿;二是物源不充足的沉积背景下的绝对非补偿。处在欠补偿状态的盆地,可容纳空间的增长速率总是大于沉积物的供给速率,盆地的沉积范围逐渐缩小。平衡补偿盆地的沉积物供给速率近似等于盆地可容纳空间增长速率,处于平衡补偿状态的盆地主要为半深湖-深湖相沉积。过补偿盆地的沉积物供给速率通常超过盆地可容纳空间增长速率,与可容纳空间增长速率较小,而沉积物补偿比较快时,盆地将逐渐被填平。一般而言,陆相湖盆在断陷阶段往往为平衡补偿盆地,拗陷阶段往往为过补偿盆地,而被动大陆边缘盆地一般为欠补偿盆地。

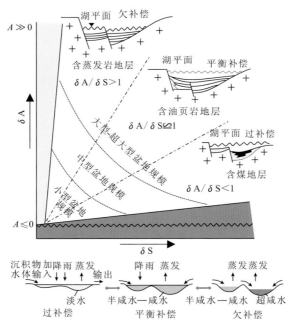

图 5-22　气候和构造控制下的陆相盆地补偿性及特征单元演化模型
(据许圣传等,2012)

构造、气候等因素联合作用控制着盆地的补偿状态。在陆相断陷湖盆中,构造活动引起盆地基底沉降、源区隆升剥蚀、河流下切等,从而影响着沉积物供给速率与可容纳空间增长速率的相对变化,是控制盆地补偿性的最主要因素。陆相断陷湖盆中,构造活动的演化造成盆地在过补偿状态、平衡补偿状态和欠补偿状态之间变化,进一步引起盆地内古湖泊水体性质、湖泊生态的改变,使盆地内沉积了具有不同岩性组合、内部结构和叠加方式的地层单元类型。许圣传等(2012)研究认为盆地处于过补偿状态时,沉积物供给速率通常超过可容纳空间增长速率,不仅盆地逐渐被填平,而且还会出现岩层超覆的现象,且由于可容纳空间较小,盆地经常伴随着水文的开放条件,因此古湖泊水体是相对淡化的,除此之外,过补偿盆地具有丰富的河流沉积体系和泥炭沼泽沉积体系,经常发育煤层沉积。盆地处于平衡补偿状态时,沉积物的供给速率近似等于可容纳空间增长速率,该时期不断加深的湖盆内水体导致河流相退化,半深湖-深湖沉积体系发育,湖泊生态随之改变,由陆生高等植物逐渐向藻类等水生浮游生物转变。由于藻类等水生浮游生物的勃发,深湖-半深湖泥岩有机质富集,有利于优质潜在烃源岩的发育。此外,可能的蒸发作用引起的湖泊水体咸化也会记录在准层序内。盆地处于欠补偿状态时,可容纳空间的增长速率总是大于沉积物的供给速率,导致盆地内的沉积范围逐渐缩小,沉积地层之间出现退覆现象。

实际研究过程中,沉积物供给速率和可容纳空间增长速率是两个较为抽象的概念,准确获取这两个指标的数值存在困难,但沉积物供给速率与沉积速率、可容纳空间增长速率与沉降速率之间整体上存在着一定的正相关性,所以本次研究采用沉积速率和沉降速率来近似代替沉积物供给速率和可容纳空间增长速率,根据盆地内沉积速率与沉降速率的大小关系,并结合沉积中心和沉降中心空间展布的位置关系来定性分析盆地的补偿性。补偿性判定标准如下。

(1)沉积中心与沉降中心不重合,或者沉积中心与沉降中心重合,但沉积速率远低于沉降速率,表明沉积物供给速率较小,而可容纳空间增长速率较大,碎屑物主要在盆地边缘沉积,盆地内水体逐渐加深,这种情况下的盆地为欠补偿盆地。

(2)沉积中心与沉降中心重合,且沉积速率大致等于沉降速率,表明沉积物供给速率与可容纳空间增长速率大致相当,沉积地层呈现加积或进积的准层序组叠置方式,盆地内水体深度基本保持稳定,这种情况下的盆地为平衡补偿盆地。

(3)沉积中心与沉降中心重合,但沉积速率大于沉降速率,表明沉积物供给速率大,而可容纳空间增长速率较小,沉积地层呈现进积的准层序组叠置方式,盆地内水体逐渐变浅,这种情况下的盆地为过补偿盆地。

图 4-23~图 4-26 分别为南堡凹陷 Ed_3^x、Ed_3^s、Ed_2、Ed_1 沉积时期的沉降速率与沉积速率叠合图,其中各时期的沉积速率为平均沉积速率,是根据地层厚度与该沉积期持续时间的比值计算得出,而各沉积期的持续时间根据图 2-9 各界面的绝对年龄计算得出。沉降速率与沉积速率叠合图可以显示沉降中心与沉积中心空间展布的位置关系,以及沉积速率与沉降速率的大小关系,结合上述补偿性判定标准,可以对南堡凹陷东营组各时期的补偿状态进行分析。

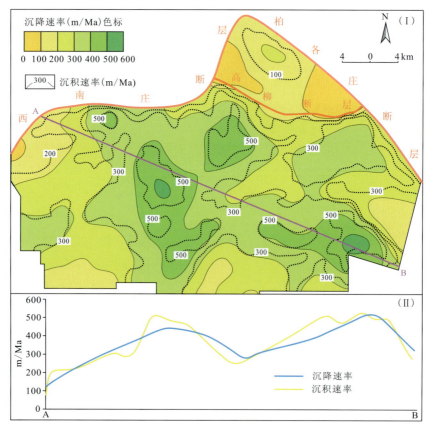

图 5-23 南堡凹陷 Ed_3^x 沉积时期沉降速率与沉积速率叠合图

Ed_3^x 沉积时期,南堡凹陷内沉积中心与沉降中心大致重合[图 5-23(Ⅰ)],选取横跨全凹陷并穿过主要沉降中心和沉积中心的测线 AB,将测线 AB 上的沉降速率和沉积速率叠合在同一曲线图上[图 5-23(Ⅱ)],可以看出沉降速率普遍大于沉积速率,因此,Ed_3^x 沉积时期南堡凹陷处于平衡补偿状态。Ed_3^s 沉积时期,南堡凹陷内沉积中心与沉降中心大致重合[图 5-24(Ⅰ)],测线 AB 横跨全凹陷并穿过主要沉降中心和沉积中心,从测线 AB 的沉降速率和沉积速率叠合曲线图[图 5-24(Ⅱ)]上可以看出沉降速率和沉积速率大致相等,因此,Ed_3^s 沉积时期,南堡凹陷仍旧处于平衡补偿状态。Ed_2 沉积时期,南

第 5 章 构造活动的"双强效应"对沉积的控制

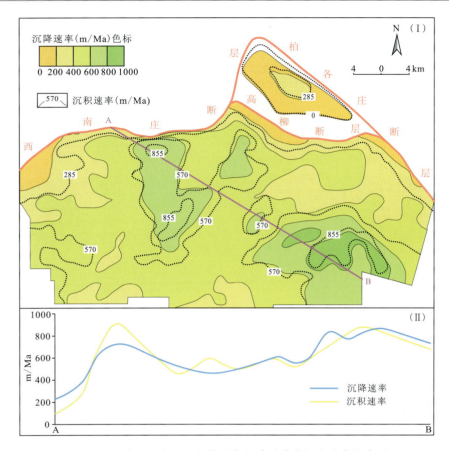

图 5-24 南堡凹陷 Ed_3^s 沉积时期沉降速率与沉积速率叠合图

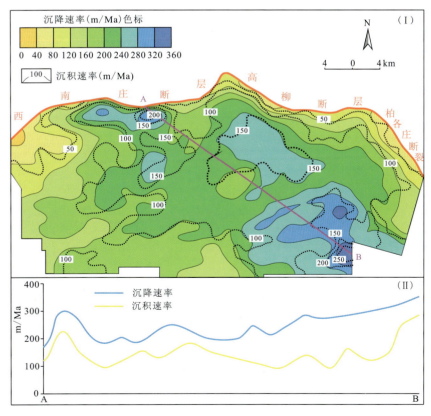

图 5-25 南堡凹陷 Ed_2 沉积时期沉降速率与沉积速率叠合图

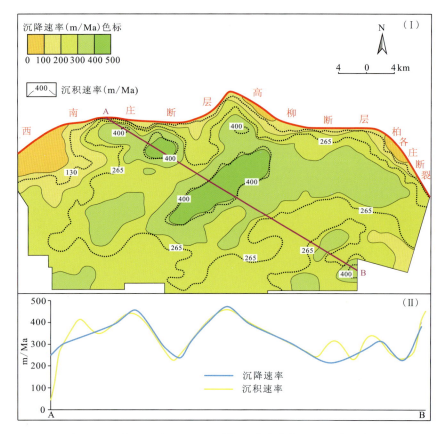

图 5-26 南堡凹陷 Ed_1 沉积时期沉降速率与沉积速率叠合图

堡凹陷内沉积中心与沉降中心大致重合[图 5-25(Ⅰ)],将横跨全凹陷并穿过主要沉降中心和沉积中心的测线 AB 上的沉降速率和沉积速率叠合在同一曲线图[图 5-25(Ⅱ)]上,可以看出沉降速率普遍大于沉积速率,表明 Ed_2 沉积时期,南堡凹陷处于欠补偿状态。SQEd_1 沉积时期,南堡凹陷内沉积中心与沉降中心大致重合[图 5-26(Ⅰ)],将横跨全凹陷并穿过主要沉降中心和沉积中心的测线 AB 上的沉降速率和沉积速率叠合在同一曲线图[图 5-26(Ⅱ)]上,可以看出,除了凹陷边缘处沉积中心大于沉降中心外,其余地区沉积中心与沉降中心大致相等,表明 Ed_2 沉积时期,南堡凹陷整体上处于平衡补偿状态。综合以上分析可知,东营组沉积时期,南堡凹陷为欠补偿—平衡补偿凹陷。

歧口凹陷与南堡凹陷相邻,同为黄骅坳陷内的次级负向构造单元,但东营组沉积期,歧口凹陷西部陆上区的湖盆补偿状态与南堡凹陷却不相同。图 5-27～图 5-30 分别为歧口凹陷 Ed_3^x、Ed_3^s、Ed_2、Ed_1 沉积时期的沉降速率与沉积速率叠合图,该工区大部分位于西部陆上区,反映的是西部陆上区的补偿状态,各时期的沉积速率是根据地层厚度与该层序沉积期持续时间的比值计算得出的平均沉积速率。歧口凹陷地层厚度和各界面绝对年龄数据来自于中国石油天然气股份有限公司大港油田分公司内部资料①。东营组各沉积时期,歧口凹陷内沉积中心与沉降中心大致重合[图 5-27(Ⅰ)、图 5-28(Ⅰ)、图 5-29(Ⅰ)、图 5-30(Ⅰ)],选取横跨歧口凹陷并穿过主要沉降中心和沉积中心的测线 AB,将测线 AB 上的沉降速率和沉积速率叠合在同一曲线图上[图 5-27(Ⅱ)、图 5-28(Ⅱ)、图 5-29(Ⅱ)、图 5-30(Ⅱ)],可以看出 Ed_3^x、Ed_3^s、Ed_2、Ed_1 沉积时期歧口凹陷西部陆上区沉积速率普遍大于沉降速率,表明歧口凹陷西部陆上区在东营组沉积时期处于过补偿状态。除歧口凹陷陆上区外,渤海湾盆地大部分地区如临清坳陷、冀中坳陷、济阳坳陷等在东营组沉积时期进入断坳转换期,广泛发育滨浅湖相、河流相沉积,湖盆处于过补偿状态。

---

① 王华,任建业,等. 歧口富油气凹陷结构、层序地层及沉积体系研究. 中国石油大港油田分公司(内部资料),2010.

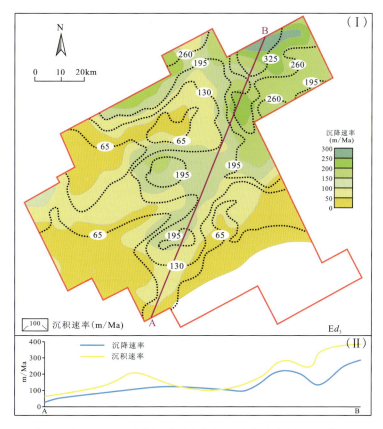

图 5-27 歧口凹陷 Ed_3 沉积时期沉降速率与沉积速率叠合图（工区位置见图 4-66）

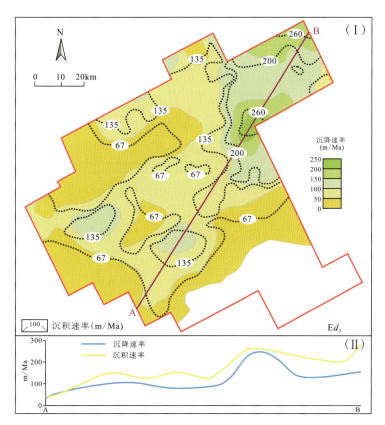

图 5-28 歧口凹陷 Ed_2 沉积时期沉降速率与沉积速率叠合图（工区位置见图 4-66）

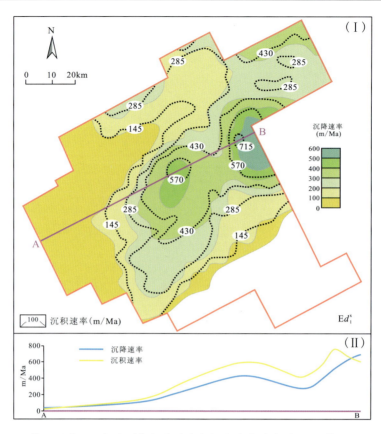

图 5-29　歧口凹陷 Ed_1^x 沉积时期沉降速率与沉积速率叠合图（工区位置见图 4-66）

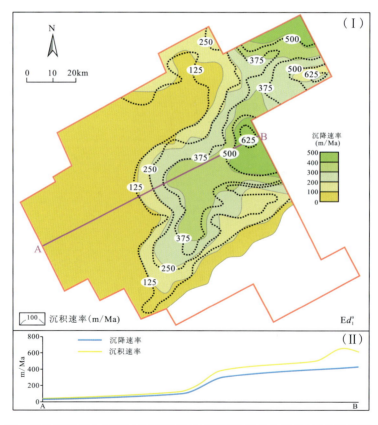

图 5-30　歧口凹陷 Ed_1^s 沉积时期沉降速率与沉积速率叠合图（工区位置见图 4-66）

以上分析可知,南堡凹陷东营组沉积期处于欠补偿—平衡补偿状态,而渤海湾盆地大部分地区,包括歧口凹陷陆上区、临清坳陷、冀中坳陷、济阳坳陷等,处于过补偿状态。这是因为南堡凹陷东营组沉积时期在断陷作用强烈、拗陷作用也强烈的构造活动"双强效应"的控制下,可容纳空间增长速率大,虽然沉积物供给也充足,但新增加的可容纳空间能够容纳该时期的沉积物堆积,甚至沉积物不能完全充填新增的可容纳空间,因此凹陷处于欠补偿—平衡补偿状态。而渤海湾盆地其他地区不具有构造活动的"双强效应"特征,而是具有处于断拗转换期湖盆的典型构造特征:主干断裂活动较弱,基底沉降弱。因而可容纳空间增长速率小,而沉积物供给速率相对较大,导致沉积物不仅完全充填新增加的可容纳空间,而且填充了部分先存的可容纳空间,因此处于过补偿状态。

5.4 构造活动的"双强效应"对沉积体系类型及其空间展布的控制

在陆相断陷湖盆中,处于不同补偿状态下的湖盆在地层单元的沉积相类型、岩性组合及地层叠加样式等方面存在着较大的差异。构造活动的"双强效应"使得南堡凹陷在东营组沉积期处于欠补偿—平衡补偿状态,这与包括歧口凹陷在内的多数断拗转换期湖盆处于过补偿状态有所不同。相应地,南堡凹陷东营组沉积期发育的沉积地层单元在沉积体系类型、沉积相构成及沉积体系空间展布等方面也存在着不同于多数断拗转换期湖盆的特殊之处。

5.4.1 岩芯沉积相分析

通过对南堡凹陷不同构造带约 50 口重点钻井岩芯(分布情况见图 5-31)的观察描述和分析定相,认为:南堡凹陷主要发育扇三角洲沉积体系-滑塌型重力流沉积体系、辫状河三角洲沉积体系等碎屑沉积体系类型以及湖泊体系,不同的沉积体系受控于不同的构造背景,产生了结构、岩性以及沉积充填特征的差异性。

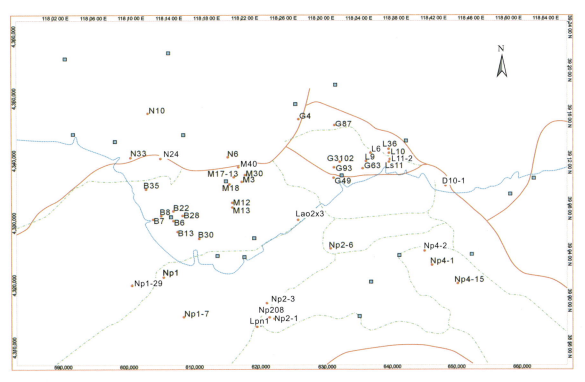

图 5-31 南堡凹陷岩芯观察井位分布示意图

1. 扇三角洲沉积体系

扇三角洲是由冲积扇（包括旱地扇和湿地扇）提供物源，在活动的扇体与稳定水体交界沉积的沿岸沉积体系，这个沉积体系可以部分或全部沉没于水下，代表含有大量沉积载荷的冲积扇与海或湖相互作用的产物。扇三角洲沉积体系是南堡凹陷东营组的主要沉积体系类型，发育于北部陡坡带，边界断裂（西南庄断层、柏各庄断层和高柳断层）下降盘是该沉积体系类型发育的部位。扇三角洲沉积体系在断陷湖盆中极为常见，往往发育于断陷湖盆边缘。扇三角洲沉积体系表现出一种瞬时的，甚至是突变的沉积记录，沉积物粒度粗、分选磨圆差、结构成熟度及成分成熟度低。

按照不同的沉积特征和沉积相组合，扇三角洲沉积体系可以划分为3个亚相：扇三角洲平原亚相、扇三角洲前缘岩相和前扇三角洲亚相。扇三角洲平原是扇三角洲的陆上部分，其范围包括从扇端至岸线之间的近海平原地带。在南堡凹陷中，扇三角洲平原是在扇三角洲主控相带中比较发育的沉积亚相类型，由与冲积扇相关的河道沉积、砂质碎屑流、漫流等沉积类型填积式交替-叠覆构成，有时也会出现砾质碎屑流薄层。其中，分流河道沉积最为常见，主要由砾岩、含砾粗砂岩、粗砂岩、细砂岩组成，底部和内部冲刷面发育，由多个下粗上细的正旋回叠置而成；砾石一般为次圆状，含砾砂岩或砂岩一般发育中—大型交错层理、平行层理，总体反映为间歇性洪水流特征；测井曲线呈中—高幅齿化箱形或圣诞树型（图5-32）。

扇三角洲前缘位于岸线至正常天气浪基面之间的浅水区。南堡凹陷中，扇三角洲前缘也是在扇三角洲主控相带中比较发育的沉积亚相类型（图4-33）。垂向剖面中它与扇三角洲平原亚相呈消长关系，向近端冲积扇主控相带方向扇三角洲平原亚相越来越发育，扇三角洲前缘亚相越来越弱；向远端湖盆中心方向扇三角洲前缘亚相越来越发育，扇三角洲平原亚相越来越弱。扇三角洲前缘亚相可进一步划分为水下分流河道、分流间湾、河口坝、远砂坝等几个微相：①水下分流河道，岩性主要为粗砂岩、含砾粗砂岩以及细砂岩组成，局部见泥砾；小型交错层理、平行层理发育，局部见冲刷，整体岩性向上构成正旋回；测井曲线呈齿化箱形或圣诞树型（图5-33）。②河口坝，河口坝位于水下分流河道末端，岩性主要由灰色或灰白色中砂岩、含砾细砂岩、细砂岩、粉砂岩组成，发育大型交错层理、平行层理，总体具有下细上粗的反旋回特征，局部见滑动变形构造，测井曲线多呈漏斗型（图5-33）。③远砂坝，分布于河口坝外缘，岩性主要为青灰色、深灰色泥岩夹浅灰色波状交错层理细砂岩、水平层理细砂岩、粉砂岩、泥质粉砂岩（图5-33）。④分流间湾，分流间湾主要是叠置于扇三角洲前缘亚相砂体之间的细粒沉积，在南堡凹陷扇三角洲前缘亚相中普遍发育，岩性主要为青灰色、灰绿色或褐灰色泥岩，一般发育水平层理。

前扇三角洲是扇三角洲的浪基面以下部分，表现为厚度较大的深灰色泥岩夹泥质粉砂岩薄层（图5-34），含介形虫和淡水双壳化石，测井曲线表现为低值平滑曲线或略带细小锯齿。

2. 辫状河三角洲沉积体系

辫状河三角洲沉积体系为辫状水系（包括河流作用占优势的潮湿气候冲积扇）进积到固定水体形成的富含砂、砾的粗碎屑三角洲复合体，由辫状河三角洲平原亚相、辫状河三角洲前缘亚相和前辫状河三角洲亚相组成。辫状河三角洲沉积为近物源搬运，分选磨圆差，较曲流河道形成的三角洲粒度粗，但又缺乏扇三角洲沉积体系中常见的碎屑流沉积。辫状河三角洲以牵引流沉积作用为主，通常是由湍急洪水控制的季节性沉积产物。辫状河三角洲沉积体系通常发育于断陷湖盆缓坡一侧，古地形坡度背景较正常三角洲沉积体系陡，但比扇三角洲沉积体系缓。南堡凹陷东营组堆积期辫状河三角洲沉积体系主要发育在南部缓坡带。

辫状河三角洲平原亚相最常见的为分流河道砂体，由于辫状水系河道迁移摆动作用强，河口位置不稳定，辫状分支河道砂体常由数个相互叠置的河道砂体组成，中间夹薄层泥岩，测井曲线呈箱形或齿状钟形，岩性以粗砂岩、中粗砂岩为主，往往发育交错层理（图5-35）。

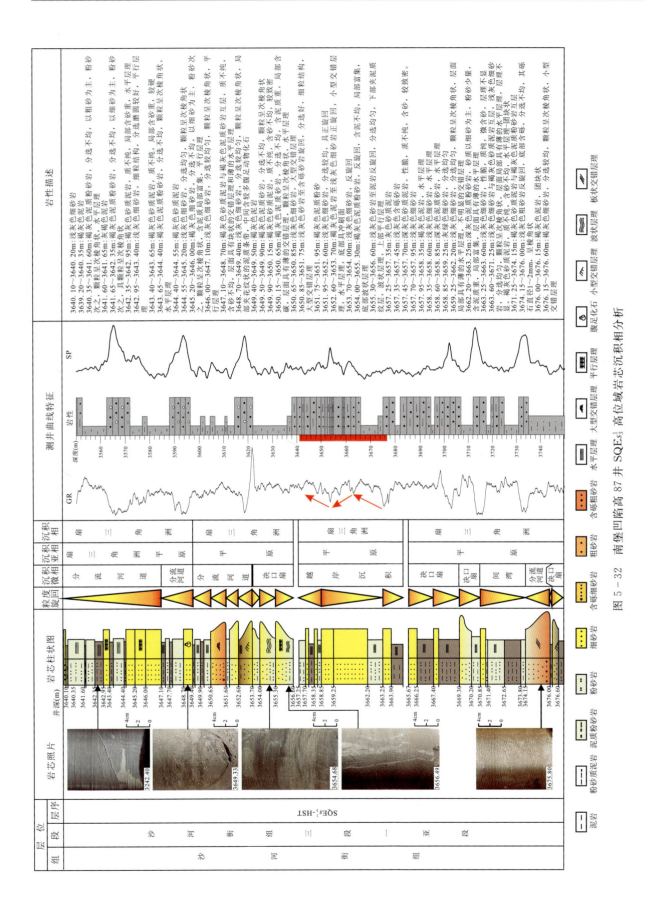

图 5-32 南堡凹陷高 87 井 SQE_3^1 高位域岩芯沉积相分析

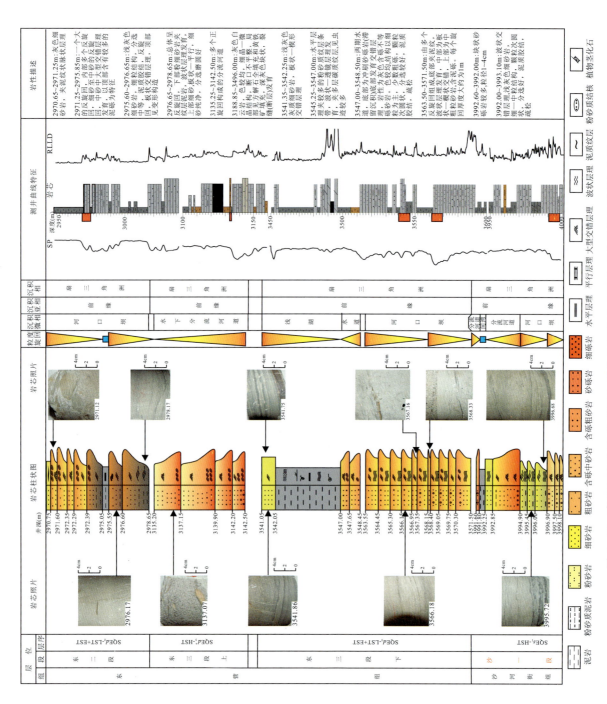

图 5-33 南堡凹陷北 35 井 SQEd_2 低位及湖扩域、SQEd_3^s 高位域岩芯沉积相分析

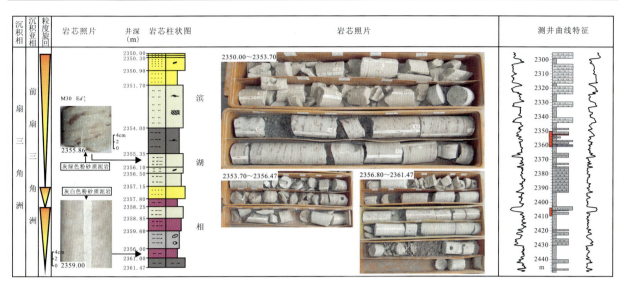

图 5-34 南堡凹陷 M30 井 SQEd_3^x 岩芯沉积相分析

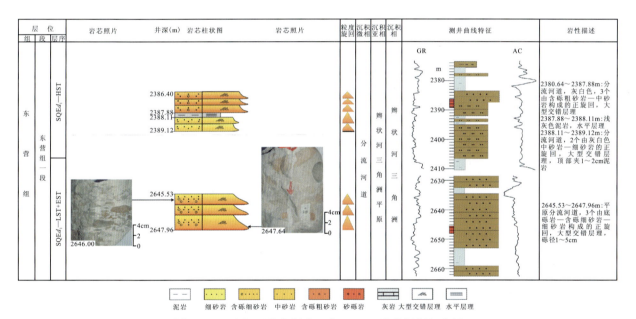

图 5-35 南堡凹陷老堡南 1 井 SQEd_1 岩芯沉积相分析

辫状河三角洲前缘亚相为河口坝砂体、远砂坝砂体与湖相灰色泥岩组合,在测井上为向上变粗的反旋回。河口坝是由河流带来的碎屑物质在河口处因流速降低堆积而成,岩性主要为灰白色含砾细砂岩、细砂岩、粉砂岩组成,发育中—小型交错层理、平行层理、波状层理,呈下细上粗的反旋回特征,局部可见重荷构造,测井曲线呈典型的漏斗型(图 5-36)。远砂坝主要由夹在深灰—褐灰色泥岩中的薄层细砂岩、褐灰色砂质泥岩、褐灰色泥质粉砂岩组成,发育波状层理、水平层理等沉积构造,测井曲线上呈低幅齿型特征,常与上部的河口坝组成完整的漏斗型(图 5-37)。

前辫状河三角洲亚相为厚度较大的深灰色泥岩夹泥质粉砂岩薄层,常见小型波状交错层理、递变层理等,测井曲线表现为低值平滑曲线或带细小锯齿(图 5-38)。

3. 滑塌型重力流沉积体系

滑塌型重力流沉积体系是由于三角洲前缘河口坝砂体的快速堆积往往形成较陡的坡度,在水位下降、基底断陷活动或洪水流冲蚀作用的诱发下,未固结的河口坝沉积物发生滑塌,在三角洲扇体前端的半深湖-深湖区再次堆积形成浊积砂体。南堡凹陷东营组堆积期,滑塌型重力流沉积体系较为发育,岩性以灰白色块状含砾粗砂岩、中—细粒砂岩为主,含砂砾岩、粉砂岩以及大量撕裂泥岩碎块,普遍夹有扁平泥砾,局部见底冲刷,同时可见碳化植物茎、碳屑以及双壳化石等;发育滑塌变形构造、交错层理、波状层理、递变层理以及平行层理,在砂岩之间多夹有深灰色水平层理、质纯的泥岩,局部夹有薄层透镜状细砂岩(图5-39、图5-40)。

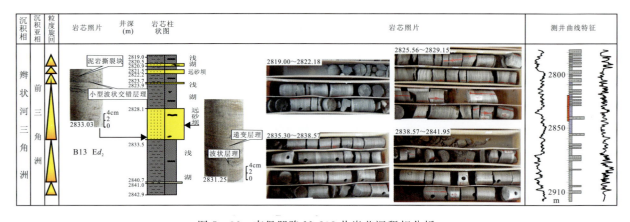

图5-36 南堡凹陷Np208井岩芯沉积相分析

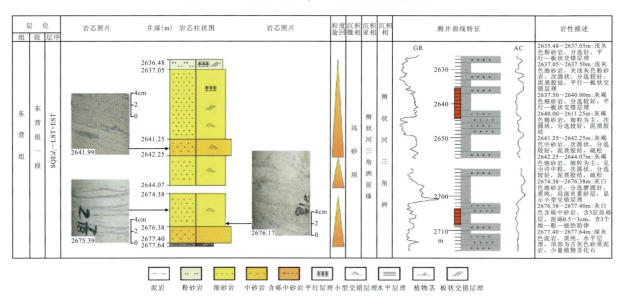

图5-37 南堡凹陷Np1-7井岩芯沉积相分析

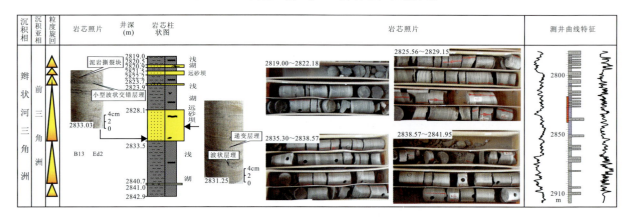

图5-38 南堡凹陷B13井岩芯沉积相分析

第 5 章 构造活动的"双强效应"对沉积的控制

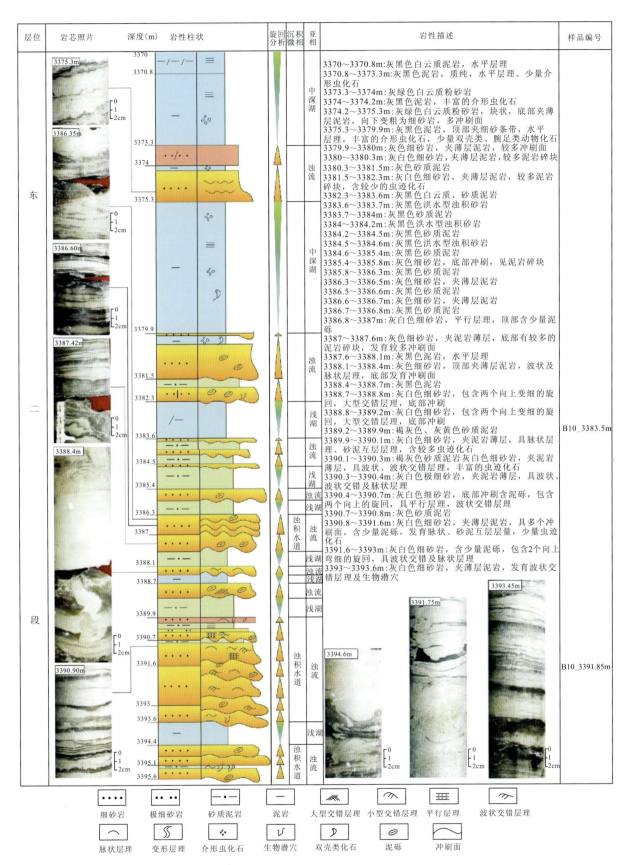

图 5-39 南堡凹陷 B10 井岩芯沉积相分析

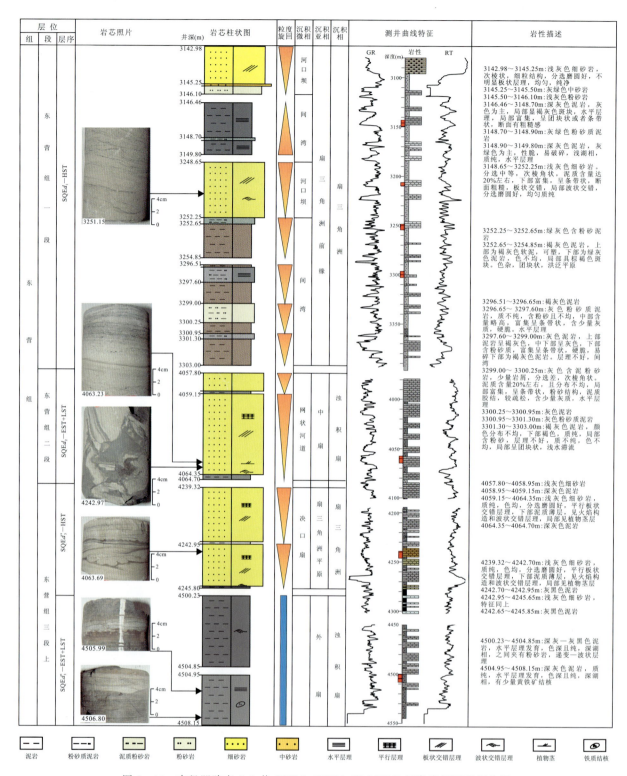

图 5-40 南堡凹陷老 2x1 井 $SQEd_1$、$SQEd_2$ 和 $SQEd_3^s$ 层序岩芯沉积相分析

4. 湖泊体系

以枯水期、洪水期和浪基面为界面,湖泊体系被划分为滨浅湖亚相、半深湖亚相和深湖亚相三种沉积亚相类型。

滨浅湖亚相是指滨岸带、湖湾等浪基面以上的沉积组合,入湖的三角洲或扇三角洲砂体在湖岸流和沿岸流的作用下,可形成与岸线走向平行或斜交的滨岸砂坝。滨岸砂坝是滨浅湖亚相中非常重要的沉积类型,由于波浪的反复改造,滨岸砂坝砂岩具有石英颗粒含量高、分选好、均一纯净等区别于其他沉积体系的特点。南堡凹陷内的滨岸砂坝主要由中—细砂岩、粉砂岩夹粉砂质泥岩组成,砂岩分选较好,结构成熟度较高,发育波状交错层理、板状交错层理、平行层理、爬升层理(图 5-41),见植物茎化石,局部见较多腹足类、双壳类化石。

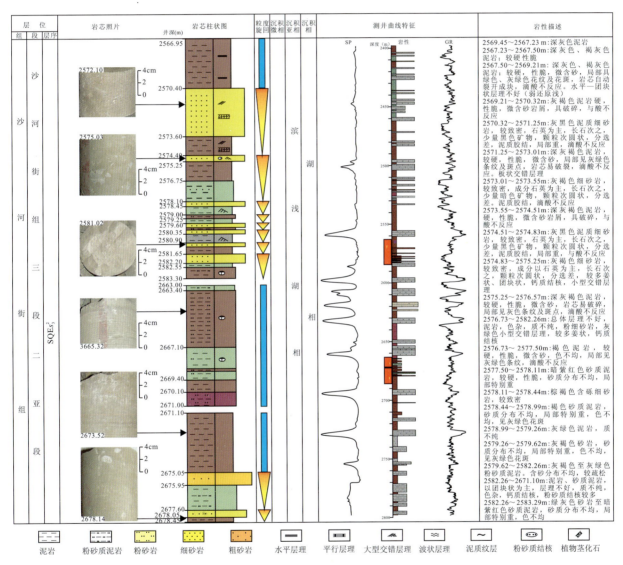

图 5-41　南堡凹陷高 4 井岩芯沉积相分析

半深湖-深湖亚相分布较为局限,以泥质沉积为主,发育厚层的暗色泥岩(图 5-42),含丰富的介形虫、双壳类和腹足类动物介壳及少量植物茎化石,有时夹有薄层的浊积砂层(图 5-43)。测井曲线多为低值平滑曲线或带细小锯齿曲线。

5.4.2　单井高精度层序地层学和沉积相研究

单井高精度层序地层分析是层序地层学研究的重要组成部分,是含油气盆地开展各项层序地层学研究重要而关键的基础。该研究是在地震层序格架建立的基础上进行的更高级别层序分析,包括进一步识别各体系域及其准层序结构特征,其分析以岩芯、岩屑、测井资料为基础,岩芯观察及所建立的岩—

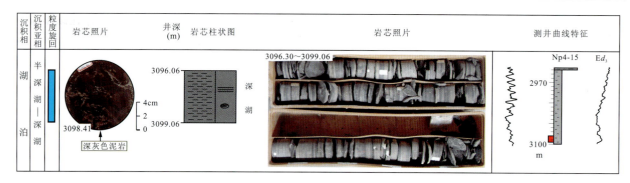

图 5-42　南堡凹陷 Np4-15 井岩芯沉积相分析

图 5-43　南堡凹陷 Lao2x1 井岩芯沉积相分析

电映射关系提供了应用测井曲线进行全井段沉积体系、沉积相分析的桥梁，钻井层序的划分归根结底是以沉积体系、沉积相的垂向演化所反映的湖平面变化为依据。

全井段层序地层分析一般是在研究区选取具有代表性的典型钻井（较深、钻遇目标层位）进行观察、分析，划分高级层序单元（高频层序）和识别其体系域，并进行沉积环境的精细判别。研究内容包括：①在垂向上，以 Exxon 科研小组倡导的经典层序地层学研究方法为主，具体实施方案和以 Cross 为代表所倡导的高分辨率层序地层学研究方法综合应用，并在二者之间寻求"交接点"。②对钻井的典型测井曲线（一般为自然伽马曲线或自然电位曲线、视电阻率曲线）进行测井相的分析，识别和总结出具有代表性的测井相特征，对它们的典型层段或重点层段给予重点研究。根据电性曲线形态特征及其组合特点、准层序的叠加方式，确定出初始湖（海）泛面和最大湖（海）泛面，进而确定体系域和层序界面，并利用多种测井曲线形态组合特征判断体系域包含的沉积体系类型。③在确定层序界面、始湖（海）泛面和最大湖（海）泛面时，强调了利用高分辨率过井地震剖面的配合，尤其是强调剖面分析与单井分析的相互校正及印正。

根据研究任务规定，本次开展钻井分析的层位为新生界地层，主要包括馆陶组、东营组和沙河街组。本次共选取 6 口有代表性钻井进行单井沉积相和高频层序地层研究，分别是：B30、G16、Lao2x1、NP1、NP3-1、NP4-20。完成了综合录井柱状岩性描述图的清绘，测井曲线镜像，旋回分析，沉积相、沉积亚相和沉积微相的识别、判定，同时进行了三级层序的划分。

下面介绍本次单井沉积相研究的方法及成果。

1. 老 2x1 井（图 5-44）

老堡 2x1 井位于河北省滦南县南堡乡林雀以东（偏北）约 3.5km 海滩区内，其构造位置位于老堡构造带北部构造高点，井位坐标：$X=20\ 626\ 215.30$，$Y=4\ 331\ 074.30$。本井为预探井，主要目的层为馆陶组、东营组和沙河街组。钻探目的是了解老堡构造带北部背斜构造上的含油气情况。井深 4300m（垂深）。本井钻遇地层自上而下依次为第四系平原组，新近系明化镇组、馆陶组与古近系东营组。该井在本次研究层段发育 5 个三级层序，自上而下分别为：

第5章 构造活动的"双强效应"对沉积的控制

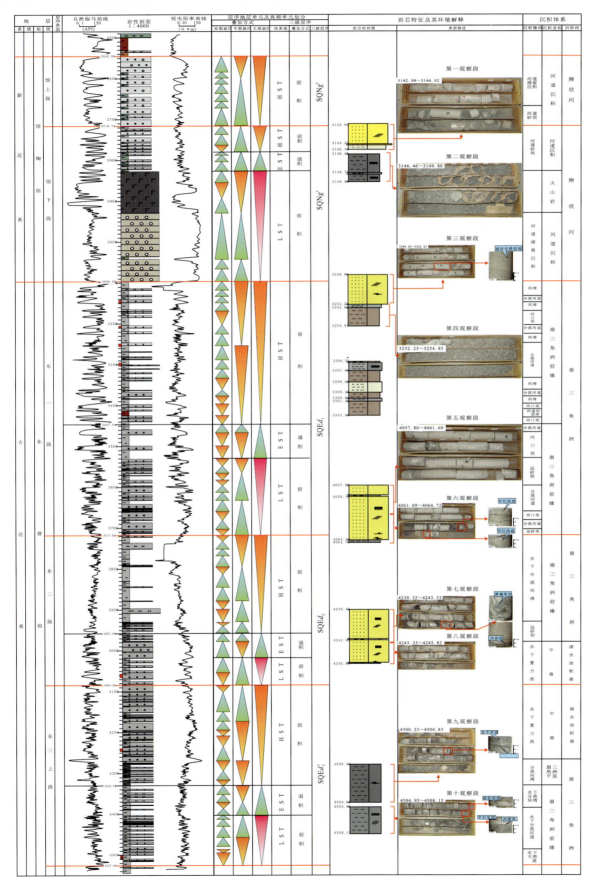

图 5-44 南堡凹陷 Lao2x1 井单井沉积相及层序地层综合分析图

馆陶组上段层序、馆陶组下段层序、东营组一段层序、东营组二段层序和东营组三段上层序。

馆陶组上段层序(2545.00～2716.74m,钻厚171.74m)

岩性上部为灰白色砾状砂岩与灰绿色泥岩的不等厚互层,下部为灰白色中砂岩与灰绿色泥岩段不等厚互层。泥岩：质较纯,细腻；成岩中等；局部含粉砂质。中砂岩：主要成分为石英、长石,含少量岩屑,含砾；分选中—差,次圆状,泥质胶结,松散状。砾状砂岩：成分主要为石英、长石,少量岩屑；含10%～15%石英砾,分选差,次圆—棱角状；泥质胶结,含少量灰质,松散状。

自然伽马曲线变化幅度明显,呈齿化箱形。电性表现为高阻,视电阻率曲线呈锯齿状特征,表明砂岩体泥质,杂基含量较高,物性差。

馆陶组上段层序沉积以河流相辫状河为主,发育有河道砂坝、河道滞留沉积等沉积类型。

馆陶组下段层序(2716.74～3096m,钻厚379.26m)

岩性上部以灰白色中砂岩与灰绿色泥岩的不等厚互层为主,夹灰色泥岩以及灰色粉砂岩薄层；中部为一大套灰黑色基性玄武岩；下部为一套杂色砾岩,夹灰绿色泥岩薄层。泥岩：质较纯,细腻；成岩中等；局部含粉砂质。中砂岩：主要成分为石英、长石,含少量岩屑,含砾；分选中—差,次圆状,泥质胶结,松散状。砾岩：砾分主要为石英、少量长石、岩屑等；砾分占55%～60%,细砾级,砾径一般2mm,分选中等,次圆状；充填物主要为少量砂质、泥质岩屑、云母等,杂基含量约占30%；少量灰质,松散状。玄武岩：主要由基质组成,隐晶结构,具气孔构造,反映喷发岩浆流动快速冷却的特征,上部呈灰绿色,局部受风化影响转化为绿泥石。玄武岩顶部有受风化特征,反映这一地质时期存在着沉积间断。

砾岩段自然伽马曲线表现为齿化箱形,视电阻率表现为块状高阻。砂泥互层段自然伽马曲线表现为中高幅锯齿状,而视电阻率表现为中低幅锯齿状。

馆陶组下段层序以河流相辫状河为主,发育河道砂坝、河道滞留沉积等沉积类型。

该组地层与下伏地层呈不整合接触。

东营组一段层序(3096.00～3717.50m,钻厚621.50m)

东营组一段层序上部为灰—绿灰色泥岩夹浅灰—灰白色细砂岩；中部为浅灰色粉砂岩、细砂岩与灰—深灰色泥岩略等厚互层；下部为灰、浅灰色砂岩与灰—深灰色泥岩等厚互层。泥岩：质纯、细腻；成岩中等；普遍含灰质；自上而下颜色有灰—深灰色变化。砂岩：主要以细砂岩为主,部分为粉砂岩,成分有石英、长石,少量岩屑、云母等；分选中等；次棱角状,泥质胶结,部分含灰质,较疏松。本段地层总体上反映为自上而下由细到粗正韵律沉积特征；上部沉积较细,以泥岩为主,下部砂岩相对较发育,砂岩单层厚度一般为10～20m。由于本井东一段沉积厚度比临井(G33、M16-1)增近200多米(G33井厚325m,M16-1井厚336m,本井厚621.50m),反映东一段沉积期该地区水体比邻区深。东营组一段层序岩性从下往上由粗到细变化,视电阻率曲线呈锯齿状,幅值由下往上变化不大,对应为该层序上部的高位体系域(HST,叠加样式为退积)；湖扩体系域在中部发育,岩性自下而上明显有一个由粗到细的变化过程,对应为该层序上部的湖扩体系域(EST,叠加样式为退积)；层序下部发育低位体系域(LST,叠加样式为进积),岩性自下而上明显有一个由细到粗的变化过程。层序结构上：发育高位体系域、湖扩体系域和低位体系域。沉积相以扇三角洲前缘的远沙坝、分流河道、河口坝、河道间沼泽、间湾为主。

东营组二段层序(3717.50～4084.00m,钻厚366.50.m)

东营组二段层序发育灰—深灰色泥岩夹浅灰色粉砂岩。泥岩：质较纯,细腻；局部含粉沙质,硬脆；下部略含灰质；成岩中等—好。粉砂岩：主要有石英、长石,少量岩屑,分选中等,次棱角状,泥质胶结,较疏松,呈薄层状。东营组二段层序岩性从下往上由粗到细变化,视电阻率曲线呈锯齿状,幅值由下往上变化不大,对应为该层序上部的高位体系域(HST,叠加样式为退积)；湖扩体系域在中部发育,岩性自下而上明显有一个由粗到细的变化过程,对应为该层序上部的湖扩体系域(EST,叠加样式为退积)；层序下部发育低位体系域(LST,叠加样式为进积),岩性自下而上明显有一个由细到粗的变化过程。层序结构上：发育高位体系域、湖扩体系域和低位体系域。沉积相以深水浊积扇的水下重力流和扇三角洲前缘的远沙坝、水下分流河道为主。

东营组三段上层序(4084.00～4527.00m,钻厚443.00m)

东营组三段上层序发育深灰色泥岩与浅灰色细砂岩等厚互层。泥岩：质较纯,细腻,硬、脆；局部含粉砂质；成岩中等—好。细砂岩：主要成分为石英、长石、少量岩屑云母等；分选中等—好,次圆—次棱角状,泥质胶结,含少量灰质,胶结下部较致密。本段地层砂岩比较发育,单层厚度一般为10～25m,较厚,视电阻率曲线多呈锯齿状,反映砂岩体泥质,杂基含量较高,物性差等特征。东营组三段上部层序岩性从下往上由细到粗变化,视电阻率曲线呈锯齿状,幅值由下往上变化不大,对应为该层序上部的高位体系域(HST,叠加样式为退积);湖扩体系域也在中部发育,岩性自下而上明显有一个由粗到细的变化过程,对应为该层序上部的湖扩体系域(EST,叠加样式为退积);层序下部发育低位体系域(LST,叠加样式为进积),岩性自下而上明显有一个由细到粗的变化过程。层序结构上:发育高位体系域、湖扩体系域和低位体系域。沉积相以扇三角洲前缘的水下天然堤、水下分流河道、水下分流间湾和扇三角洲平原的分流间湾和深水浊积扇的水下重力流为主。

2. 南堡 1 井(图 5-45)

南堡1井位于河北省唐山市南堡开发区南堡乡西偏南8km海域。该井为黄骅坳陷南堡凹陷南堡构造带南堡断鼻构造高部位的一口预探井,预探南堡构造带南堡断鼻构造明化镇组、馆陶组、东营组、沙河街组和前第三系含油气情况。本井钻遇地层自上而下依次为平原组、明化镇组、馆陶组、东营组及沙河街组一段和三段。该井在本次研究层段馆陶组、东营组及沙河街组一段、二段和三段发育12个三级层序,自下而上分别为:馆陶组上段层序、馆陶组下段层序、东营组一段层序、东营组二段层序、东营组三段上层序、东营组三段下层序、沙河街组一段中层序、沙河街组一段下层序、沙河街组二段层序、沙河街组三段上层序、沙河街组三段中层序、沙河街组三段下层序。

馆陶组上段层序(1885.48～2082.73m,钻厚197.25m)

岩性上部为浅灰色细砂岩与灰色泥岩的不等厚互层;中部为一套浅灰色含砾不等粒砂岩,沉积构造见大型交错层理;下部为浅灰色细砂岩、灰色泥岩以及泥质粉砂岩的不等厚互层。为一套氧化-弱氧化环境下的辫状河沉积。

砂岩自然电位曲线幅度较明显,呈负异常,泥岩段自然电位曲线平缓。视电阻率曲线幅度变化不太明显。

馆陶组上段层序沉积以河流相辫状河为主,发育有辫状河道沉积,河道边缘沉积等沉积亚相类型。

馆陶组下段层序(2082.73～2469.59m,钻厚386.86m)

岩性上部以火山喷发岩灰黑色玄武岩与紫红色、灰白色凝灰岩为主,夹灰色玄武质泥岩。下部为灰色、棕红色泥岩与浅灰色细砂岩呈不等厚互层;底部为灰白色砂砾岩层。为一套氧化-弱氧化环境下的辫状河沉积。期间火山活动较频繁。

砂岩自然电位曲线幅度较明显,呈负异常,泥岩段自然电位曲线平缓,火山岩段自然电位曲线趋近于直线。

馆陶组下段层序沉积以河流相辫状河为主,辫状河道沉积为其优势沉积亚相类型。

与下伏地层古近系东营组呈角度不整合接触。

东营组一段层序(2469.59～2659.13m,钻厚189.54m)

岩性上部主要为浅灰色细砂岩与灰色泥岩呈不等厚互层,夹浅灰色泥岩薄层;下部为灰色泥岩与浅灰色细砂岩、粉砂岩不等厚互层。为一套扇三角洲沉积体系。

自然电位曲线变化幅度明显,砂岩呈负异常。泥岩段自然电位曲线平缓似直线。视电阻率曲线变化幅度不太明显,砂岩呈正异常,泥岩呈负异常。

东一段位于东营组沉积旋回上部,由一套细砂岩、泥岩组成,为底细上粗的反旋回沉积层序,主要是扇三角洲沉积。东营组一段层序内只有湖扩体系域发育,主要为河口坝、远砂坝等沉积。

东营组二段层序(2659.13～3044.20m,钻厚385.07m)

岩性以灰色泥岩为主,夹薄层浅灰色细砂岩、泥质粉砂岩以及粉砂岩,为一套扇三角洲和湖相沉积。

自然电位曲线变化幅度较明显,砂岩呈负异常。泥岩段自然电位曲线平缓,趋近于直线。视电阻率曲线变化幅度不太明显。

东二段位于东营组沉积旋回中部,属扇三角洲-湖泊相沉积环境,岩性以灰色泥岩为主,夹厚度不等的砂岩层,为粗—细的岩性组合。东营组二段层序湖扩相对发育,主要为扇三角洲前缘相,发育有河口坝,水下分流间湾等沉积类型;层序低位体系域相对发育,主要为扇三角洲前缘和湖泊相,发育有远砂坝,水下分流河道和浅湖相沉积类型。该段沉积环境为扇三角洲-湖泊相沉积。

东营组三段上层序(3044.20～3386.34m,钻厚342.14m)

岩性上部主要以灰色泥岩为主,夹薄层浅灰色细砂岩,泥质粉砂岩,为一套湖相沉积;中部主要为灰色、灰褐色泥岩与灰黑色、灰色—浅灰色凝灰岩、灰黑色玄武岩、灰色、灰褐色凝灰质泥岩及浅灰色含砾不等粒砂岩的不等厚互层;下部为浅灰色、灰黑色凝灰岩与灰色泥岩的不等厚互层,期间火山活动较频繁。

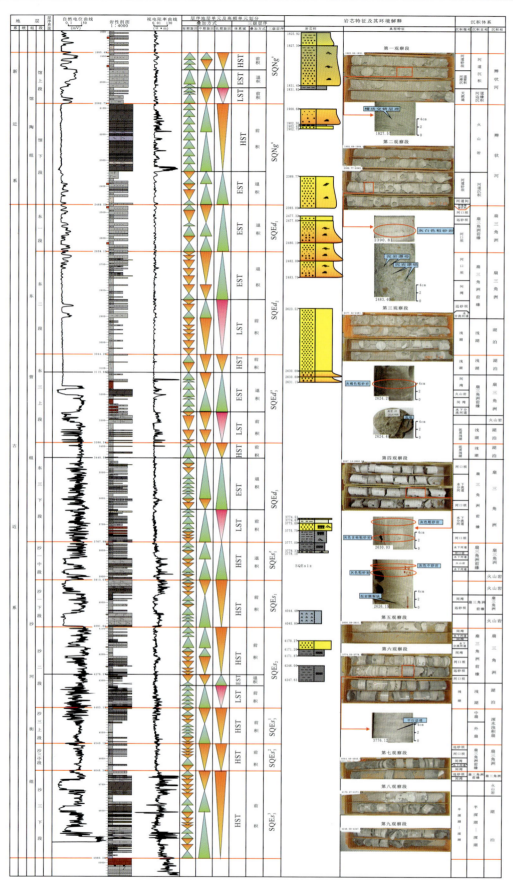

图 5-45 南堡凹陷南堡 1 井单井沉积相及层序地层综合分析图

自然电位曲线变化幅度明显,砂岩呈负异常。泥岩段自然电位曲线平缓似直线。视电阻率曲线变化幅度也较明显,凝灰岩段呈箱状高阻。

东三上段位于东营组三段沉积旋回上部,主要由泥岩与厚层玄武岩和凝灰岩组成。东营组三段上层序各个体系域均有发育。高位体系域主要为浅湖沉积;湖扩体系域为扇三角洲前缘相,发育有水下分流间湾和水下分流河道等沉积类型;低位体系域主要为浅湖相沉积。

东营组三段下层序(3386.34～3767.86m,钻厚 381.52m)

岩性上部以灰色泥岩为主,夹灰色、灰黑色凝灰岩薄层的不等厚互层;中下部为灰色泥岩、粉砂质泥岩、泥质粉砂岩、泥灰岩、浅灰色粉砂岩、浅灰色细砂岩、浅灰色、灰褐色细砂岩以及少量杂色砂砾岩的不等厚互层,为一套扇三角洲沉积。

自然电位曲线变化幅度明显,砂岩呈负异常。泥岩段自然电位曲线平缓似直线。视电阻率曲线变化幅度不太明显。

东三下段位于东营组三段沉积旋回下部,主要由灰色泥岩、粉砂岩以及浅灰色细砂岩组成。东营组三段下层序各个体系域均有发育。高位体系域主要为浅湖沉积;湖扩体系域为扇三角洲前缘相,发育有河口坝、水下分流河道等沉积类型;低位体系域为扇三角洲前缘中的水下分流河道、河口坝等。

与下伏地层古近系沙河街组呈平行不整合接触。

沙河街组一段中层序(3767.86～3913.07m,钻厚 145.21m)

岩性上部为灰色泥岩与灰色—浅灰色细砂岩的不等厚互层,下部主要以灰色泥岩,灰黑色玄武岩,灰色凝灰岩为主的不等厚互层,夹灰色细砂岩,以及灰色凝灰质细砂岩。后期火山活动较频繁。

自然电位曲线变化幅度明显,砂岩呈负异常。泥岩段自然电位曲线平缓似直线。火山岩段自然电位曲线呈箱形负异常,视电阻率曲线呈尖刀状正异常。

沙河街组一段中层序仅高位体系域比较发育,主要为扇三角洲前缘沉积,发育有水下河道、河口坝等沉积类型。

沙河街组一段下层序(3913.07～4091.13m,钻厚 178.06m)

岩性上部为灰色凝灰岩,灰黑色玄武岩、泥岩的不等厚互层;中部以浅灰色细砂岩,灰色泥岩的不等厚互层为主,夹浅灰色凝灰质细砂岩薄层;下部为灰色—灰黑色玄武岩以及灰色凝灰岩的不等厚互层。火山活动较频繁。

自然电位曲线变化幅度明显,砂岩呈负异常。泥岩段自然电位曲线平缓似直线。火山岩段自然电位曲线呈箱状负异常,视电阻率曲线表现为高阻。

沙河街组一段下层序仅高位体系域比较发育,主要为扇三角洲前缘沉积,发育有水下分流间湾、远砂坝等沉积类型。

沙河街组二段层序(4091.13～4403.11m,钻厚 311.98m)

岩性上部以灰色泥岩、细砂岩、粉砂质泥岩为主的不等厚互层,夹灰色泥质白云岩、含灰色、灰质细砂岩的薄层;中下部为灰色泥岩、泥质粉砂岩、灰质粉砂岩、灰质细砂岩、粉砂质泥岩的不等厚互层;底部主要为灰色泥灰岩,夹灰色含灰泥岩的薄层。

自然电位曲线变化幅度明显,砂岩呈负异常。

沙河街组二段层序各个体系域均有发育。高位体系域主要为扇三角洲前缘相的水下分流间湾、水下分流河道,以及远砂坝、河口坝沉积;湖扩体系域为扇三角洲前缘的河口坝和浅湖相沉积;低位体系域为浅湖相沉积。

沙河街组三段上层序(4403.11～4540.12m,钻厚 137.01m)

岩性上部主要以灰色泥岩与灰色灰质细砂岩的不等厚互层为主,夹浅灰色灰质粉砂岩薄层;下部以灰色泥岩为主,夹灰色含灰泥岩和灰色灰质细砂岩薄层。

自然电位曲线变化幅度明显,砂岩呈负异常。

沙河街组三段上层序仅高位体系域比较发育,主要为深水浊积扇沉积,发育有中扇和外扇亚相沉积类型。

沙河街组三段中层序(4540.12～4646.34m,钻厚 106.22m)

岩性上部为灰色泥岩与灰色灰质细砂岩的不等厚互层,下部以灰色泥岩为主,夹灰色灰质细砂岩的薄层。

自然电位曲线变化幅度明显,砂岩呈负异常。

沙河街组三段中层序仅高位体系域比较发育,主要为扇三角洲前缘相沉积,发育有远砂坝、河口坝、水下分流间湾以及水下分流河道等沉积类型。

沙河街组三段下层序(4646.34～4980.90m,钻厚 334.56m)

岩性上部主要为灰色灰质细砂岩、泥岩泥灰岩、凝灰岩,灰黑色玄武岩不等厚互层,含少量碳质泥岩;中部主要为灰色泥岩与灰黑色玄武岩不等厚互层,含少量碳质泥岩;下部主要以灰色泥岩、凝灰岩为主,夹灰色泥岩、白云质灰岩、铝土质泥岩,灰黑色玄武质泥岩,紫红色泥岩的薄层。自然电位曲线变化幅度明显,砂岩呈负异常。泥岩段自然电位曲线较平缓。

沙河街组三段下层序仅高位体系域比较发育，主要为半深湖-深湖相沉积。

与下伏地层古生界奥陶系呈角度不整合接触。岩性上部为浅灰色粉砂岩与深灰色泥岩的不等厚互层；下部主要为棕红色泥岩与浅灰色含砾不等粒砂岩的不等厚互层，夹灰色泥质粉砂岩和浅灰色粉砂岩薄层。泥岩：质较纯，性软，造浆性强，岩屑呈团块状。细砂岩：成分以石英为主，长石次之；细粒结构，次圆状，分选中等，泥质胶结，疏松。粉砂岩：泥质胶结，疏松；含砾不等粒砂岩：成分以石英为主，长石次之；不等粒结构；次圆状—次棱角状；分选差；砾石以石英砾为主，砾径最小1mm，最大3mm，平均2mm；泥质胶结，松散。泥岩段电性为低基值、低阻、高自然伽马，砂岩电阻率曲线以尖峰高阻为主。

东营组三段下层序各个体系均有发育。层序高位体系域为扇三角洲平原沉积，发育天然堤、决口扇、分流河道、分流间湾等沉积类型；层序湖扩体系域为扇三角洲前缘沉积，发育河口坝沉积；层序低位体系域为扇三角洲平原沉积，主要发育分流河道沉积。

5.4.3 南堡凹陷东营组沉积体系空间展布特征

1. 物源分析

利用岩矿特征分析沉积盆地的物源体系是一种重要的手段，重矿物 ZTR 指数和常规矿物分析是主要采用的方法（李桢等，1998）。根据重矿物的组合特征和分布特征可以判断物源区的位置及物源区的母岩性质。重矿物是指沉积岩中密度大于 $2.86g/cm^3$ 的矿物，性质不稳定的重矿物随着搬运距离的增大而逐渐减少，而稳定重矿物的相对含量逐渐升高，且不同的重矿物种类对应相应的母岩成分。ZTR 指数是指稳定矿物锆石、电气石和金红石组成的透明矿物的百分含量之和，ZTR 指数越大，代表重矿物的成熟度越高。常规矿物分析，以沉积碎屑成分（主要是石英、长石和碎屑）特征和成分成熟度的研究为理论基础，根据碎屑组分含量的相似性区分出不同的物源区。成熟系数的计算公式为：

$$成熟系数 = (石英 + 燧石)(\%) / (长石 + 岩屑)(\%) \tag{5-1}$$

南堡凹陷古近纪北部为老王庄凸起和西南庄凸起，东部为柏各庄凸起、马头营凸起和石臼坨凸起，南部为沙垒田凸起（图5-46）。这几个大的凸起区成为南堡凹陷的主要物源供给区，其中最主要的是北部物源区和东部物源区。

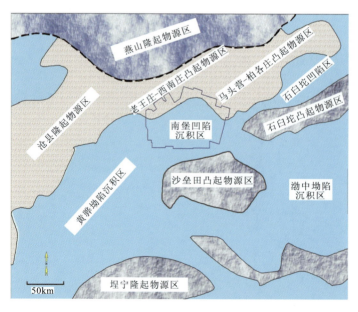

图 5-46 南堡凹陷及周边地区古近纪主要物源区示意图

根据 ZTR 指数和成熟系数,可以将对南堡凹陷东营组沉积期的物源进一步细化为 5 个,分别是:西部的涧南方向物源、北部的黑沿子方向物源、落潮湾方向物源、东部的马头营凸起物源和南部的沙垒田凸起方向物源。同一物源方向的重矿物组合和稳定矿物组合具有相似的特征,不同方向的重矿物组合和稳定矿物组合的差别较大(图 5-47、图 5-48)。

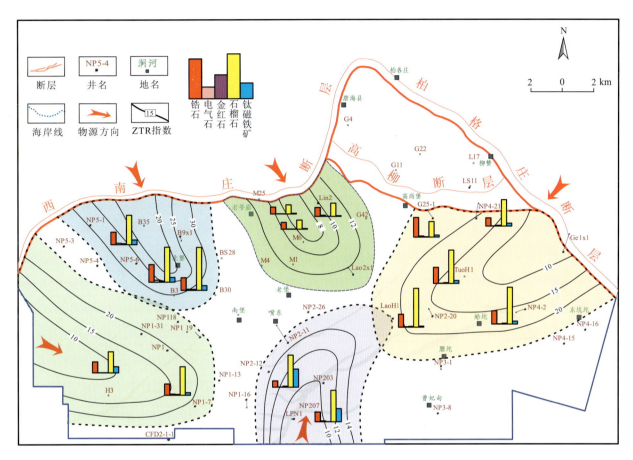

图 5-47 南堡凹陷东营组重矿物 ZTR 等值线图(据姜华,2009)

(1)西部的涧南物源:该物源由西部涧南潜山方向进入凹陷,重矿物成分富锆石和石榴石,ZTR 指数为 10~20;轻矿物特征以高石英、岩屑次之、低长石为特征,成熟系数为 0.6~1.0。

(2)黑沿子方向物源:该物源由北部老王庄突起方向过黑沿子地区进入凹陷,主要为北堡地区提供物源,重矿物成分富锆石和石榴石,ZTR 指数为 20~30;轻矿物特征是高长石、石英次之、低岩屑,成熟系数为 0.4~0.8。

(3)落潮湾方向物源:该物源由北部落潮湾突起方向进入凹陷,主要为老爷庙地区提供物源,重矿物以锆石和石榴石为主,但较黑沿子方向物源低,ZTR 指数为 8~12;轻矿物特征是高石英、长石次之、低岩屑,成熟系数为 1.2~1.6。

(4)马头营突起物源:该物源由东部马头营突起方向进入凹陷,主要为柳南次凹和南堡 4 号构造带提供物源,重矿物以锆石和石榴石为主,但与落潮湾方向物源明显不同,其锆石和石榴石含量明显增多,ZTR 指数为 10~20;矿物特征是高石英、岩屑次之、低长石,成熟系数为 0.8~1.2。

(5)沙垒田突起方向物源:该物源由南部沙垒田突起向北进入凹陷,主要为南堡 2 号构造带提供物源,并与马头营突起物源相会合,重矿物以锆石和石榴石为主,钛磁铁矿含量明显增多,ZTR 指数为 10~14;轻矿物特征是高石英、岩屑次之、低长石,成熟系数为 0.8~1.2。

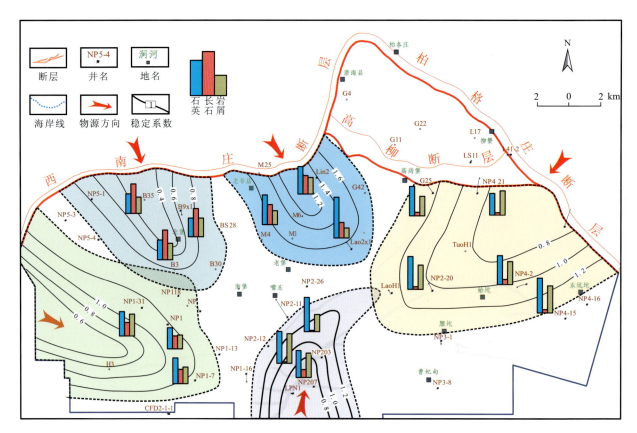

图 5-48 南堡凹陷东营组轻矿物稳定系数等值线图(据姜华,2009)

这 5 个物源方向反映了南堡凹陷东营组沉积期的整体物源特征,具体到 Ed_3^x、Ed_3^s、Ed_2、Ed_1 沉积时期,在此 5 个物源方向上或有增减,还要结合其他资料(如砂分散体系资料)进行具体分析。

2. 地震属性分析

地震属性是指由叠前或叠后地震数据经过数学变换而导出的有关地震波的几何形态、运动学特征和统计学特征的特殊测量值(邹才能等,2002)。地层岩性及充填在其中的流体性质的空间变化,会造成地震反射速度、振幅、频率等相应变化。当地层或流体性质变化达到一定限度的时候,地震剖面就会表现为波形、能量、频率、相位等一系列基于几何学、运动学和动力学的地震属性的明显变化。尽管目前研究人员尚无法找到地震属性与地质目标一一对应的成因联系,但通过大量的研究表明:在地层性质与地震属性之间往往存在某种线性或非线性统计关系。利用这种统计规律,可以钻井岩性和流体性质作为标定,应用地震属性分析技术进行沉积相带及储层性质的研究(Schlager et al.,2000;Zeng and Ambrose,2001;Zeng et al.,2003)。在不同地区、不同资料条件下,各种地震属性对地质情况的反应存在显著的差异性。本次研究中,首先建立起钻井的地层标定,再运用多种地震属性进行优选对比,最终选择平均瞬时振幅属性作为沉积体系展布研究的主要参考属性。

南堡凹陷东营组地震属性图显示,暖色高值区主要分布在柏各庄断裂下降盘、西南庄断裂下降盘、研究区西部,研究区南部也零星分布;冷色低值区分布在湖盆中部地区。其中,Ed_3^s 地震属性图上冷色低值区范围最广,表明该时期半深湖-深湖相泥质沉积也最发育;Ed_1 地震属性图上冷色低值区范围最小,表明该时期三角洲沉积体系的发育范围最广。从属性图上可以看出,东营组堆积期南堡凹陷盆缘数个三角洲扇体呈裙带状向凹陷中部推进(图 5-49~图 5-56)。

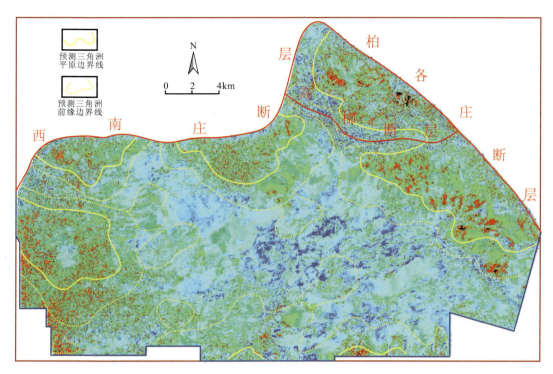

图 5-49 南堡凹陷 $SQEd_3^x$ 低位和湖扩域平均瞬时频率地震属性分析

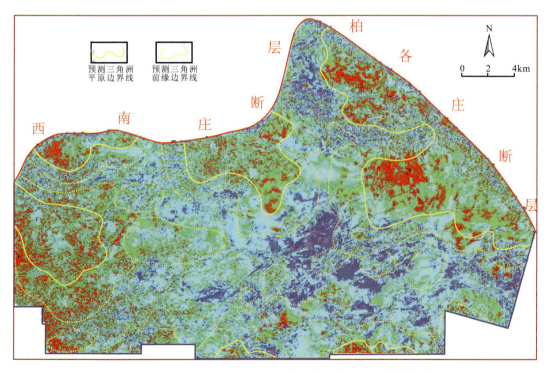

图 5-50 南堡凹陷 $SQEd_3^x$ 高位域平均瞬时频率地震属性分析

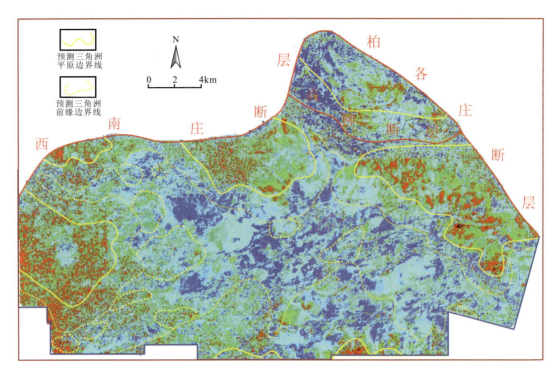

图 5-51　南堡凹陷 SQEd_3^8 低位和湖扩域平均瞬时频率地震属性分析

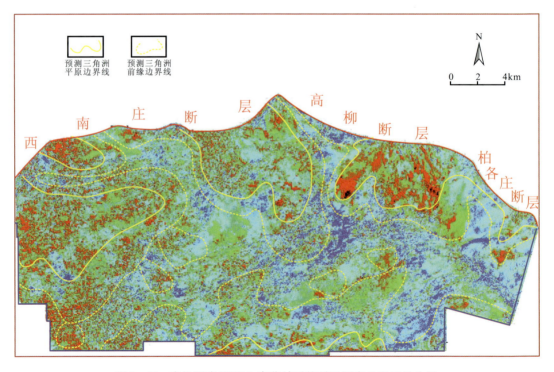

图 5-52　南堡凹陷 SQEd_3^8 高位域平均瞬时频率地震属性分析

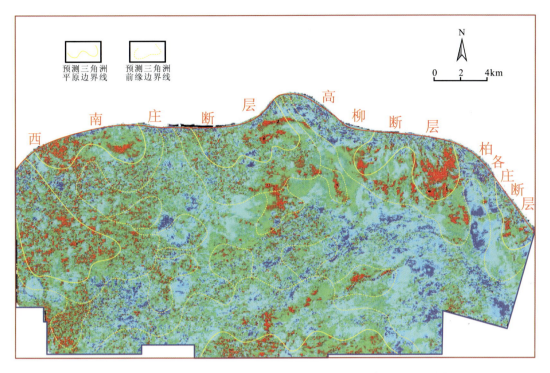

图 5-53 南堡凹陷 SQEd_2 低位和湖扩域平均瞬时频率地震属性分析

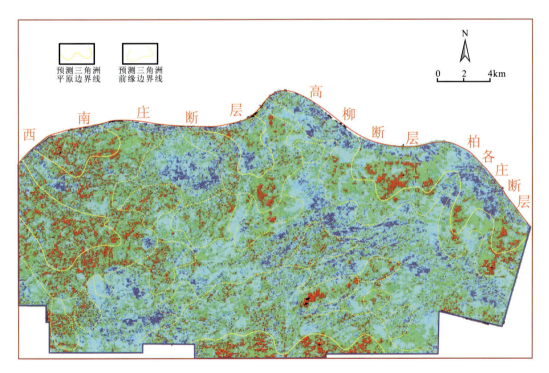

图 5-54 南堡凹陷 SQEd_2 高位域平均瞬时频率地震属性分析

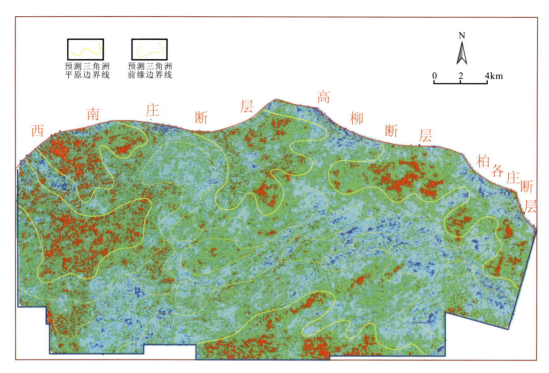

图 5-55　南堡凹陷 SQEd_1 低位和湖扩域平均瞬时频率地震属性分析

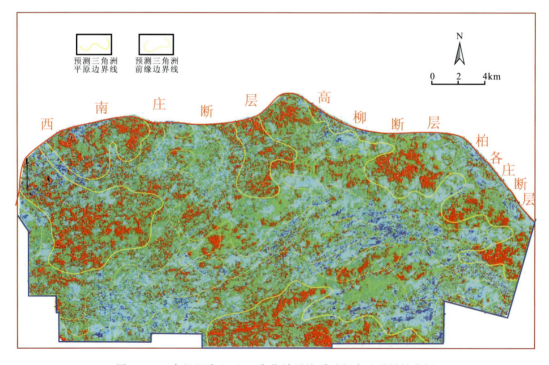

图 5-56　南堡凹陷 SQEd_1 高位域平均瞬时频率地震属性分析

3. 砂分散体系分析

砂分散体系分析可以为物源分析提供一定的证据,其空间结构不仅可以指示古水流方向和物源区数量,而且可以有效揭示物源范围及其随时间变化的稳定性。对同一个沉积体系而言,一般距离物源区越近,含砂率值越大。对于三角洲沉积体系而言,砂岩百分含量的展布方向可以指示古水流方向,从而进一步指示物源方向;砂岩百分含量展布所显示的朵体之间的界线就是物源区影响的边界线,通过统计可以定量地了解物源的影响范围(焦养泉等,1998)。结合矿物特征分析和钻井砂体百分含量统计,可以建立南堡凹陷 Ed_3^x、Ed_3^s、Ed_2、Ed_1 砂岩百分含量等值线图(图5-57~图5-64)。由砂岩百分含量指示的南堡凹陷东营组堆积期物源区的个数和方向与重矿物 ZTR 指数、常规矿物稳定系数指示的物源区个数和方向具有较高的匹配性,但具体到 Ed_3^x、Ed_3^s、Ed_2、Ed_1 沉积时期略有不同。砂岩百分含量等值线的空间展布特征显示,南堡凹陷东营组堆积期凹陷周缘数个三角洲扇体多呈裙带状展布。

4. 沉积体系平面展布图

地震属性分析,并结合砂分散体系研究,是比较有效的分析相边界的方法。统计东营组各层序沉积期的砂岩百分含量,勾绘出砂岩百分含量等值线图。在此基础上,结合岩芯、单井、地震属性、岩矿资料,综合绘制出东营组各沉积期的沉积体系平面展布图。

(1)$SQEd_3^x$ 沉积体系平面展布图。

$SQEd_3^x$ 以发育扇三角洲沉积体系、半深湖-深湖沉积体系和辫状河三角洲沉积体系为主。扇三角洲沉积体系主要发育在西南庄断裂和柏各庄断裂下降盘,辫状河三角洲沉积体系主要发育在凹陷的南部缓坡带。此外,扇三角洲前缘、辫状河三角洲前缘以深的半深湖-深湖相发育一定数量和规模的前缘滑塌体。

$SQEd_3^x$ 沉积期,南堡凹陷接受6个物源区的碎屑物供给(图5-65、图5-66),这6个物源分别是:西部的涧南物源,北部的黑沿子方向物源、落潮湾方向物源,东部的柏各庄潜山方向物源、马头营突起物源,南部的沙垒田突起方向物源。西部的涧南物源进入凹陷后,以扇三角洲的形式向东推进到 H3 井和 B3 井附近,扇三角洲前缘以深的 Bs28 井和 xN1 井附近各发育一前缘滑塌体。黑沿子方向物源由北部老王庄突起方向过黑沿子地区进入凹陷,以扇三角洲的形式向南推进到 B35 井附近。落潮湾方向物源主要以扇三角洲的形式堆积在老爷庙地区,向南过 M25 井推进到 G33 井和 M4 井附近,扇三角洲前缘以深的 Lao2x1 井附近发育一前缘滑塌体。柏各庄潜山方向物源从东北部进入凹陷内,主要为拾场次凹提供物源。马头营凸起物源进入凹陷后,以近岸水下扇的形式向西过 Np4-21 井和 Ge1x1 井推进到 YuoH1 井附近,主要为柳南次凹和南堡4号构造带提供物源。沙垒田凸起方向物源以辫状河三角洲的形式进入南堡凹陷,主要为南堡2号构造带提供物源,由南向北推进到 Np1-16 井、Np203 井和 Np3-8 井附近,辫状河三角洲前缘以深的 Np2-29 井附近发育一前缘滑塌体。南堡凹陷为陆相断陷湖盆,潮汐和波浪对沉积相的破坏改造作用较弱,进入湖盆的扇三角洲和辫状河三角洲遭受破坏较少,三角洲的发育良好,展布范围较大。

(2)$SQEd_3^s$ 沉积体系平面展布图。

$SQEd_3^s$ 沉积时期,南堡凹陷内主要发育扇三角洲沉积体系、半深湖-深湖相沉积体系和辫状河三角洲沉积体系,扇三角洲沉积体系主要发育在西南庄断裂下降盘、高柳断裂下降盘和柏各庄断裂北段下降盘,辫状河三角洲沉积体系主要发育在南部缓坡带。此外,扇三角洲前缘、辫状河三角洲前缘以深的半深湖-深湖相发育一定数量和规模的前缘滑塌体。

与 $SQEd_3^x$ 相比,$SQEd_3^s$ 的沉积格局发生了一些变化,主要表现在:高柳断裂上升盘的翘倾导致高尚堡潜山、柳赞潜山露出湖面,将高柳断裂上、下盘分割为两个相互独立的沉积区,高尚堡潜山、柳赞潜山暴露剥蚀,为拾场次凹和柳南次凹提供物源。

$SQEd_3^s$ 沉积时期,南堡凹陷内高柳断裂上盘沉积区主要由柏各庄潜山方向物源、高尚堡潜山物源提供碎屑物,由于可容纳空间较小,而沉积物供给充足,高柳断裂上盘沉积区逐渐被填平,主要发育扇三角洲平原沉积体系。高柳断裂下盘沉积区接受6个物源区的碎屑物供给(图5-67、图5-68),这6个

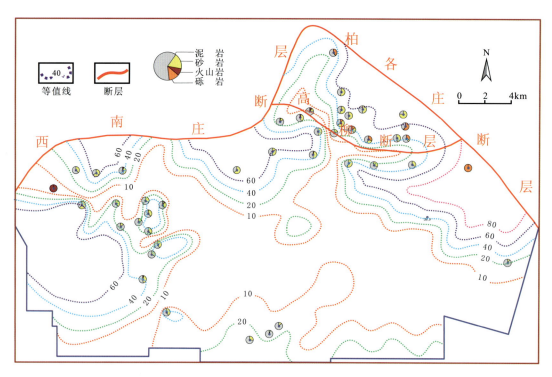

图 5-57 南堡凹陷 SQEd_3^x 低位和湖扩域砂岩百分含量等值线图

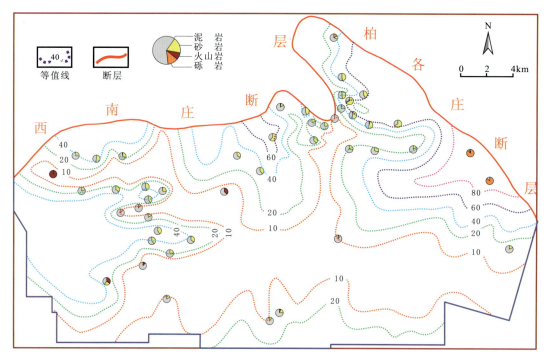

图 5-58 南堡凹陷 SQEd_3^x 高位域砂岩百分含量等值线图

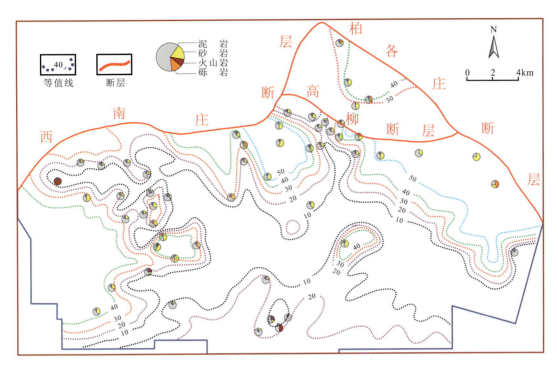

图 5-59 南堡凹陷 SQEd_3^s 低位和湖扩域砂岩百分含量等值线图

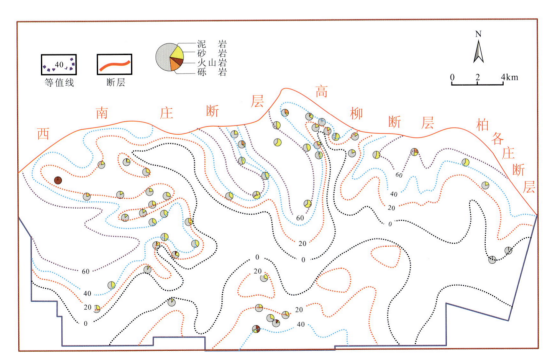

图 5-60 南堡凹陷 SQEd_3^s 高位域砂岩百分含量等值线图

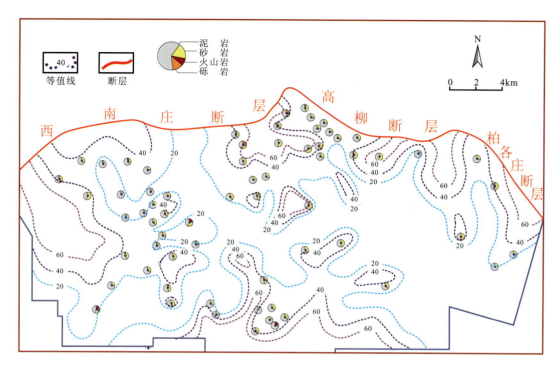

图 5-61 南堡凹陷 SQEd_2 低位和湖扩域砂岩百分含量等值线图

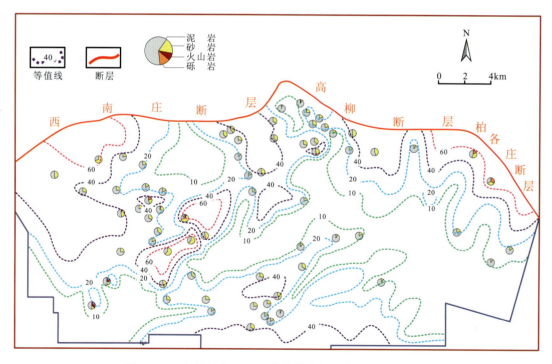

图 5-62 南堡凹陷 SQEd_2 高位域砂岩百分含量等值线图

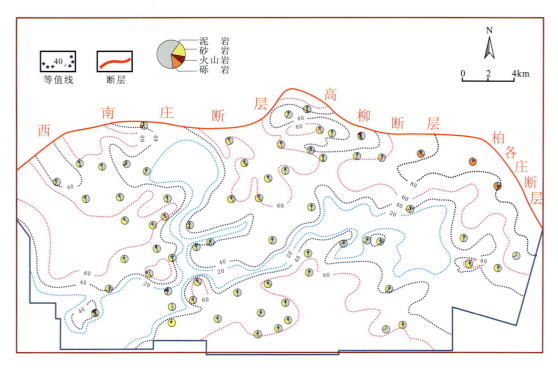

图 5-63 南堡凹陷 SQEd_1 低位和湖扩域砂岩百分含量等值线图

图 5-64 南堡凹陷 SQEd_1 高位域砂岩百分含量等值线图

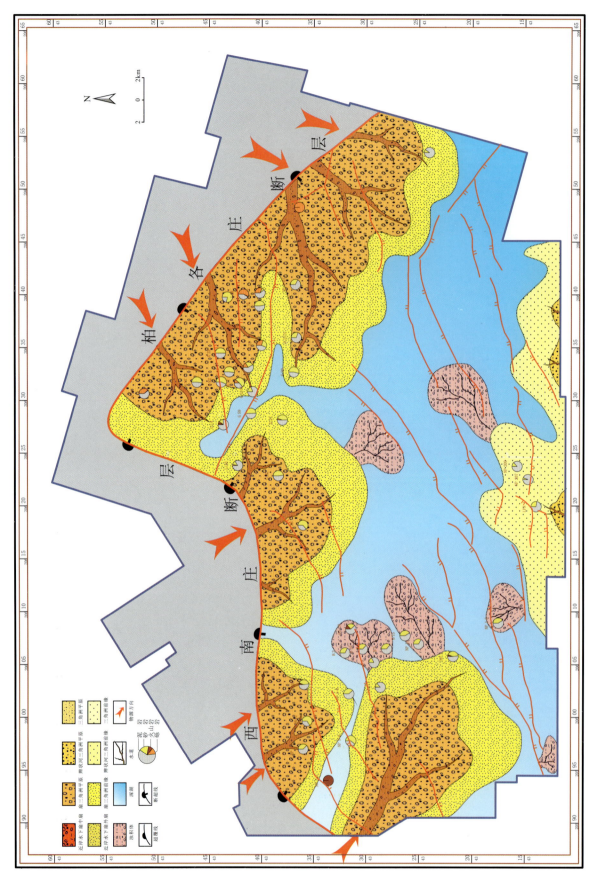

图 5-65 南堡凹陷 SQEd$_3^x$ 低位和湖扩域沉积体系平面展布图

第5章 构造活动的"双强效应"对沉积的控制

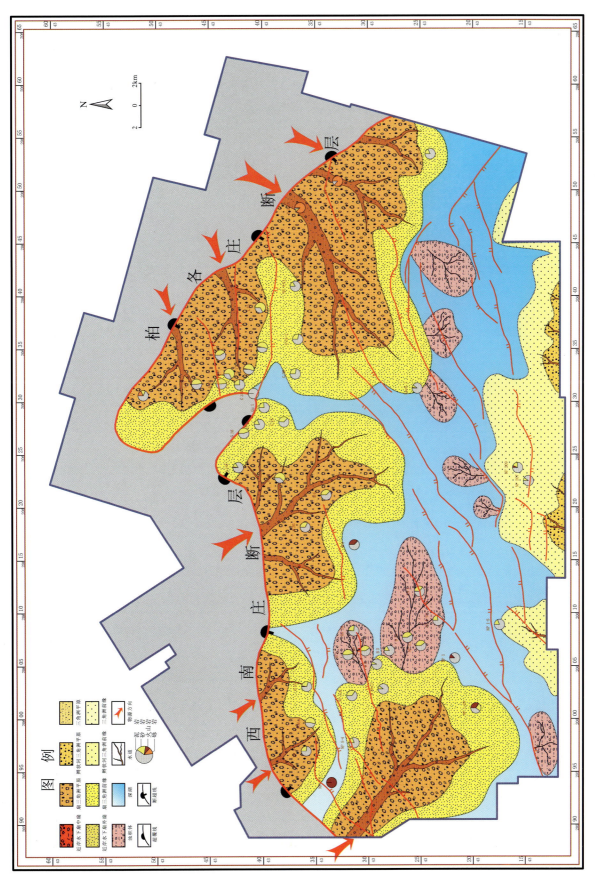

图 5-66 南堡凹陷 SQEd$_3^x$ 高位域沉积体系平面展布图

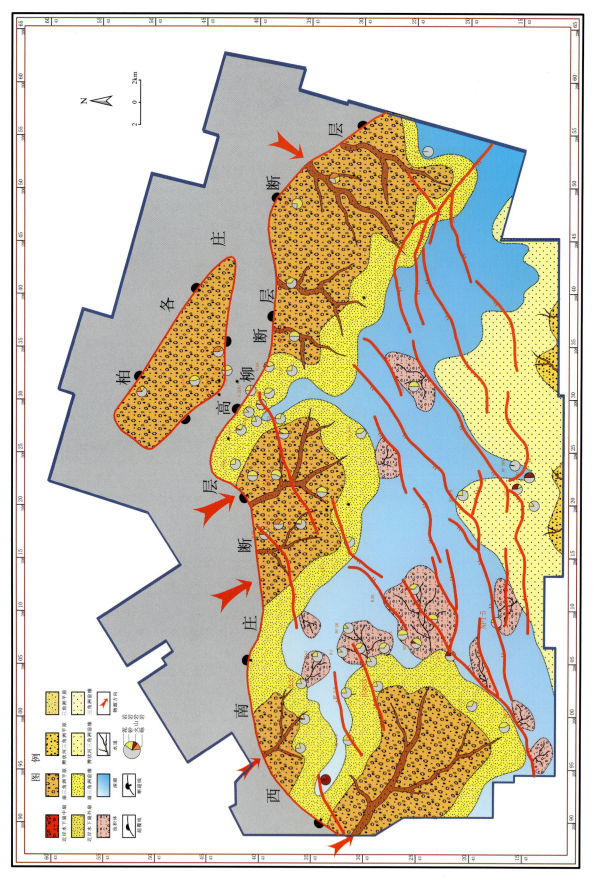

图5-67 南堡凹陷 Ed_3^3 低位和湖扩域沉积体系平面展布图

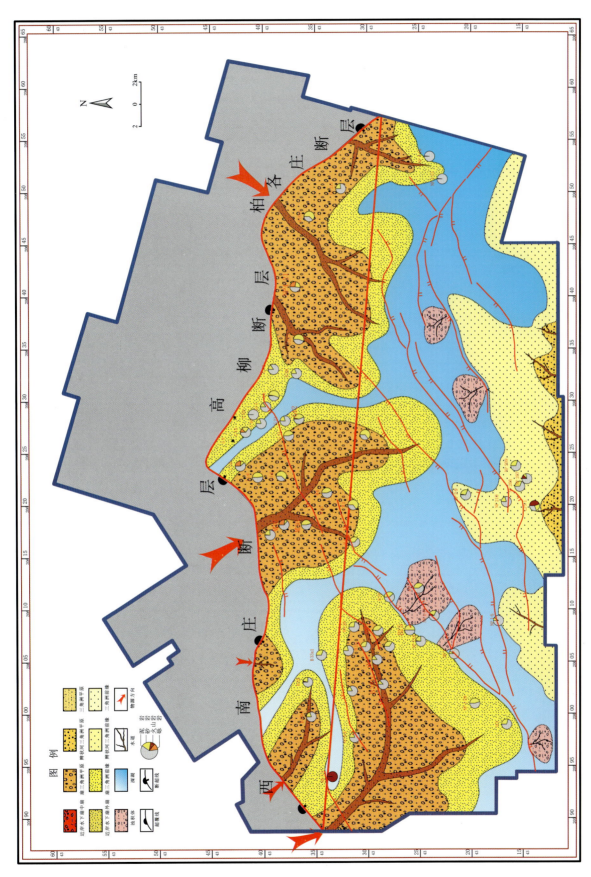

图 5-68 南堡凹陷 Ed_3^s 高位域沉积体系平面展布图

物源分别是：西部的涧南方向物源，北部的黑沿子方向物源、落潮湾方向物源和柳赞潜山物源，东部的马头营突起物源，南部的沙垒田突起方向物源。西部的涧南物源进入凹陷后，以扇三角洲的形式向东推进到 H3 井和 B3 井附近，扇三角洲前缘以深的 Bs28 井和 xN1 井附近各发育一规模较大的前缘滑塌体，H3 井以南发育 3 个规模较小的前缘滑塌体。黑沿子方向物源由北部老王庄突起方向过黑沿子地区进入凹陷，以扇三角洲的形式向南推进到 B35 井附近，B35 井以深发育一小型前缘滑塌体。落潮湾方向物源主要以扇三角洲的形式堆积在老爷庙地区，向南过 G33 井推进到 Lao2x1 井附近。柳赞潜山物源主要为柳南次凹提供碎屑物，以扇三角洲的形式向南推进到 YuoH1 井附近。马头营凸起物源进入凹陷后，以近岸水下扇的形式向西过 Ge1x1 井推进到 Np4-1 井附近，主要为南堡 4 号构造带提供物源。沙垒田凸起方向物源以辫状河三角洲的形式进入南堡凹陷，主要为南堡 2 号构造带提供物源，由南向北推进到 Np1-16 井、Np2-12 井和 Np3-1 井附近，辫状河三角洲前缘以深的 LaoH1 附近发育一前缘滑塌体。

(3) $SQEd_2$ 沉积体系平面展布图。

$SQEd_2$ 沉积期，南堡凹陷内主要发育扇三角洲沉积体系、半深湖-深湖相沉积体系和辫状河三角洲沉积体系，扇三角洲沉积体系主要发育在西南庄断裂下降盘和高柳断裂下降盘，辫状河三角洲沉积体系主要发育在南部缓坡带，扇三角洲前缘、辫状河三角洲前缘以深的半深湖-深湖相发育多个规模较大的前缘滑塌体。

与 $SQEd_3^{\bot}$ 相比，$SQEd_2$ 的沉积格局发生了一些变化，主要表现在：高柳断裂取代柏各庄断裂北段和西南庄断裂东段发育为南堡凹陷的边界断裂，高柳断裂上升盘完全暴露剥蚀。

$SQEd_2$ 沉积期，南堡凹陷的物源方向主要有 5 个，分别是：北部的黑沿子方向物源和落潮湾方向物源、东北部的柏各庄潜山方向物源和马头营突起物源、南部的沙垒田突起方向物源。黑沿子方向物源由北部老王庄突起方向过黑沿子地区分为 3 个分支进入凹陷，一路分支经 Jh1 井推进到 Np1-31 井附近，扇三角洲前缘以深 B3 井、Np1-8 井、xN1 井、Bs28 井附近各发育一前缘滑塌体；一路分支经 Np5-1 井向前推进；一路分支经 N24 井向前推进到 B35 井附近。落潮湾方向物源主要以扇三角洲的形式堆积在老爷庙地区，向南过 M25 井和 Lin2 井推进 G33 井附近，扇三角洲前缘以深的 Lao2x1 井附近发育一前缘滑塌体。柏各庄潜山方向物源主要为柳南次凹提供碎屑物，以扇三角洲的形式向南推进到 YuoH1 井附近。马头营凸起物源进入凹陷后，以近岸水下扇的形式推进到 Np4-16 井附近，范围较 $Ed_3^{\bot}$ 沉积时期明显萎缩。沙垒田凸起方向物源以辫状河三角洲的形式进入南堡凹陷，由南向北推进到 Np2-12 井和 Np203 井附近，辫状河三角洲前缘以深的 LaoH1 和 Np3-1 井附近各发育一前缘滑塌体(图 5-69、图 5-70)。

(4) $SQEd_1$ 沉积体系平面展布图。

$SQEd_1$ 沉积期，南堡凹陷内主要发育扇三角洲沉积体系、半深湖-深湖相沉积体系和辫状河三角洲沉积体系，扇三角洲沉积体系主要发育在西南庄断裂下降盘和高柳断裂下降盘，辫状河三角洲沉积体系主要发育在南部缓坡带。此外，扇三角洲前缘、辫状河三角洲前缘以深的半深湖-深湖区发育多个规模较大的前缘滑塌体。

与 $SQEd_2$ 相比，$SQEd_1$ 的沉积格局大致相同，不同之处在于深湖-半深湖相萎缩，表明该时期物源供给能力相对基底沉降速率而言非常充足。

$SQEd_1$ 沉积期，南堡凹陷主要接受 4 个物源区的碎屑物供给，这 4 个物源分别为：北部的黑沿子方向物源和落潮湾方向物源、东部的马头营突起物源、南部的沙垒田突起方向物源。黑沿子方向物源由北部老王庄突起方向过黑沿子地区分为 3 个分支进入凹陷，一路分支经 Jh1 井推进到 Np1-31 井和 Bs38 井附近，扇三角洲前缘以深的半深湖区发育两个前缘滑塌体；一路分支经 Np5-1 井向前推进到 Np5-4 井附近；一路分支推进到 B35 井附近。落潮湾方向物源主要以扇三角洲的形式堆积在老爷庙地区，推进到 Np2-26 井和 Lao2x1 井附近，扇三角洲前缘以深的 xN1 井附近发育两个前缘滑塌体。马头营凸起物源进入凹陷后，分为 3 个分支以扇三角洲的形式由东向西推进到 YuoH1 井、Np4-16 井附近，在 Np4-1 井附近发育一小型前缘滑塌体。沙垒田凸起方向物源以辫状河三角洲的形式进入南堡凹陷，由南向北推进到 Np2-12 井、Np2-29 井和 Np3-1 井附近，辫状河三角洲前缘以深的 LaoH1 和 Np2-20 井附近各发育一前缘滑塌体(图 5-71、图 5-72)。

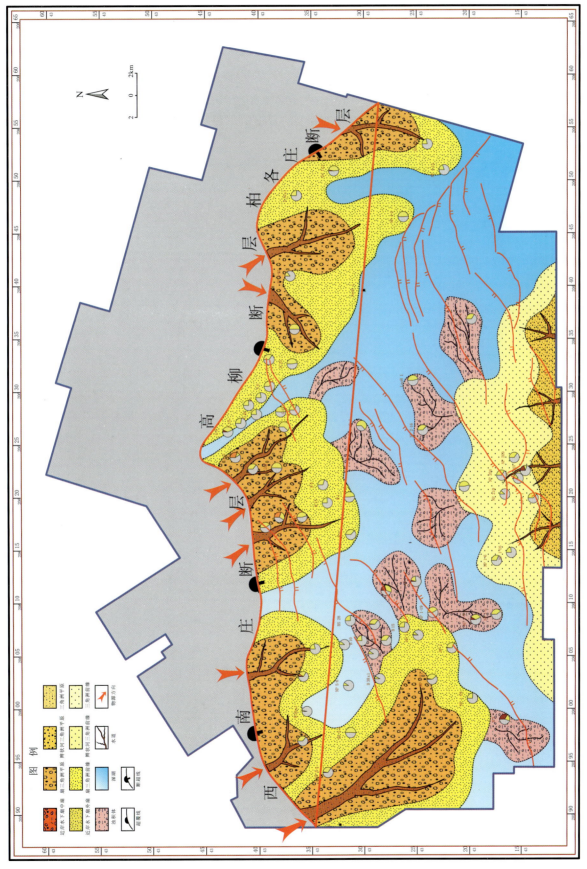

图 5-69 南堡凹陷 Ed_2 低位和湖扩域沉积体系平面展布图

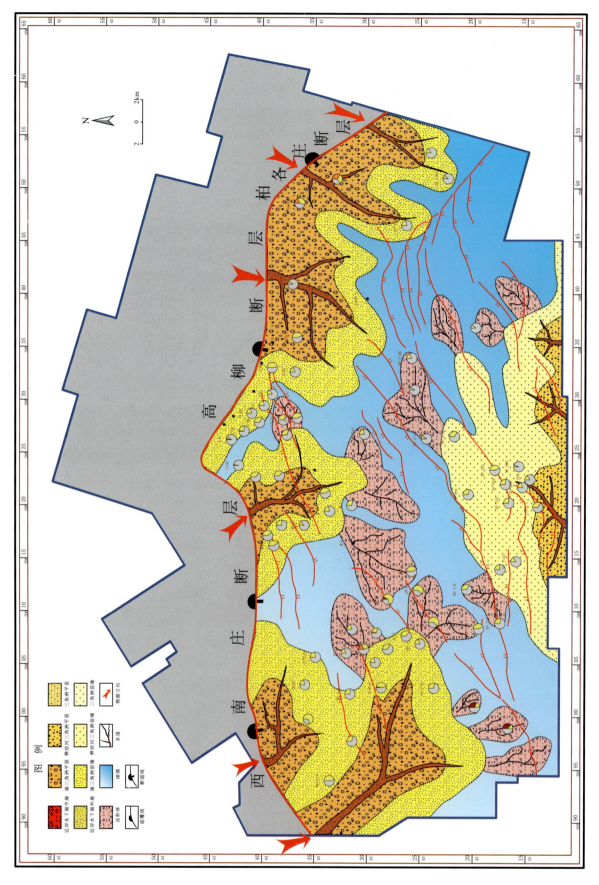

图 5-70 南堡凹陷 Ed_2 高位域沉积体系平面展布图

第5章 构造活动的"双强效应"对沉积的控制

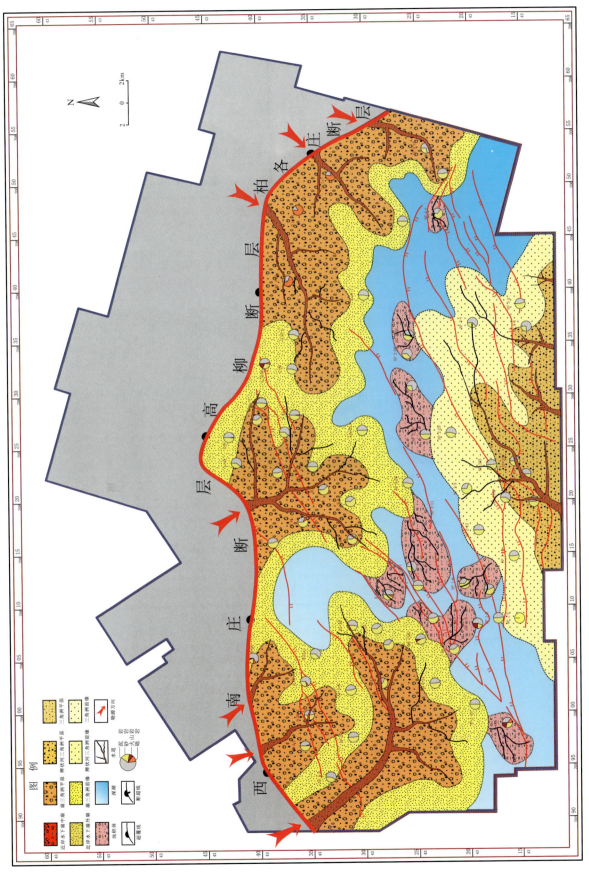

图 5-71 南堡凹陷 Ed_1 低位和湖扩域沉积体系平面展布图

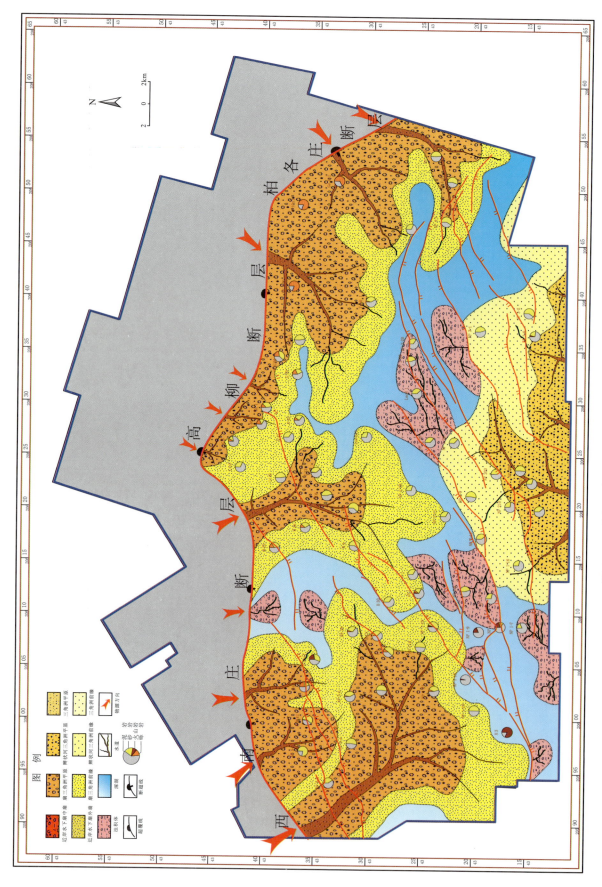

图 5-72 南堡凹陷 Ed_1 高位域沉积体系平面展布图

5.4.4 构造活动的"双强效应"对沉积体系类型及其空间展布的控制

通过对沉积体系类型及沉积相构成的分析,南堡凹陷东营组沉积期发育多种沉积体系类型(表5-2):①扇三角洲沉积体系,分为扇三角洲平原亚相、扇三角洲前缘亚相、前扇三角洲亚相,其中扇三角洲平原亚相包括分流河道、分流河道间湾等沉积微相,扇三角洲前缘亚相包括水下分流河道、水下分流河道间湾、河口坝、远砂坝等沉积微相;②近岸水下扇沉积体系;③辫状河三角洲沉积体系,分为辫状河三角洲平原亚相、辫状河三角洲前缘亚相、前辫状河三角洲亚相,其中辫状河三角洲平原亚相包括分流河道、分流河道间湾等沉积微相,辫状河三角洲前缘亚相包括水下分流河道、水下分流河道间湾、河口坝、远砂坝等沉积微相;③滑塌型重力流沉积体系;④湖泊体系,分为滨浅湖亚相、半深湖亚相、深湖亚相,其中滨浅湖亚相发育滨岸砂坝等沉积微相,半深湖-深湖亚相发育厚层泥质沉积。

表5-2 南堡凹陷东营组沉积相类型

沉积体系	沉积亚相	沉积微相
扇三角洲沉积体系	扇三角洲平原亚相	分流河道,分流河道间湾
	扇三角洲前缘亚相	水下分流河道,水下分流河道间湾,河口坝,远砂坝
	前三角洲亚相	
近岸水下扇沉积体系	中扇、外扇	
辫状河三角洲沉积体系	辫状河三角洲平原亚相	分流河道,分流河道间湾
	辫状河三角洲前缘亚相	水下分流河道,水下分流河道间湾,河口坝,远砂坝
	前三角洲亚相	
滑塌型重力流沉积体系	前扇、中扇	
湖泊体系	滨浅湖亚相	滨岸砂坝
	半深湖亚相	
	深湖亚相	

近岸水下扇沉积体系往往发育于盆缘断裂一侧,它的形成需满足两个条件:一为湖底至侵蚀顶面距离大,构造坡降大;二为古水流流程短、流速快。因此,近岸水下扇一般发育在湖盆断陷稳定期较深的水体环境(李秋媛等,2010;庞军刚等,2011),而一般处于断拗转换期或拗陷期的湖盆,由于构造坡降较小,水体较浅,不发育近岸水下扇。前缘滑塌体大多是由浅水区的各类砂体,如扇三角洲、辫状河三角洲、浅水滩坝等,在外力作用下沿斜坡发生滑动,在地势平坦处再次堆积形成的。前缘滑塌体的形成需要有足够的水深和足够的坡度角,往往在湖盆断陷扩张的深水环境比较发育(庞军刚等,2011),而一般处于断拗转换期或拗陷期的湖盆,由于构造活动弱,水深较浅,地形坡度较缓,一方面不易于未固结沉积物受触发而作块体流运动,另一方面不能为二次搬运碎屑物提供充足的堆积场所,因此不发育较大规模的前缘滑塌体。

南堡凹陷东营组沉积期表现出强烈的拗陷作用,沉降中心远离边界断层而发育在凹陷的中部地区(该地区的沉降速率甚至达到古近纪的最大值),但同时边界断裂的活动性也很强烈(Ed_3^1沉积时期边界断裂的平均活动速率甚至比古近纪早期更强)。在上述断陷作用强烈、拗陷作用强烈的构造活动"双强效应"的控制下,不仅盆缘断裂下降盘处形成较陡的构造坡降,而且凹陷基底强烈沉降,发育大面积的半深湖-深湖相沉积环境,为扇三角洲沉积体系、近岸水下扇沉积体系和滑塌型重力流沉积体系的发育提供了合适的坡降条件和可容纳空间,南堡凹陷北部断控陡坡带扇三角洲沉积体系十分发育,数个朵体呈裙带状向凹陷中心进积,不仅展布范围非常广,而且扇体堆积厚度大。广而厚的扇三角洲前缘砂体为滑塌浊积扇的形成提供了充足的物质条件,凹陷半深湖-深湖区发育了数个较大规模的前缘滑塌体。

图 5-73 为歧口凹陷 Ed 沉积时期沉积体系平面展布图,该时期歧口凹陷主要发育辫状河三角洲沉积体系,西部陆上区辫状河三角洲砂体几乎充填整个湖盆,湖盆处于过补偿状态,东部海域区除辫状河三角洲沉积体系外,北部海河断裂下降盘处还发育扇三角洲沉积体系,湖相泥岩发育也比较广泛,但并不发育前缘滑塌体。图 5-74 为渤中坳陷 Ed 沉积时期沉积体系平面展布图,该时期渤中凹陷主要发育大型辫状河三角洲沉积体系,坳陷西北部也发育小规模的扇三角洲沉积体系和滩坝沉积。浅湖相发育广泛,坳陷中部发育一定规模的中深湖相。渤中凹陷 Ed 沉积时期并不发育前缘滑塌体。图 5-75 为冀中坳陷 Ed 沉积时期沉积体系平面展布图,该时期湖盆几乎消失,仅在局部小范围内零星展布。坳陷内以发育辫状河河道砂体及河泛平原相为主。

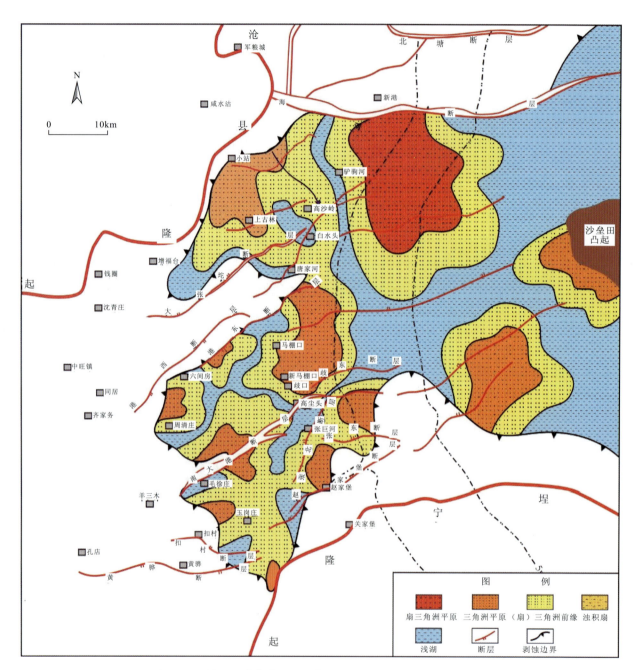

图 5-73 歧口凹陷东营组沉积体系平面展布图(据王华等,2010①)

---

① 王华,王家豪,廖远涛,等. 歧口富油气凹陷结构、层序地层及沉积体系研究. 中国石油大港油田分公司(内部资料),2010.

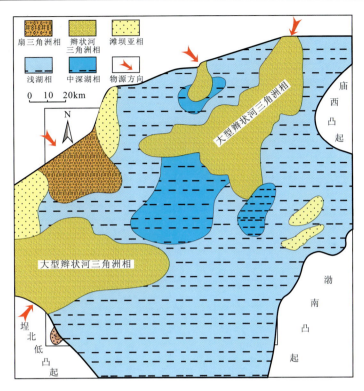

图 5-74 渤中坳陷东营组沉积体系平面展布图(据崔周旗,2005)

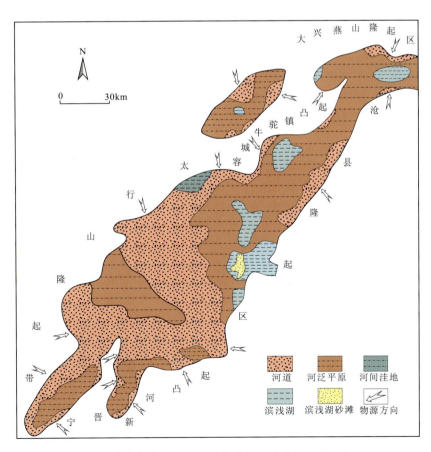

图 5-75 冀中坳陷东营组沉积体系平面展布图(据吴磊等,2006)

对比南堡凹陷与渤海湾盆地内其他坳陷（凹陷）Ed沉积时期的沉积体系类型及空间展布特征，显示：歧口凹陷东部海域区和渤中凹陷Ed沉积时期虽然基底沉降比较强烈，导致浅湖、中深湖相发育广泛，但以拗陷作用为主，使得盆缘向湖中心地势平缓过渡，坡度变化不大，这样的湖盆地形不利于前缘滑塌体的发育，由于盆缘坡度较缓，也不利于大规模裙带状扇三角洲朵体的发育。因此，歧口凹陷和渤中凹陷Ed沉积时期沉积体系类型比较单一，以辫状河三角洲沉积体系为主，并不像南堡凹陷可以发育近岸水下扇、大规模的扇三角洲、前缘滑塌体以及辫状河三角洲等丰富的沉积体系类型。冀中坳陷、济阳坳陷、临清坳陷及歧口凹陷西部陆上区Ed沉积时期基底沉降微弱，湖盆处于过补偿状态，广泛发育河流相、滨浅湖相沉积，或以辫状河三角洲为主的浅水沉积，与南堡凹陷呈现出完全不同的沉积面貌。

第 6 章 构造活动的"双强效应"成因机制及油气地质意义探讨

6.1 构造活动的"双强效应"成因机制探讨

南堡凹陷作为渤海湾盆地黄骅坳陷内的负向构造单元,其构造演化及特定时期的构造活动特征与周缘地区之间必然存在联系,研究南堡及其周缘地区构造活动的规律有助于探讨南堡凹陷东营组沉积期构造活动的"双强效应"成因机制。

6.1.1 南堡及黄骅坳陷古近纪沉降中心迁移及应力场分析

黄骅坳陷的地质构造相当复杂,拉张裂陷和挤压隆升-侵蚀作用及交替的走滑变形与变位的演化过程贯穿于盆地的整个地质构造发育历史(漆家福等,2003;何书等,2008;佟殿军等,2010)。黄骅坳陷内主要发育北东向和近东西向两大断裂体系。北东向断裂主要在歧口凹陷海岸线以西发育,如滨海断裂、港东断裂、大张坨断裂、南大港断裂、张北断裂等;近东西向断裂主要在歧口凹陷海域区和南堡凹陷发育,如海河断裂、歧东断裂、歧中断裂、板桥断裂、西南庄断裂中段、高柳断裂等。对黄骅坳陷内不同构造界面的断裂走向进行统计分析(图 6-1),显示 Es_3、Es_2 沉积时期断裂的优势方位为 NE 向,Es_1、Ed 沉积时期断裂的优势方位转变为近 EW 向,表明黄骅坳陷 Es_1 界面前后应力场方向存在明显的变化,由 NW 向拉张转变为近 SN 向拉张。黄骅坳陷各构造演化幕沉降中心的迁移和延伸方向的转变也同样显示出坳陷演化过程中应力场的变化(图 6-2):Ek 沉积期,沉降中心呈 NNE 向延伸,位于黄骅坳陷南区沧东凹陷和南皮凹陷,该时期黄骅坳陷的中北区整体处于隆起剥蚀状态;Es_3—Es_2 沉积时期,沉降中心呈 NE 向延伸,位于歧口凹陷陆上区的大张坨断裂、港东断裂、南大港断裂等 NE 走向的断裂下降盘;到 Es_1 沉积时期,沉降中心呈近 EW 向延伸,向东迁移到歧口凹陷海域区的歧中断裂、歧东断裂、新港断裂等近 EW 走向的断裂下降盘。

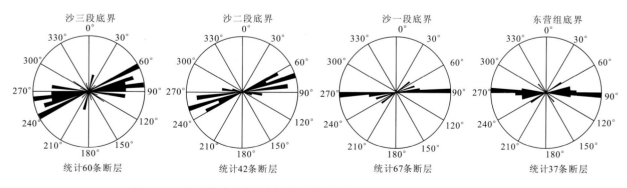

图 6-1 黄骅坳陷各构造界面断裂走向玫瑰花图(据周均太等,2011 修改)

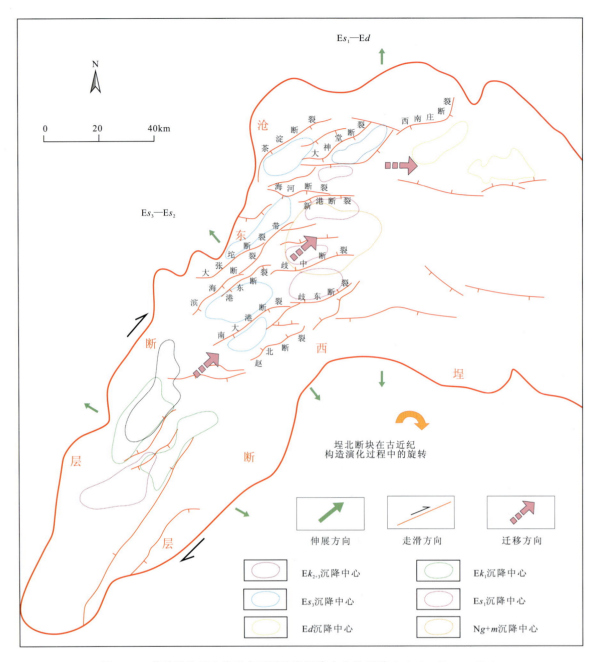

图 6-2 黄骅坳陷新生代以来不同阶段沉降中心的迁移(据任建业等,2010 修改)

Es_1 沉积时期,黄骅坳陷的沉积-沉降中心受控于歧口凹陷东部海域区近 EW 向断裂的控制,位于这些断裂的下降盘。到 Ed 沉积时期,歧口凹陷不管是 NE 向断裂还是 EW 向断裂,活动性都发生了大幅度的减弱(任建业等,2010),对各个次凹内沉积-沉降的控制作用也不明显,整个歧口凹陷开始成为以海域为中心的统一的沉降单元。与此同时,南堡凹陷的基底沉降显著增强,黄骅坳陷的沉降中心迁移到南堡凹陷。根据断层的延伸和性质可以判断,Ed 沉积时期黄骅坳陷仍主要受控于近 SN 向的拉伸作用(任建业等,2010)。

南堡凹陷内的断裂活动性也表现出同样的空间迁移规律。图 6-3 显示,Ek 沉积时期,黄骅坳陷边界主断裂——沧东断裂的南部区段最大古落差达到 3500m;Es_3—Es_2 沉积时期断裂活动性迁移到黄骅坳陷中部地区,沧东断裂的南部区段活动性减弱,而沧东断裂中部区段(观测点 4)和歧口凹陷陆上区的

NE 走向的港东断裂(观测点6)、大张坨断裂(观测点7)、南大港断裂等的活动性增强,沧东断裂中部区段的古落差可达 2500m;Es_1 沉积时期沧东断裂和歧口凹陷陆上区 NE 走向的断裂活动性减小,黄骅坳陷的断裂活动性转移到歧口凹陷海域区近 EW 走向的断裂,如歧东断裂(观测点8)、歧中断裂(观测点9)、涧河断裂(观测点10);Ed 沉积时期,黄骅坳陷的断裂活动性继续向东转移到南堡凹陷,如西南庄断裂(观测点11)的古落差可达 700m,远高于黄骅坳陷内其他观测点同时期的古落差。

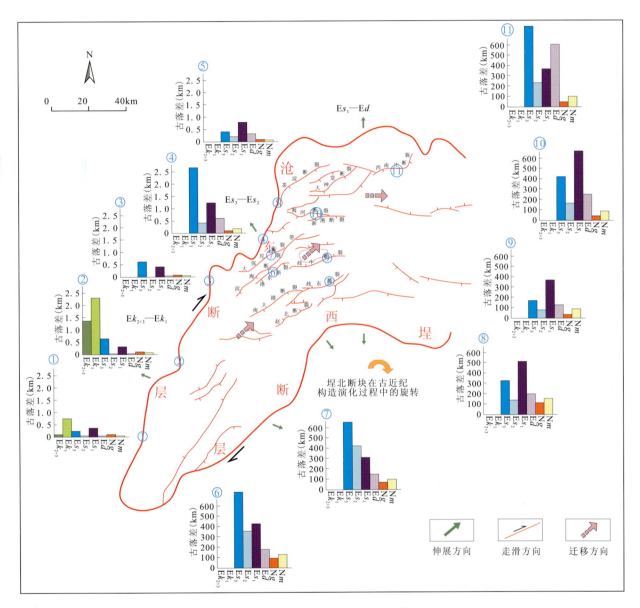

图 6-3　黄骅坳陷新生代以来不同阶段断裂活动的迁移(据任建业等,2010 修改)

综上所述,黄骅坳陷同裂陷期的构造活动表现出规律性演化过程:沉降中心和断裂活动中心不断地由南向北、由东向西、由陆地向海域迁移,控制黄骅坳陷的构造应力场由近 NWW-SEE 向拉伸(Ek 沉积时期)顺时针转变为 NW-SE 向拉伸(Es_3—Es_2 沉积时期),并持续顺时针旋转到近 SN 向拉伸(Es_1—Ed 沉积时期)。

从整个渤海湾盆地新生代的演化来看,Ek—Es_4 沉积时期的演化与 Es_3 沉积开始之后的演化有显著差异(任建业等,2004,2009;Ren et al.,2002)。Ek—Es_4 沉积时期,太平洋板块东南方向的俯冲后撤作用使得渤海湾盆地处于 NWW-SEE 向拉伸的应力场之下,导致黄骅坳陷孔南地区发生伸展作用(任建业等,2010)。Es_3—Es_2沉积时期,太平洋板块对欧亚大陆俯冲方向由 NW 向转为近 EW 向,而欧亚大陆边缘为 NE 向延伸(图 6-4),这必然导致渤海湾盆地在裂陷伸展中叠加右旋走滑活动,受此影响,黄骅坳陷内的沉降中心沿沧东断裂向北迁移,与之相伴的是断裂活动由孔南地区向歧口凹陷西部陆上区的迁移。Es_1—Ed 沉积时期,太平洋板块对欧亚大陆的向西俯冲突然加速,导致了渤海湾盆地东部边界——郯庐断裂的强烈右旋走滑,以及穿过黄骅坳陷的兰聊断裂北段的活化并强烈走滑,郯庐走滑断裂和兰聊走滑断裂之间的重叠作用区形成的转换伸展作用在黄骅坳陷东北部派生出近 SN 向强烈伸展叠加区(任建业等,2010;祁鹏等,2010)(图 6-4),导致了黄骅坳陷区域应力场由 NW-SE 向拉伸(Es_3—Es_2 沉积时期)转变为近 SN 向拉伸(Es_1—Ed 沉积时期),NNE 向延伸的黄骅坳陷边界断裂——沧东断裂的正向伸展作用大幅度减弱,走滑分量急剧增强,沉降中心和断裂活动中心逐渐偏离边界断裂(沧东断裂)向黄骅坳陷内部迁移,Es_1 沉积时期沉降中心和断裂活动中心迁移到歧口凹陷海域区,Ed 沉积时期继续向东迁移到南堡凹陷。

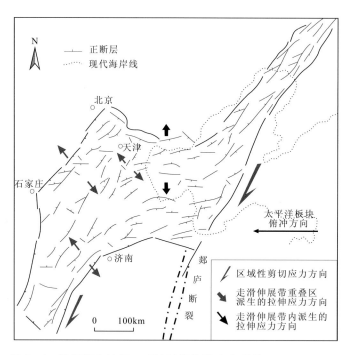

图 6-4 渤海湾盆地 Es_1—Ed 时期构造应力背景(据祁鹏等,2010)

6.1.2 南堡凹陷岩浆活动及区域构造演化背景分析

渐新世早期(Es_1 沉积时期)太平洋板块对欧亚大陆的向西俯冲突然加速,除了造成黄骅坳陷内沉降中心和断裂活动重心的迁移,以及区域应力场方向的转变外,在渤海湾盆地更广的范围内结束了大规模的裂陷进程,尤其是冀中坳陷、临清坳陷、济阳坳陷等渤海湾盆地南部、西部湖盆逐渐萎缩。到 Ed 沉积时期,渤海湾盆地普遍进入断坳转换阶段(龚再升等,2007;汤良杰等,2008;Gong et al.,2010;黄雷等,2012a,2012b)。从渤海湾盆地莫霍面等深线图(图 6-5)分析,莫霍面隆起与渤海湾盆地浅层地壳中的负向构造单元位置相一致。郯庐断裂带附近的渤中坳陷所对应的莫霍面隆起幅度最大,莫霍面埋深仅为 28km 左右;南堡凹陷紧邻渤中坳陷,莫霍面隆起幅度也较大,莫霍面埋深为 28~30km;而远离渤中坳陷的临清、冀中坳陷所对应的莫霍面隆起区莫霍面埋深 32~34km;盆地内隆起区及周边造山带莫霍面埋深均在 36km 以上。现今渤海湾盆地莫霍面的埋深基本可以反映裂陷晚期的莫霍面隆凹格局。裂陷期莫霍面隆起幅度越大,后期由热衰减引起的基底沉降也越大(佟殿军等,2009)。因此,渤海湾盆地热沉降引起的坳陷作用以渤中坳陷为中心向周围大致呈逐渐递减的趋势,南堡凹陷和歧口凹陷

东部海域区紧邻渤中凹陷,坳陷作用也强烈。渤海湾盆地新生代沉积中心的迁移规律也证实了这一点:
Ed沉积期(断坳转换期)沉积中心主要位于现今渤海海域区的歧口凹陷东部海域区、南堡凹陷和渤中坳陷,少部分位于辽东湾地区;N+Q沉积期(坳陷期)沉积中心完全位于现今渤海海域区,且沉积中心展布范围较Ed沉积时期扩大(图6-6)(徐佑德,2009;李三忠,2010;信延芳,2015)。

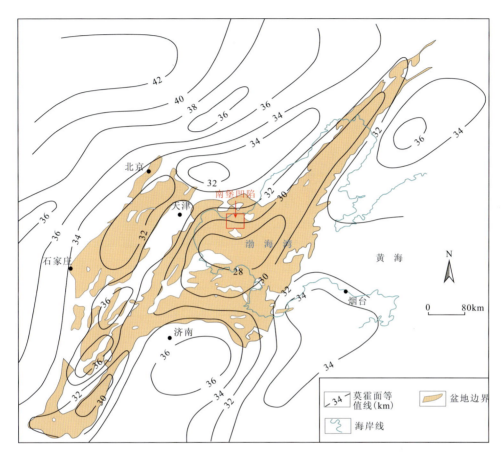

图6-5 渤海湾盆地莫霍面等深线图(据张恺,1993)

王华等(2002)研究表明,南堡凹陷Es_1沉积晚期发生了一次大规模的岩浆喷发,大量玄武岩浆上侵到上地幔及下地壳中,有的直接喷发到地表,有的在中间曾经形成岩浆房而后喷发到地表,这些岩浆房一部分在30km左右,一部分在15km左右。这期岩浆喷发既有拉斑玄武岩,又有碱性玄武岩,表明既有壳层岩浆房岩浆喷发,又有上地幔岩浆房岩浆喷发。此次岩浆喷发之后,除Ed_3^x沉积时期有较小规模岩浆喷发外,一直到馆陶组都是漫长的喷发间期(图6-7)。Es_1沉积晚期岩浆房岩浆喷发后,由于热量的迅速衰减,岩浆房附近区域的浅表层地壳均衡沉降,可能是东营组坳陷作用强烈的原因。这种由岩浆房岩浆喷发后引起的局部范围内的均衡沉降持续时间较短,也许只能影响东营组早期的坳陷作用。

6.1.3 南堡凹陷高柳断裂的形成演化分析

Es_1沉积时期,黄骅坳陷内区域应力方向由NE-SW向转变为近SN向,走向与伸展方向近垂直的高柳断裂开始发育,并在Ed_2沉积时期取代NNE向的西南庄断裂北段和NW向的柏各庄断裂中、北段,发育为南堡凹陷的边界断裂。根据多条地震剖面上高柳断裂的形态特征及高柳断裂不同位置的活动速率特征,高柳断裂的形成过程可以划分为3个阶段:初始活动期、扩展连接期、断层贯通期(图6-8)。

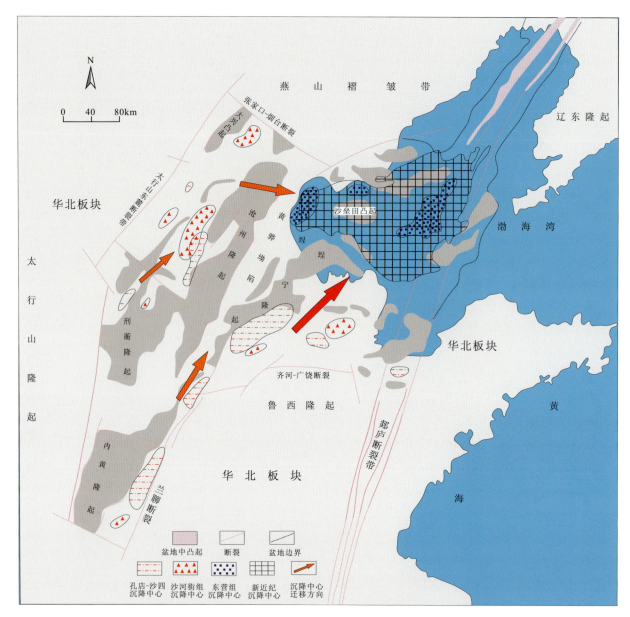

图 6-6 渤海湾盆地新生代沉积中心迁移图（据徐佑德，2009 修改）

(1) 初始活动期：Es_1 沉积时期，区域应力方向由 NE-SW 向转变为近 SN 向，NNE 向的西南庄断裂北段和 NW 向的柏各庄断裂中、北段在近 SN 向拉伸应力下，走滑分量增强，而正向伸展作用减小，导致断裂活动逐渐迁移到新发育的近 SN 走向的高柳断裂上。高柳断裂形成初期，首先在西南庄断裂中、北段连接处和西南庄断裂南、中段连接处开始活动，形成东、西两段独立活动的小型断层，两个小型断层之间几乎不活动。

(2) 扩展连接期：Ed_3 沉积时期，随着黄骅坳陷内断裂活动重心向南堡凹陷的转移，高柳断裂中段开始活动，东、中、西段连接为一条断层，但分段活动性明显：东、西两段活动速率高，中段活动速率低。

(3) 断层贯通期：Ed_2 沉积时期，NNE 向的西南庄断裂北段和 NW 向的柏各庄断裂中、北段停止活动，两者所夹持地区近 SN 向拉伸产生的伸展变形完全转移到高柳断裂，导致高柳断裂分段活动性消失，东、中、西 3 段均表现出较强的活动特征。

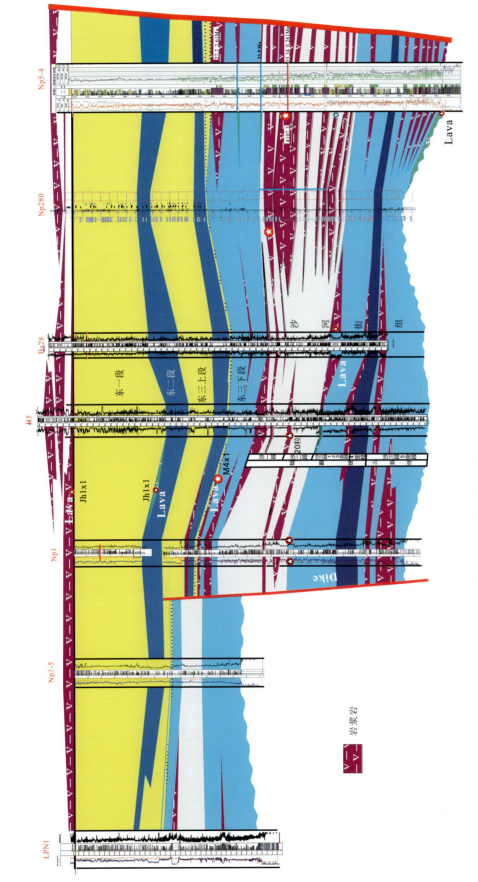

图 6-7 南堡凹陷岩浆喷发序列（据夏文臣等修改，2009①）

① 夏文臣，张宁，王国庆，等. 南堡凹陷构造岩浆作用及热演化研究. 中国石油冀东油田分公司（内部资料），2009.

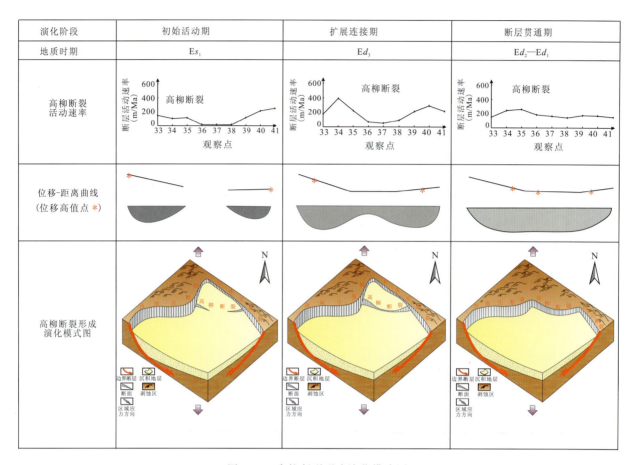

图 6-8 高柳断裂形成演化模式图

6.1.4 构造活动的"双强效应"成因机制探讨

在南堡凹陷及黄骅坳陷古近纪沉降中心迁移和应力场分析、南堡凹陷岩浆活动及区域构造演化背景分析、高柳断裂形成演化机制分析的基础上，探讨构造活动的"双强效应"成因机制。东营组沉积时期，渤海湾盆地普遍进入断坳转换期，由热沉降引起的坳陷作用以渤中坳陷为中心向周围大致呈逐渐递减的趋势，紧邻渤中坳陷的南堡凹陷坳陷作用强烈。此外，Es_1 沉积时期晚期南堡凹陷大规模岩浆喷发后，由于热量的迅速衰减，导致岩浆房附近浅表层地壳的均衡沉降，也可能是东营组（尤其是东营组早期）坳陷作用强烈的原因。Es_1—Ed 沉积时期，太平洋板块对欧亚大陆向西俯冲的突然加速，导致了渤海湾盆地东部边界——郯庐断裂的强烈右旋走滑，以及穿过黄骅坳陷的兰聊断裂北段的活化并强烈走滑，郯庐走滑断裂和兰聊走滑断裂之间的重叠作用区形成的转换伸展作用在黄骅坳陷东北部派生出近 SN 向伸展叠加区，导致了黄骅坳陷区域应力场由 NW-SE 向拉伸（Es_3—Es_2 沉积时期）转变为近 SN 向拉伸（Es_1—Ed 沉积时期）。NNE 向延伸的黄骅坳陷边界断裂——沧东断裂的正向伸展作用大幅度减弱，走滑分量急剧增强，沉降中心和断裂活动中心逐渐偏离边界断裂（沧东断裂）持续向黄骅坳陷内部迁移，Ed 沉积时期迁移到南堡凹陷，导致南堡凹陷近 EW 走向的西南庄断裂中段及高柳断裂活动性的显著增强，NW 向柏各庄断裂正向伸展分量增大，走滑分量减小，活动性也增强。总之，构造活动的"双强效应"是深部动力过程与浅部构造应力场综合作用的产物。

6.2 构造活动的"双强效应"油气地质意义探讨

在陆相断陷盆地中，油气的生成、运移和聚集与构造活动密不可分（Li et al.，2007，2010；Zhu et al.，2013a，2013b；Xu et al.，2014）。构造活动通过对沉积环境的控制影响着烃源岩的分布、丰度、类型等，并使烃源岩在适合的埋藏条件下生成油气；断裂和构造活动引起的不整合为油气运移提供了通道；构造活动形成的各类圈闭为油气聚集提供了场所；构造反转引起地层的隆凹反转或地层的隆升剥蚀，造成已形成的油气藏被破坏。因此，构造活动伴随着油气藏形成、改造和破坏的全过程。

南堡凹陷是典型的小型断陷湖盆，含油气系统的诸要素受到构造活动的控制（朱光有，2011；王华，2012）。探讨南堡凹陷内构造活动的"双强效应"与含油气系统要素之间的内在关系，可以深刻解析油气成藏的机制，从而为提高南堡凹陷内油气藏预测的准确性提供科学依据。

6.2.1 构造活动的"双强效应"对烃源岩的控制

6.2.1.1 南堡凹陷东营组烃源岩特征与评价

1. 烃源岩的分布

东营组沉积期，南堡凹陷的沉降中心和沉积中心逐渐远离边界断裂向凹陷中心的林雀次凹和曹妃甸次凹处迁移，林雀次凹和曹妃甸次凹沉积了巨厚的浅湖-中深湖相深灰色、黑色泥岩（图6-9、图6-10）。Ed_3沉积期泥岩发育广泛，厚度最大达700m左右，位于曹妃甸次凹，林雀次凹处的泥岩厚度也可达600m左右；高柳断裂上升盘的泥岩厚度普遍较薄，最厚不超过100m。Ed_2—Ed_1沉积期泥岩发育范围较Ed_3沉积时期略有缩小，厚度减薄，最大达500m左右，位于林雀次凹，曹妃甸次凹处的泥岩厚度达400m左右，该时期高柳断裂上升盘隆升剥蚀，不发育泥岩。

东营组沉积时期，南堡凹陷内发育的浅湖-中深湖相暗色泥岩单层厚度大。NP1井位于林雀次凹南部边缘（图6-9），Ed_3^x沉积时期为扇三角洲前缘、半深湖沉积环境，单层泥岩厚度可达20m（图6-11）；Ed_3^s沉积时期为扇三角洲前缘、半深湖-深湖相沉积环境，夹有火山岩，单层泥岩厚度可达44m（图6-12）。Lao2x1井位于林雀次凹与曹妃甸次凹间的横梁处（图6-10），Ed_2沉积时期为扇三角洲前缘、半深湖相沉积环境，单层泥岩厚度可达48m（图6-13）；Ed_1沉积时期为扇三角洲前缘沉积环境，单层泥岩厚度可达27m（图6-14）。

2. 烃源岩有机质丰度

有机质丰度是研究烃源岩特征与生烃潜力评价中重要的参数指标之一，烃源岩有机质丰度的评价指标包括：有机碳含量（TOC）、氯仿沥青"A"含量、总烃（HC）、生烃潜量（S_1+S_2）、氢指数（IH）、降解率（D）。本次研究根据有机碳含量（TOC）和生烃潜量（S_1+S_2）来评价南堡凹陷东营组烃源岩的有机质丰度。黄第藩等（1984）在大量分析数据统计的基础上提出了我国陆相源岩有机质丰度的地球化学参数评价标准，根据此评价标准，研究区烃源岩有机质丰度评价如下。

（1）以有机碳含量（TOC）为参数指标：Ed_3^x烃源岩有机碳含量（TOC）平均值为1.13，中—好烃源岩占83.8%；Ed_3^s烃源岩有机碳含量（TOC）平均值为1.10，中—好烃源岩占82.1%；Ed_2烃源岩有机碳含量（TOC）平均值为0.83，中—好烃源岩占69.2%；Ed_1烃源岩有机碳含量（TOC）平均值为0.44，中—好烃源岩仅占24.3%，非烃源岩占比最高，达58.4%（表6-1，图6-15）。

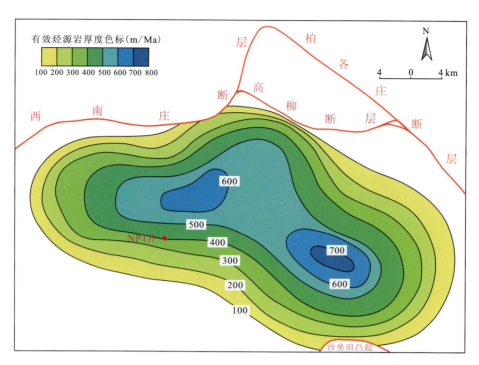

图 6-9 南堡凹陷 Ed_3 潜在烃源岩厚度等值线图

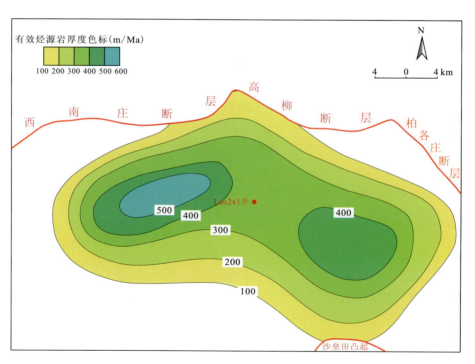

图 6-10 南堡凹陷 Ed_2+Ed_1 潜在烃源岩厚度等值线图

第 6 章 构造活动的"双强效应"成因机制及油气地质意义探讨

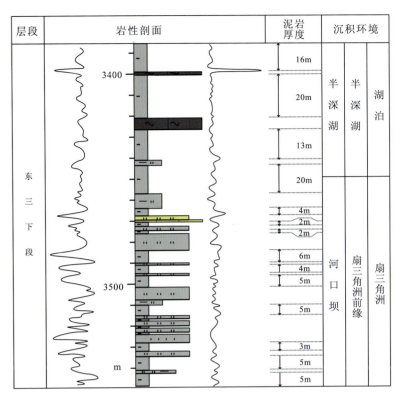

图 6-11 NP1 井 Ed_3^x 泥岩单层厚度及沉积环境

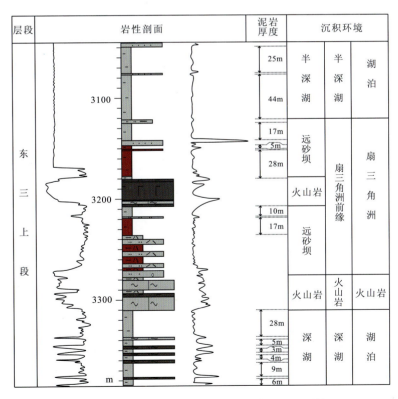

图 6-12 NP1 井 Ed_3^x 泥岩单层厚度及沉积环境

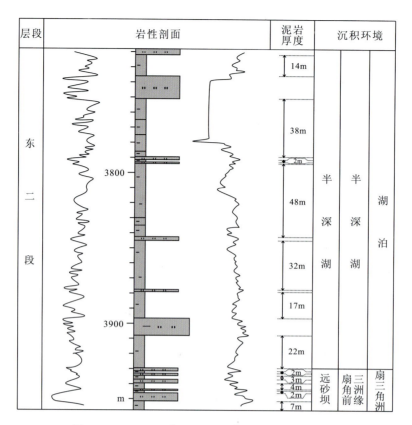

图 6-13　Lao2x1 井 Ed_2 泥岩单层厚度及沉积环境

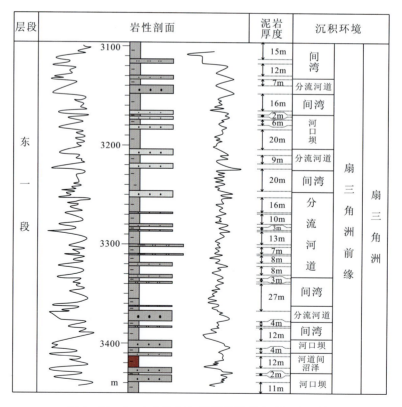

图 6-14　Lao2x1 井 Ed_1 泥岩单层厚度及沉积环境

表 6-1　南堡凹陷烃源岩有机碳含量(TOC)统计表(据周江羽等,2007)

层位	非(%)	差(%)	中(%)	好(%)	有机碳含量最小值(%)	有机碳最大值(%)	有机碳平均值(%)	样本总数(个)
Ed_1	58.4	17.3	17.3	7	0.04	2.88	0.44	214
Ed_2	6.5	24.3	47.7	21.5	0.05	5.60	0.83	321
Ed_3^s	4.4	13.5	30.4	51.7	0.01	14.43	1.10	385
Ed_3^x	5.1	11.1	23.1	60.7	0.12	2.24	1.13	234

(2)以生烃潜量(S_1+S_2)为参数指标:Ed_3^x烃源岩生烃潜量(S_1+S_2)平均值为4.10,中—好烃源岩占80%;Ed_3^s烃源岩生烃潜量(S_1+S_2)平均值为3.38,中—好烃源岩占64.3%;Ed_2烃源岩有机碳含量(TOC)平均值为1.56,中—好烃源岩占21.9%,差烃源岩占比最高,为63.3%;Ed_1烃源岩有机碳含量(TOC)平均值为0.77,中—好烃源岩仅占9.1%,非烃源岩占比最高,达59.4%(表6-2,图6-16)。

综合有机碳含量(TOC)和生烃潜量(S_1+S_2),南堡凹陷Ed_3^x和Ed_3^s烃源岩有机质丰度高,是优质烃源岩,其次为Ed_2烃源岩,总体评价为中等生烃能力烃源岩,Ed_1烃源岩有机质丰度低,生烃能力差。

表 6-2　南堡凹陷烃源岩生烃潜量(S_1+S_2)统计表(据周江羽等,2007)

层位	非(%)	差(%)	中(%)	好(%)	生烃潜量最小值(mg/g)	生烃潜量最大值(mg/g)	生烃潜量平均值(mg/g)
Ed_1	59.4	31.4	8	1.1	0.01	13.77	0.77
Ed_2	14.8	63.3	19.4	2.5	0.01	11.05	1.56
Ed_3^s	4.3	31.4	51	13.3	0.23	13.73	3.38
Ed_3^x	2.4	17.7	62.9	17.1	0.21	11.79	4.10

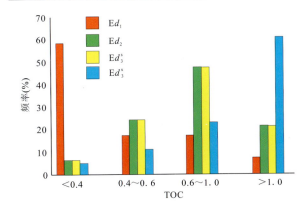

图 6-15　南堡凹陷东营组烃源岩有机碳含量(TOC)频率直方图(据周江羽等,2007)

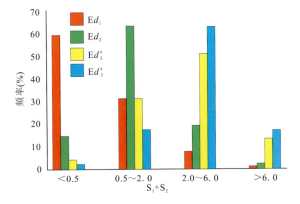

图 6-16　南堡凹陷东营组烃源岩生烃潜量(S_1+S_2)频率直方图(据周江羽等,2007)

3. 烃源岩有机质类型

干酪根元素的H/C原子比和O/C原子比是有效划分有机质类型的指标(李丕龙,2003)。通过对南堡凹陷东营组烃源岩的干酪根元素进行分析,Ed_3^x烃源岩以Ⅱ—I$_2$型干酪根为主,少量为I$_1$和Ⅲ$_1$型干酪根;Ed_3^s烃源岩以Ⅱ—I$_2$型干酪根为主,少量为Ⅲ$_1$型干酪根;Ed_2烃源岩以Ⅲ$_1$—Ⅱ型干酪根为主;Ed_1烃源岩以Ⅲ型干酪根为主(图6-17)。综合以上分析,Ed_3^x和Ed_3^s烃源岩的有机质类型较好,Ed_2烃源岩次之,Ed_1烃源岩有机质类型最差。

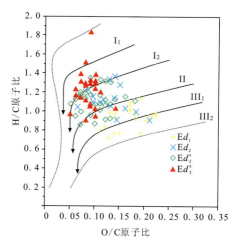

图 6-17 南堡凹陷东营组烃源岩干酪根元素范氏图

4. 烃源岩成熟史模拟

Sweeney 和 Burnham(1990)提出的 EASY％Ro 模型,是目前在 Ro 预测方面应用最为广泛,准确性较高的一种方法,得到了国内外的一致认可(Burnham and Sweeney,1989;Littke et al.,1994;陈刚等,2002;刘文超等,2011)。本次研究在重建地史、恢复热史的基础上,应用 EASY％Ro 模型对研究区烃源岩的成熟史进行模拟。Lao2x1 井烃源岩成熟史模拟结果显示,以 $Ro=0.55$ 作为烃源岩的成熟门限,Ed_3^x 烃源岩在距今 13Ma 进入生烃门限,Ed_3^s 烃源岩在距今 10Ma 进入生烃门限,现今 Ed_3^x 和 Ed_3^s 烃源岩的有机质成熟度(Ro)在 0.8~1.0 之间,处于中等成熟演化阶段;Ed_2 烃源岩在距今 6Ma 进入生烃门限,有机质成熟度(Ro)在 0.6~0.7 之间,处于低成熟演化阶段;Ed_1 湖相泥岩有机质成熟度在 0.5~0.6 之间,成熟度低,尚不能作为有效烃源岩(图 6-18)。Lao2x1 井位于林雀次凹与曹妃甸次凹间的横梁处,处于林雀次凹和曹妃甸次凹埋深较大位置的烃源岩应具有更高的成熟度。

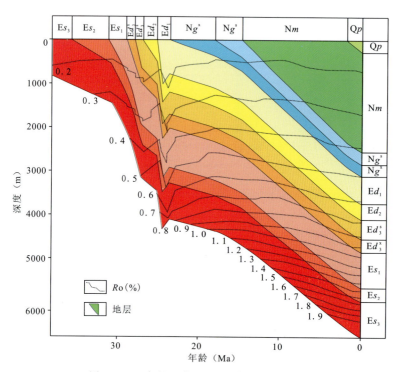

图 6-18 南堡凹陷 Lao2x1 井成熟史模拟

5. 烃源岩综合评价

通过对南堡凹陷东营组烃源岩分布、有机质丰度、有机质类型以及单井烃源岩成熟史模拟的分析，可知：Ed_3^x和Ed_3^s烃源岩分布广泛，单层泥岩厚度较大，有机碳含量（TOC）高，生烃潜量（S_1+S_2）好，有机质类型以Ⅱ—Ⅰ$_2$型干酪根为主，烃源岩已进入中等成熟度演化阶段，为南堡凹陷内的高效生油岩；Ed_2烃源岩有机碳含量（TOC）中—高，生烃潜量（S_1+S_2）中等，有机质类型以Ⅲ$_1$—Ⅱ型干酪根为主，烃源岩虽已进入生烃门限，但处于低成熟演化阶段，总体上生烃能力不高，不能作为南堡凹陷的主力生油层；Ed_1湖相泥岩有机碳含量（TOC）差，生烃潜量（S_1+S_2）差，有机质类型以Ⅲ型干酪根为主，大部分地区未进入生烃门限，不是一套有效烃源岩。综上所述，Ed_3^x、Ed_3^s烃源岩为东营组最好的烃源岩，也是南堡凹陷内的高效生油岩；Ed_2烃源岩成熟度演化程度较低，不能作为南堡凹陷的主力生油层；Ed_1湖相泥岩不能视为有效烃源岩。

6.2.1.2 构造活动的"双强效应"对烃源岩的控制

通过南堡凹陷东营组烃源岩特征分析及评价，构造活动的"双强效应"对烃源岩的控制主要表现在：断陷作用强烈的同时，拗陷作用也强烈，两者联合作用下，南堡凹陷东营组沉积期发育了大面积的中深湖相沉积环境，内部堆积了厚层的暗色湖相泥岩。其后的新近纪沉积时期，包括南堡凹陷在内的渤海海域区是渤海湾盆地区域拗陷作用的中心，基底沉降量大，导致东营组厚层暗色湖相泥岩被深埋；且新近纪沉积时期，黄骅坳陷古地温梯度可达38℃/km，高于临清坳陷和冀中坳陷，与渤中坳陷相当（图6-19）。较高埋深及较高地温梯度下，南堡凹陷东营组厚层暗色湖相泥岩成熟生烃，尤其是Ed_3烃源岩的有机质成熟度已进入中等成熟演化阶段，且分布广泛，有机质丰度高，有机质类型好，成为南堡凹陷除Es_3和Es_1烃源岩外的另一套高效烃源岩，提供了南堡凹陷10%的油气资源量。Es_3和Es_1烃源岩在渤海湾盆地中广泛

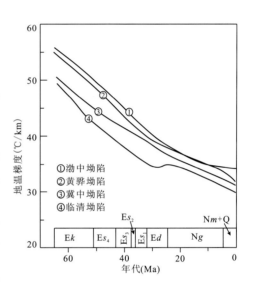

图6-19 渤海湾盆地不同坳陷古地温梯度演化对比（据邱楠生等，2007）

发育，但Ed_3烃源岩却分布局限，除了南堡凹陷外，渤中坳陷及歧口凹陷东部海域深凹区也发育优质湖相烃源岩，而其他坳陷，如冀中坳陷、临清坳陷等，东营组沉积时期沉降速率低，并不发育Ed_3烃源岩（杨永才等，2012）。

6.2.2 构造活动的"双强效应"对储层的控制

南堡凹陷东营组的储层类型丰富，储层砂体类型有近岸水下扇、扇三角洲平原、扇三角洲前缘、辫状河三角洲平原、辫状河三角洲前缘和滑塌浊积扇砂体。南堡凹陷东营组储层以扇/辫状三角洲前缘河口坝砂体、扇/辫状三角洲平原水下分流河道砂体、滑塌浊积岩为主，但不同层段的储层孔渗性存在着一定差异。Ed_3储层孔隙度平均值为19.2%，渗透率平均值为$114×10^{-3}\mu m^2$，中孔中低渗，综合评价为较好储层；Ed_2储层孔隙度平均值为22.2%，渗透率平均值为$170.4×10^{-3}\mu m^2$，中孔中渗，综合评价为较好储层；Ed_1储层孔隙度平均值为24.9%，渗透率平均值为$445×10^{-3}\mu m^2$，中—高孔高渗，综合评价为好储层（表6-3）。

同一物源体系内不同沉积相带砂体的形态与规模、矿物组分、结构、沉积构造以及表现出的物理性质都有着明显的差异，因此不同沉积相带储集砂体的物性同样存在较大差异。碎屑颗粒分选越好，即分选系数越小，储层物性越好。勘探现状表明，南堡凹陷控制的油气资源主要以扇/辫状三角洲前缘河口坝砂体为储集体，扇/辫状三角洲前缘河口坝以中—粗砂岩为主，结构成熟度、成分成熟度高，分选磨圆

好,中—高孔、高渗为主,对油气聚集最为有利。扇/辫状三角洲平原发育的辫状河道砂体,以含砾粗砂岩、粗—细砂岩为主,分选磨圆好,孔渗性高,是优质储层,虽然单个河道砂体规模较大,但数量较少,分布零散,增大了勘探难度。整体上来看,扇/辫状三角洲平原亚相带是仅次于扇/辫状三角洲前缘亚相带的有利油气储集区,滑塌浊积砂岩的孔渗性均较好(图6-20、图6-21),且往往被生油岩包裹,成藏条件优越,也可形成油气富集带,可作为未来油气勘探的一个重要领域。前扇/辫状三角洲亚相带以大套暗色泥岩夹薄层粉砂岩为主,孔渗性低,物性较差。

表6-3 南堡凹陷东营组主要储层特征表(据周江羽等,2007)

层位	单砂体厚度(m)	主要储层类型	孔隙度(%)	渗透率($10^{-3}\mu m^2$)	储层性质	综合评价
Ed_1	3~40	河口坝砂体、水下分流河道砂体、滑塌浊积岩	20~30/24.9	50~3679/445	中—高孔、高渗	好
Ed_2	3~25.7		14.2~25.8/22.2	170.4	中孔、中渗	较好
Ed_3	3~34		10~21/19.2	1-557/114	中孔、中低渗	较好

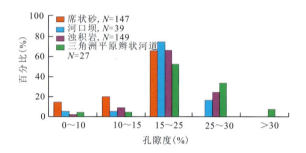

图6-20 南堡凹陷东营组不同沉积微相孔隙度频率直方图(据吴琳娜等,2013)

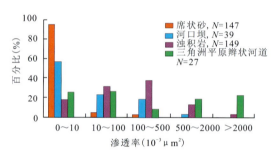

图6-21 南堡凹陷东营组不同沉积微相渗透率(据吴琳娜等,2013)

通过南堡凹陷东营组储层特征分析及评价,构造活动的"双强效应"对储层的控制主要表现在:断陷作用强烈,坳陷作用也强烈的构造活动的"双强效应"作用下,南堡凹陷东营组沉积期发育了大面积的中—深湖相沉积环境,内部堆积了厚层的湖相泥岩和大量的前缘滑塌体,同时在断控的凹陷边缘部位发育数个进积型扇三角洲朵体和近岸水下扇朵体,在凹陷南部的缓坡带发育辫状河三角洲沉积体系,以扇/辫状三角洲前缘河口坝砂体、扇/辫状三角洲平原水下分流河道砂体、滑塌浊积岩为主的中—高孔、中—高渗的砂岩层是较好—好储层,从而导致东营组沉积时期南堡凹陷内优质储层非常发育,范围广且类型齐全。

6.2.3 构造活动的"双强效应"对盖层的控制

南堡凹陷油气藏的主要封盖层是泥页岩。Ed_2顶部为一套半深湖相-前三角洲相的灰黑色、黑色泥岩夹薄层细-粉砂岩,厚度稳定,单层厚度可达50m以上,总厚度可达250m以上,平面上成为老爷庙地区和南部构造带的区域盖层(图6-22),纵向上是Es_1—Ed含油气系统的区域性盖层。

随着南堡凹陷油气勘探的深入,滩海地区发现大批含油气构造,使得南堡凹陷油气勘探工作取得重大突破(李素梅等,2008;Dong et al.,2010)。图6-23显示,Ed_2盖层主要对老爷庙地区、北堡地区和高尚堡地区油气藏分布起着封闭的作用,其中北堡地区目前探明石油储量的绝大部分、老爷庙油田目前探明储量的大部分及高尚堡地区目前探明储量的部分分布在Es_1—Ed含油气系统,以Ed_2盖层作为封闭的条件。

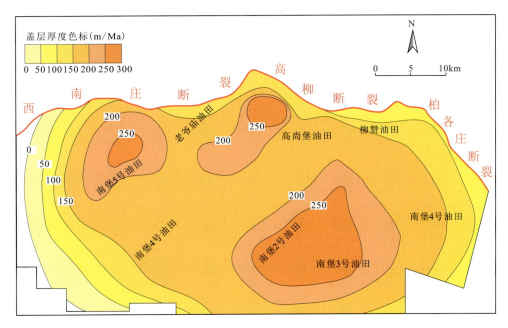

图 6-22 南堡凹陷 Ed_2 盖层平面展布图

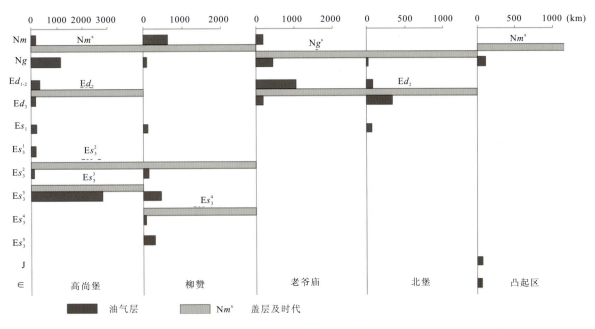

图 6-23 南堡凹陷滩海区区域盖层与油藏分布剖面关系图（据周江羽等，2009 修改①）

通过南堡凹陷东营组盖层特征分析及评价，构造活动的"双强效应"对盖层的控制主要表现在：由于南堡凹陷内断裂异常发育，盖层的质量、厚度、连续性和分布范围对油气的逸散程度及油气藏的保存条件具有决定性的影响。构造活动的"双强效应"导致 Ed_2 沉积期较深的湖盆背景，发育了一套分布广泛、厚度稳定的半深湖相泥岩，单层泥岩厚度可达 50m 以上，大部分地区总厚度在 150m 以上，最厚可达 250m 以上，可以有效地封堵油气，构成了南堡凹陷内有效的区域性盖层。Ed_2 盖层的存在，使得下伏 Es_3 或 Es_1—Ed_3 烃源岩生成的油气沿油源断裂向上运移的过程中在盖层上、下附近的层段分布，并向油源断裂两侧砂体中侧向分流运移。

---

① 周江羽，庄新国，马良，等. 南堡凹陷油气成藏条件分析与有利勘探方向预测. 中国石油冀东油田分公司（内部资料），2009.

参考文献

陈刚, 赵重远, 李丕龙, 等. Ro 反演的盆地热史恢复方法与相关问题[J]. 石油与天然气地质, 2002, 23(4): 343-346.
崔周旗. 渤海湾盆地冀中坳陷古近系沉积体系与隐蔽油气藏勘探[D]. 西安: 西北大学, 2005.
杜金虎, 邹伟红, 费宝生, 等. 冀中坳陷古潜山复式油气聚集区[M]. 北京: 科学出版社, 2002.
龚再升, 蔡东升, 张功成. 郯庐断裂对渤海海域东部油气藏的控制作用[J]. 石油学报, 2007, 28(4): 1-10.
何书, 杨桥, 王家鼎. 黄骅坳陷中区断裂系统分形研究[J]. 大地构造与成矿学, 2008, 32(4): 455-461.
侯旭波. 临清坳陷东部中、新生代盆地演化分析[D]. 东营: 中国石油大学, 2007.
侯增谦, 杨岳清, 曲晓明, 等. 三江地区义敦岛弧造山带演化和成矿系统[J]. 地质学报, 2004, 78(1): 109-120.
侯增谦, 莫宣学, 高永丰, 等. 印度大陆与亚洲大陆早期碰撞过程与动力学模型——来自西藏冈底斯新生代火成岩证据[J]. 地质学报, 2006, 80(9): 1233-1248.
黄雷, 王应斌, 武强, 等. 渤海湾盆地莱州湾凹陷新生代盆地演化[J]. 地质学报, 2012a, 86(6): 867-876.
黄雷, 王应斌. 渤中环形构造带特征和成因分析及其石油地质意义探讨[J]. 地质科学, 2012b, 47(2): 318-332.
黄第藩, 李晋超, 张大江, 等. 陆相有机质的演化和成烃机理[M]. 北京: 石油工业出版社, 1984.
焦养泉, 李桢, 周海民. 沉积盆地物质来源综合研究[J]. 岩相古地理, 1998, 18(5): 16-20.
姜华. 南堡凹陷构造层序地层分析[D]. 武汉: 中国地质大学(武汉), 2009.
李桢, 焦养泉, 刘春华, 等. 黄骅坳陷高柳地区重矿物物源分析[J]. 石油勘探与开发, 1998, 25(6): 5-9.
李勤英, 罗凤芝, 苗翠芝. 断层活动速率研究方法及应用探讨[J]. 断块油气田, 2000(2): 15-17.
李丕龙, 张善文, 曲寿利, 等. 陆相断陷盆地油气地质与勘探[M]. 北京: 石油工业出版社, 2003.
李思田, 解习农, 王华, 等. 沉积盆地分析基础与应用[M]. 北京: 高等教育出版社, 2004.
李玮, 周鼎武, 柳益群, 等. 三塘湖盆二叠纪构造层划分及其构造特点[J]. 西北大学学报(自然科学版), 2005, 35(5): 617-620.
李素梅, 姜振学, 董月霞, 等. 渤海湾盆地南堡凹陷原油成因类型及其分布规律[J]. 现代地质, 2008, 22(5): 818-822.
李三忠, 索艳慧, 戴黎明, 等. 渤海湾盆地形成与华北克拉通破坏[J]. 地学前缘, 2010, 17(4): 64-89.
李秋媛, 王永春. 扇三角洲与近岸水下扇[J]. 辽宁工程技术大学学报(自然科学版), 2010, 29(增刊): 141-143.
李伟, 吴智平, 侯旭波, 等. 平衡剖面技术在临清坳陷东部盆地分析中的应用[J]. 油气地质与采收率, 2010, 17(2): 33-36.
李倩茹. 渤海湾盆地新生代构造演化特征及其对太平洋板块俯冲作用的指示意义[D]. 北京: 中国地质大学(北京), 2014.
刘传联, 赵全鸿, 汪品先. 东营凹陷生油岩中介形虫氧、碳同位素的古湖泊学意义[J]. 地球科学——中国地质大学学报, 2001, 26(5): 441-445.
刘建国, 孙钰, 李世银, 等. 济阳坳陷断拗转换期基本特征研究[J]. 特种油气藏, 2007, 14(1): 34-36.
刘招君, 孟庆涛, 刘蓉, 等. 古湖泊学研究——以桦甸断陷盆地为例[J]. 沉积学报, 2010, 28(5): 917-920.
刘恩涛, 岳云福, 黄传炎, 等. 歧口凹陷东营组沉降特征及其成因分析[J]. 大地构造与成矿学, 2010, 34(4): 563-572.
刘文超, 叶加仁, 雷闯, 等. 琼东南盆地乐东凹陷烃源岩热史及成熟史模拟[J]. 地质科技情报, 2011, 30(6): 110-115.
吕学菊. 南堡凹陷东营组层序结构特征及其对构造活动性的响应[D]. 武汉: 中国地质大学(武汉), 2008.
庞军刚, 杨友运, 蒲秀刚. 断陷湖盆扇三角洲、近岸水下扇及湖底扇的识别特征[J]. 兰州大学学报(自然科学版),

2011,47(4):18-23.

漆家福,陆克政,张一伟,等.黄骅盆地孔店凸起的形成与演化[J].石油学报,1995,15(增刊):27-32.

漆家福,杨池银.黄骅盆地南部前第三系基底中的逆冲构造[J].地球科学——中国地质大学学报,2003,28(1):54-60.

漆家福,杨桥.伸展盆地的结构形态及其主控动力学因素[J].石油与天然气地质,2007,28(5):634-640.

齐永安,曾光艳,胡斌,等.河南泌阳凹陷古近纪核桃园组遗迹化石组合及其环境意义——兼论深水湖泊遗迹相特征[J].古生物学报,2007,46(4):441-452.

祁鹏,任建业,卢刚臣,等.渤海湾盆地黄骅坳陷中北区新生代幕式沉降过程[J].地球科学——中国地质大学学报,2010,35(6):1041-1052.

邱楠生,苏向光,李兆影.郯庐断裂中段两侧坳陷的新生代构造-热演化特征[J].地球物理学报,2007,50(5):1497-1507.

任建业,李思田.西太平洋边缘海盆地的扩张过程和动力学背景[J].地学前缘,2000,7(3):203-213.

任建业.渤海湾盆地东营凹陷S6界面的构造变革意义[J].地球科学——中国地质大学学报,2004,29(1):69-92.

任建业,于建国,张俊霞.济阳坳陷深层构造及其对中新生代盆地发育的控制作用[J].地学前缘,2009,16(4):117-137.

任建业,廖前进,卢刚臣,等.黄骅坳陷构造变形格局与演化过程分析[J].大地构造与成矿学,2010,34(4):461-472.

任凤楼,柳忠泉,秋连贵,等.渤海湾盆地新生代各坳陷沉降的时空差异性[J].地质科学,2008,43(3):546-557.

宋广增.济阳坳陷义和庄凸起东部中生界层序、沉积特征及其对构造活动的响应[D].武汉:中国地质大学,2015.

孙永河.渤中凹陷新生代构造特征及其对油气运聚的控制[D].大庆:大庆石油学院,2008.

汤良杰,万桂梅,周心怀,等.渤海盆地新生代构造演化特征[J].高校地质学报,2008,14(2):191-198.

佟殿君,任建业,李亚哲.准噶尔盆地西山窑组沉降中心的分布及其构造控制[J].大地构造与成矿学,2006,30(2):180-188.

佟殿军,任建业,雷超,等.伸展型盆地裂后期沉降过程及其动力学背景研究[J].地学前缘,2009,16(4):23-30.

佟殿军,任建业,史双双,等.黄骅坳陷新生代关键性构造运动面的确定及盆地演化过程[J].油气地质与采收率,2010,17(2):9-13.

汪品先,刘传联.含有盆地古湖泊学研究方法[M].北京:海洋出版社,1993.

汪泽成,刘焕杰,张林,等.鄂尔多斯含油气区构造层序地层研究[J].中国矿业大学学报,2000,29(4):432-436.

王燮培,费琪,张家骅.石油勘探构造分析[M].武汉:中国地质大学出版社,1990.

王成善,李祥辉,胡修棉,等.再论印度-亚洲大陆碰撞的启动时间[J].地质学报,2003,77(1):16-24.

王华,王方正,周海民,等.渤海湾盆地南堡凹陷演化的热动力学和成藏动力学[M].武汉:中国地质大学出版社,2002.

王华,赵淑娥,林正良.南堡凹陷东营组巨厚堆积的关键控制要素及其油气地质意义[J].地学前缘,2012,19(1):1-13.

王敏芳,焦养泉,任建业,等.准噶尔盆地侏罗纪沉降特征及其与构造演化的关系[J].石油学报,2007,28(1):27-32.

吴磊,徐怀民,季汉成.渤海湾盆地渤中凹陷古近系沉积体系演化及物源分析[J].海洋地质与第四纪地质,2006,26(1):81-88.

信延芳,郭兴伟,温珍河,等.渤海新生代盆地浅部构造迁移特征及其深部动力学机制探讨[J].地球物理学进展,2015,30(4):1535-1543.

徐佑德.郯庐断裂带构造演化特征及其与相邻盆地的关系[D].合肥:合肥工业大学,2009.

夏斌,林清茶,张玉泉,等.印度与欧亚两大陆块碰撞时间的厘定:来自锆SH RIMP U-Pb年龄的证据[J].地质学报,2009,83(3):347-352.

许圣传,刘昭君,董清水,等.陆相盆地含煤、油页岩和蒸发盐地层单元沉积单元[J].吉林大学学报(地球科学版),2012,42(2):296-303.

杨式溥.遗迹化石的古环境和古地理意义[J].古地理学报,1999,1(1):8-17.

杨超,陈清华.济阳坳陷构造演化及其构造层的划分[J].油气地质与采收率,2005,12(2):9-12.

杨永才,李友川. 渤海湾盆地渤中凹陷烃源岩地球化学与分布特征[J]. 岩石矿物,2012,32(4):65-72.
张文朝,杨德相,陈彦均,等. 冀中坳陷古近系沉积构造特征与油气分布规律[J]. 地质学报,2008,82(8):1103-1112.
张翠梅. 渤海湾盆地南堡凹陷构造-沉积分析[D]. 武汉:中国地质大学,2010.
赵勇,戴俊生. 应用落差分析研究生长断层[J]. 石油勘探与开发,2003,30(3):13-16.
周海民,汪泽成,郭英海. 南堡凹陷第三纪构造作用对层序地层的控制[J]. 中国矿业大学学报,2000,29(4):432-436.
周均太. 歧口凹陷构造演化与原型盆地研究[D]. 青岛:中国海洋大学,2011.
朱光有,张水昌,王拥军. 渤海湾盆地南堡大油田的形成条件与富集机制[J]. 地质学报,2011,85(1):97-113.
邹才能,张颖. 油气勘探开发使用地震新技术[M]. 北京:石油工业出版社,2002.
Allen M B, Macdonald D I M, Zhao X, et al. Early Cenozoic two-phase extension and late Cenozoic thermal subsidence and inversion of the Bohai Basin, northern China[J]. Marine and Petroleum Geology, 1997, 14(7-8): 951-972.
Allen M B, Macdonald D I M, Zhao X, et al. Transtensional deformation in the evolution of the Bohai Basin, northern China[A]. In: Holdsworth R E, Strachan R A, Dewey J E (eds.). Continental transpressional and transtensional tectonics[C]. Geological Society, London, Special Publication, 1998, 135: 215-229.
Allen P A, Allen J R. Basin Analysis: Principles and Applications[M]. Oxford: Blackwell Scientific Publication, 1999.
Burnham A K, Sweeney J J. A chemical kinetic model of vitrinite maturation and reflection[J]. Geochimica Et Cosmochimica Acta, 1983, 53(10): 2649-2657.
Bottjer D J, Droser M L, Jablonski D. Bathymetric trends in the history of trace fossils[A]. In: Bottjer D J (eds.). New concepts in the use of biogenic sedimentary structures for paleoenvironmental interpretation[C]. Los Angeles: Pacific Section SEPM, 1987:57-65.
Chen S, Wang H, Wu Y P, et al. Stratigraphic architecture and vertical evolution of various types of structural slope breaks in Paleogene Qikou Sag, Bohai Bay Basin, Northern China[J]. Journal of Petroleum Science and Engineering, 2014, 122: 567-584.
Dahlstrom C D A. Balanced cross sections[J]. Canadian Journal of Earth Sciences, 1969, 6(4): 743-757.
Dong Y X, Xiao L, Zhou H M, et al. The Tertiary evolution of the prolific Nanpu Sag of Bohai Bay Basin, China: Constraints from volcanic records and tectono-stratigraphic sequences[J]. GSA Bulletin, 2010, 122(3-4): 609-626.
Gibbs A D. Balanced cross-section construction from seismic sections in areas of extensional tectonics[J]. Journal of Structural Geology, 1983, 5(2): 153-160.
Gong Z S, Zhu W L, Chen P P H. Revitalization of a mature oil-bearing basin by a paradigm shift in the exploration concept: A case history of Bohai Bay, offshore China[J]. Marine and Petroleum Geology, 2010, 27: 1-17.
Huang C Y, Wang H, Wu Y P, et al. Genetic types and sequence stratigraphy models of Palaeogene slope break belts in Qikou Sag, Huanghua Depression, Bohai Bay Basin, Eastern China[J]. Sedimentary Geology, 2012, 261-262: 65-75.
Littke R, Buker C, Luckge A, et al. A new evaluation of palaeo-heat and eroded thickness for the Carboniferous Ruhr-basin, Western Germany[J]. International Journal of Coal Geology, 1994, 2: 155-183.
Li Y P, Chen L X, Wang Y, et al. Dominant geological element of migration and accumulation about Silurian oil reservoirs in central Tarim[J]. Chinese Science Bulletin, 2007, 52(1): 236-243.
Li S M, Pang X Q, Jin Z J, et al. Molecular and isotopic evidence for mixed-source oils in subtle petroleum traps of the Dongying South Slope, Bohai Bay Basin[J]. Marine and Petroleum Geology, 2010, 27: 1411-1423.
Liu J Q, Han J T, Fyfe W S. Cenozoic episodic volcanism and continental rifting in Northeast China and possible link to Japan Sea development as revealed from K-Ar geochronology[J]. Tectonophysics, 2001, 399: 3-4.
Northrup C J, Royden L H, Burchfiel B C, et al. Motion of the Pacific plate relative to Eurasia and its potential relation to Cenozoic extension along the eastern margin of Eurasia[J]. Geology, 1995, 23(8):719-722.
Pemberton S G, Saunders T D A, Gingras M K, et al. 遗迹相在边缘海相分析中的应用[J]. 古地理学报,2000,2(2):54-62.
Ren J Y, Tamaki K, Li S T. Late Mesozoic and Cenozoic rifting and their Dynamic setting in Eastern China[J]. Tectonophysics, 2002, 344(3-4): 175-203.

Schonborn G. Balancing cross sections with kinematic constraints: The dolomites (northern Italy) [J]. Tectonics, 1999, 18(3): 527-545.

Schlager W. The future of applied sedimentary[J]. Journal of Sedimentary Research, 2000, 70: 2-9.

Schellart W P, Lister G S. The role of the East Asian active margin in widespread extensional and strike-slip deformation in East Asin[J]. Journal of the Geological Society, 2005, 162(6): 959-972.

Sweeney J J, Burnham A K. Evaluation of a simple model of vitrinite reflectance based on chemical kinetics[J]. AAPG Bulletin, 1990, 74: 1559-1570.

Thorsen C E. Age of growth faulting in Southeast Louisiana[J]. Transactions, Gulf Coast Association of Geological Societies, 1963, 13: 103-110.

Tapponnier P, Peltzer G, Armijo R. On the mechanics of the collision between India and Asis[A]//Coward M P, Ries A C. Collision tectonics[C]. Geological Society, London, Special Publications, 1986, 19: 113-157.

Watson M P, Hayward A B, Parkinson D N, et al. Plate tectonic history, basin development and petroleum source rock deposition onshore China[J]. Marine and Petroleum Geology, 1987, 4(3): 205-225.

Xu G S, Zhang L J, Gong D Y, et al. Hydrocarbon accumulation process in the Marine strata in Jianghan Plain Area, Middle China [J]. Acta Geological Sinica (English Edition), 2014, 88(3): 878-893.

Zeng H L, Ambrose W A. Seismic sedimentology and regional depositional systems in Mioceno Norte, Lake Maracaibo, Venezuela[J]. The Leading Edge, 2001, 20(11): 1260-1269.

Zeng H L, Kerans C. Seismic frequency control on carbonate seismic stratigraphy: A case study of Kingdom Abo sequence, west Texas[J]. AAPG Bulletin, 2003, 87(2): 273-293.

Zhu G Y, Zhang S C, Jin S, et al. Alteration and multi-stage accumulation of oil and gas in the Ordovician of the Tabei Uplift, Tarim Basin, NW China: implication for genetic origin of the diverse hydrocarbons[J]. Marine and Petroleum Geology, 2013a, 46: 234-250.

Zhu G Y, Su J, Yang H J, et al. Formation mechanism of secondary hydrocarbon pools in the Triassic reservoirs in the northern Tarim Basin[J]. Marine and Petroleum Geology, 2013b, 46: 51-66.